城市变电站多站融合典型场景设计方案

国网河北省电力有限公司建设部◎编著

·北京·

图书在版编目（CIP）数据

城市变电站多站融合典型场景设计方案 / 国网河北省电力有限公司建设部编著. —北京：科学技术文献出版社，2021. 12

ISBN 978-7-5189-8545-6

Ⅰ. ①城… Ⅱ. ①国… Ⅲ. ①变电所—设计 Ⅳ. ① TM63

中国版本图书馆 CIP 数据核字（2021）第 274058 号

城市变电站多站融合典型场景设计方案

策划编辑：钱一梦　　责任编辑：李　晴　　责任校对：张永霞　　责任出版：张志平

出 版 者　科学技术文献出版社
地　　址　北京市复兴路15号　邮编 100038
编 务 部　(010) 58882938，58882087（传真）
发 行 部　(010) 58882868，58882870（传真）
邮 购 部　(010) 58882873
官方网址　www.stdp.com.cn
发 行 者　科学技术文献出版社发行　全国各地新华书店经销
印 刷 者　北京虎彩文化传播有限公司
版　　次　2021 年 12 月第 1 版　2021 年 12 月第 1 次印刷
开　　本　889 × 1194　1/16
字　　数　271千
印　　张　11.5
书　　号　ISBN 978-7-5189-8545-6
定　　价　128.00元

编委会

目 录

第1篇 总 论

第2篇 多站融合变电站设计技术原则

第 1 篇　总　论

第1章 概述

基于创新、协调、绿色、开放、共享的新发展理念，助力加快构建以新能源为主体的新型电力系统，国网公司提出“多站融合”变电站建设新模式，在雄安新区进行国网公司战略落地示范区建设，建设雄安数字化主动电网，打造国际领先能源互联网的生动实践。建设以数据中心为核心的电网数字化平台，打造“5G+能源互联网”应用场景，提升绿色可再生能源应用，利用电力北斗地基增强系统和精准时空服务网，形成支持企业数字转型、电网智能升级、生态融合创新的基础设施，支撑智慧城市发展。

基于公司现有变电站空间资源与供电能力的双重优势，开展多站融合是充分挖掘变电站富裕资源价值、实现资产增值、拓展公司新兴业务的一项重要举措。变电站和数据中心等功能站的有机融合能够通过资源整合与设施共享，提高数据中心供电可靠性与可再生能源的消化水平，节约投资，另外，通过开放电力设施资源，共享电力大数据应用，构建互利共赢能源互联网生态圈。

1.1 目的和意义

一是指导城市变电站多站融合场景建设。开展多站融合变电站各典型场景设计原则、技术方案、图集编制/设计工作，提升设计、建设的标准化水平，保障工程建设质量，助力公司能源互联网的建设。

二是实现变电站与数据中心站、充电站、光伏电站、5G基站、北斗地基增强站的资源共享。保证电网安全稳定运行，共享变电站站址、配电和通信等资源，节约占地并减少投资，发挥大数据和云计算等互联网优势，打通电网增值服务渠道，构建互利共赢能源互联网生态圈。

三是提高多站融合变电站建设效率。实现多站融合变电站设计、施工、安装调试、生产运行等各环节有效衔接，减少现场湿作业，实现融合站建设全过程精益化管理，提高建设效率。

1.2 编制原则

1.2.1 安全导向原则

充分论证变电站与数据中心站等融合站功能拓展及需求匹配，全面评估安全风险，设置专项安全防护措施，完善事故防范体系，杜绝安全隐患，确保安全稳定运行。

1.2.2 差异化原则

结合城市各应用场景的实际需求，变电站内建设各融合站应依据“因地、因站、因需”原则，充分考虑资源禀赋、区位特征和与外部的协同关系，采用“1+X”的建设模式，在站区内布置适用的相关功能站，将变电站与相关功能站合理划分，优化组合，灵活匹配。

1.2.3 经济高效原则

综合考虑技术、工程、成本等因素，充分论证多站融合变电站的技术经济指标，加强资源整合利用，促进共建共享共维，提高投入产出效率效益，降低社会成本。

1.3 编制内容

充分结合布点原则、技术要求和工程设计成果，结合城市控制性详细规划，在电网规划布点的基础上，编制市区地上、市区地下、开放公园、市郊小镇 4 个场景 5 个案例的多站融合典型设计方案。

其中，市区地上场景选择 1 个 110 kV 变电站和 1 个 220 kV 变电站编制典型设计方案；市区地下场景选择 1 个 110 kV 变电站编制典型设计方案；开放公园场景选择 1 个 220 kV 变电站编制典型设计方案；市郊小镇场景选择 1 个 500 kV 变电站编制典型设计方案。

第2章　设计依据

下列设计标准、规程规范中凡是注日期的引用文件，仅注日期的版本适用于本文件。凡是不注日期的引用文件，其最新版本（包括所有的修改单）适用于本文件。

《建筑设计防火规范》（GB 50016—2014）

《工业建筑供暖通风与空气调节设计规范》（GB 50019—2015）

《火力发电厂与变电站设计防火规范》（GB 50229—2019）

《汽车库、修车库、停车场设计防火规范》（GB 50067—2014）

《数字蜂窝移动通信网 LTE 工程技术标准》（GB/T 51278—2018）

《综合布线系统工程设计规范》（GB 50311—2016）

《电力工程电缆设计标准》（GB 50217—2018）

《交流电气装置的接地设计规范》（GB/T 50065—2011）

《继电保护和安全自动装置技术规程》（GB/T 14285—2006）

《火灾自动报警系统设计规范》（GB 50116—2018）

《入侵报警系统工程设计规范》（GB 50394—2007）

《视频安防监控系统工程设计规范》（GB 50395—2016）

《民用建筑设计统一标准》（GB 50352—2019）

《建筑结构荷载规范》（GB 50009—2012）

《数据中心站设计规范》（GB 50174—2017）

《电动汽车充电站设计规范》（GB 50966—2014）

《220 kV ~ 750 kV 变电站设计技术规程》（DL/T 5218—2012）

《变电站总布置设计技术规程》（DL/T 5056—2007）

《220 kV ~ 1000 kV 变电站站用电设计技术规程》（DL/T 5155—2016）

《导体和电器选择设计技术规定》（DL/T 5222—2005）

《高压配电装置设计规范》（DL/T 5352—2018）

《发电厂和变电站照明设计技术规定》（DL/T 5390—2014）

《220kV ~ 500kV 变电所计算机监控系统设计技术》（DL/T 5149—2001）

《电能量计量系统设计技术规程》（DL/T 5202—2004）

《国家电网有限公司关于推进多站融合数据中心站建设工作的通知》（互联技术〔2019〕34 号）

《国家电网公司十八项电网重大反事故措施（修订版）》（国家电网设备〔2018〕979 号）

《河北雄安新区启动区控制性详细规划》

《雄安新区 5G 通信建设导则》

《雄安新区物联网网络建设导则》

《雄安新区数据安全建设导则》

《雄安新区建构筑物通信建设导则》

第 3 章　多站融合变电站融合方案模块组合

本技术方案对变电站部分和各功能站部分采用模块化设计，实际应用时各模块可以根据需要进行灵活组合形成融合方案。

3.1　变电站典型模块

变电站部分综合考虑变电站电压等级、建设型式和建设规模，针对市区地上、市区地下、开放公园、市郊小镇 4 个场景 5 个案例，提出 5 种典型模块，如表 3–1 所示。

表 3–1　变电站典型模块技术组合

序号	应用场景	区域特点	电压序列	建设型式	建设规模	变电站总布置及配电装置
场景 1	市区地上案例 A	居住建筑区、商务办公区，附近为密集的居民、商业办公、文化娱乐	110/10 kV	地上户内站	主变压器 3 × 50 MVA，110 kV 出线 3 回，10 kV 出线 42 回，无功补偿 3 ×（3+5）Mvar	全户内一幢楼布置；110 kV：户内 GIS，电缆出线；10 kV：户内开关柜，电缆出线
场景 1	市区地上案例 B		220/110/10 kV	地上户内站	主变压器 4 × 180 MVA，220 kV 出线 6 回，110 kV 出线 18 回，10 kV 出线 40 回，无功补偿 4 ×（8+3 × 10）Mvar	全户内一幢楼布置；220 kV 及 110 kV：户内 GIS，电缆出线；10 kV：户内开关柜，电缆出线
场景 2	市区地下	居住、教育、医疗卫生等环境敏感区域，或中心商业区等土地资源紧张的区域，常结合绿地建设	110/10 kV	地下变电站	主变压器 2 × 50 MVA，4 × 50 MVA；110 kV 出线 12 回，电缆出线；10 kV 出线 48 回，电缆出线	地下变电站方案，建筑物地下 3 层，地上一层；110 kV：户内 GIS，电缆出线；10 kV：户内开关柜，电缆出线
场景 3	开放公园	大型公园绿地区域中规划的变电站，区域内有少量配套公共服务建筑设施	220/110/10 kV	全户内变电站，顶部对外开放，与周围公园融为一体	主变压器 2 × 180 MVA，4 × 180 MVA 220 kV 出线 6 回，电缆出线；110 kV 出线 16 回，电缆出线；10 kV 出线 40 回，电缆出线	全户内一幢楼布置，建筑物地下一层，地上两层；220 kV 及 110 kV：户内 GIS，电缆出线；10 kV：户内开关柜，电缆出线

续表

序号	应用场景	区域特点	电压序列	建设型式	建设规模	变电站总布置及配电装置
场景 4	市郊小镇	地处城市周边，文化旅游、康养休闲、生态宜居近市郊小镇	500/220/66 kV	地上半户内站	主变压器 4×1500 MVA，500 kV 出线 8 回，220 kV 出线 16 回，无功补偿 4×（2×60+3×60）Mvar	半户内 3 幢楼布置：主控通信楼、500 kV 配电楼、220 kV 配电楼，主变压器户外布置；500 kV：户内 GIS，架空出线；220 kV：户内 GIS，电缆出线；无功补偿装置布置于 220 kV 配电楼内

3.2 功能站典型模块

针对数据中心站、充电站、光伏电站、储能电站、5G 基站及其应用、北斗应用、直流微网、智能多功能信息杆，分别提出相应典型模块如表 3–2 至表 3–10 所示。

3.2.1 数据中心站

表 3–2 数据中心站典型模块技术组合

序号	模块编号	级别	规模	供电方案	机房正压环境
1	RH–SJ–1	C 级	小型数据中心，设置 10 ~ 50 面机柜	两回线路供电。从融合站 380 V 两段母线各引出一回馈线给数据中心供电	不设置
2	RH–SJ–2	C 级	小型数据中心，设置 50 ~ 100 面机柜	两回线路供电。从融合站 380 V 两段母线各引出一回馈线给数据中心供电	设置
3	RH–SJ–3	A 级	中小型数据中心，设置 100 ~ 3000 面机柜	双重电源供电，并设置备用电源。从融合站 10 kV 侧两段母线各引出一回馈线至数据中心站，并从站外引入一回 10 kV 线路至数据中心站作为备用电源	设置

3.2.2 充电站

表 3–3 充电站典型模块技术组合

序号	模块编号	类别	功率
1	RH–CD–1	直流充电桩	120 kW
2	RH–CD–2	直流充电桩	60 kW
3	RH–CD–3	V2G 充电桩	60 kW
4	RH–CD–4	380 V 交流充电桩	42 kW
5	RH–CD–5	220 V 交流充电桩	7 kW
6	RH–CD–6	无线充电桩	30 kW

3.2.3 光伏电站

表 3–4 光伏电站典型模块技术组合

序号	模块编号	光伏组件原理	并网方式
1	RH–GF–1	单晶硅	并入 ±375 V 直流微网或 380 V 交流电网
2	RH–GF–2	多晶硅	并入 ±375 V 直流微网或 380 V 交流电网
3	RH–GF–3	柔性薄膜	并入 ±375 V 直流微网或 380 V 交流电网
4	RH–GF–4	异质结	并入 ±375 V 直流微网或 380 V 交流电网

3.2.4 5G基站及其应用

（1）5G基站

表 3-5 5G 基站典型模块技术组合

序号	模块编号	基站类别	功率
1	RH-5G-1	微基站	≤ 3.5 kW，≥ 1 kW
2	RH-5G-2	宏基站	≤ 5 kW
3	RH-5G-3	微基站	<1 kW

（2）5G应用

表 3-6 5G 应用典型模块技术组合

序号	模块编号	应用场景
1	RH-5GYY-1	基于5G的高清视频监控及机器人巡检
2	RH-5GYY-2	配网5G差动保护

3.2.5 北斗应用

表 3-7 北斗应用典型模块技术组合

序号	模块编号	应用场景
1	RH-BDYY-1	基于北斗系统的沉降监测站
2	RH-BDYY-2	基于北斗系统的变电站人员安全管控系统
3	RH-BDYY-3	基于北斗系统的智能巡检

3.2.6 储能电站

表 3-8 储能电站典型模块技术组合

序号	模块编号	储能方式	功率	容量
1	RH-CN-1	锂离子电池	50 kW	100 kW
2	RH-CN-2	锂离子电池	100 kW	200 kW

3.2.7 直流微网

表 3-9 直流微网典型技术组合

序号	模块编号	电压等级	微网元件
1	RH-ZL-1	±375 V、48 V或±110 V	光伏、充电桩、储能、直流负荷
2	RH-ZL-2	±375 V、48 V或±110 V	光伏、充电桩、直流负荷

3.2.8 智能多功能信息杆

表 3-10 智能多功能信息杆

序号	模块编号	功能
1	RH-ZG-1	5G基站、路灯、信息发布屏幕、监控摄像头、气象传感器、太阳能电池板、小型风力发电机
2	RH-ZG-2	5G基站、路灯、信息发布屏幕、监控摄像头、气象传感器

3.3 变电站与功能站融合典型组合方案

根据适用场景分析，变电站和功能各模块可以根据需要进行灵活组合。本典型设计选择了5个应用案例，提出了相应的模块组合方案，编制了相应的融合设计方案并给出相应图纸，为工程实践提供参考。

对于本技术方案未选择的融合场景，应参照下面5个典型案例，根据融合设计技术原则，结合工程实际情况对变电站和各功能站进行合理融合设计。

多站融合典型组合如表3-11所示。

表 3-11 多站融合典型场景方案组合

序号	应用场景	数据中心站	充电站	光伏电站	5G 基站及其应用	北斗应用	储能电站	直流微网	智能多功能信息杆
场景 1	市区地上案例 A	RH-SJ-1	RH-CD-1 RH-CD-4	RH-GF-3	RH-5G-1 RH-5GYY-1 RH-5GYY-2	RH-BDYY-1 RH-BDYY-2 RH-BDYY-3	RH-CN-1	RH-ZL-1	RH-ZG-1
场景 1	市区地上案例 B	RH-SJ-1	RH-CD-1 RH-CD-2	RH-GF-1	RH-5G-2 RH-5GYY-1 RH-5GYY-2	RH-BDYY-1 RH-BDYY-2 RH-BDYY-3	RH-CN-2	RH-ZL-1	×
场景 2	市区地下	RH-SJ-2	RH-CD-2 RH-CD-5	RH-GF-4 RH-GF-3	RH-5G-1 RH-5GYY-1	×	×	RH-ZL-2	RH-ZG-2
场景 3	开放公园	RH-SJ-3	RH-CD-2 RH-CD-5	RH-GF-3	RH-5G-3 RH-5GYY-1	×	×	×	×
场景 4	市郊小镇	RH-SJ-1	×	RH-GF-2	RH-5G-1 RH-5GYY-1	RH-BDYY-1 RH-BDYY-2 RH-BDYY-3	×	×	×

第 4 章　多站融合变电站各场景技术条件

4.1　场景 1 市区地上主要技术条件

4.1.1　案例 A

表 4–1　场景 1 案例 A 主要技术条件

序号	项目	技术条件
1	总体布置	变电站总平面布置为规则形状，全站设配电装置楼和辅助楼 2 栋建筑物，辅助楼内留设数据中心、地源热泵房、储能配电室等房间。充电桩独立设置于站外，光伏电站、5G 基站、北斗地基增强站设置于建筑物屋顶
2	数据中心站	按照 C 级进行设计。设置 20 面屏柜，对内对外设备物理隔离，设置对外运营出口
3	充电站	建设 6 台充电设备，包括 2 台 120 kW 非车载充电机（双枪）、4 台 42 kW 三相交流充电桩（单枪）
4	光伏电站	屋顶布置柔性薄膜光伏组件，装机容量为 36 kWp。车棚布置光伏组件，装机容量 17.28 kWp。经 DC–DC 直流变换器变换后接入 ±375 V 直流母线
5	5G 基站	设置 5G 微站 1 座。5G 应用：基于 5G 的高清视频监控及机器人巡检、配网 5G 差动保护
6	北斗地基增强站	本案例不设置北斗地基增强站。北斗应用：基于北斗系统的沉降监测站、变电站人员安全管控系统、智能巡检
7	储能电站	采用 50 kW/100 kWh 锂电池储能装置，经 50 kW DC/DC 储能变流器接入直流 ±375 V 母线
8	直流微网	设置光储充直流微网，电压等级采用 ±375 V、±110 V
9	智能多功能信息杆	站区设置 1 个智能多功能信息杆，布置于站区门口。包含 5G 基站、路灯、信息发布屏幕、监控摄像头、气象传感器、太阳能电池板、小型风力发电机功能

4.1.2 案例 B

表 4–2 场景 1 案例 B 主要技术条件

序号	项目	技术条件
1	总体布置	变电站总平面布置呈“凸”字形。全站设配电装置楼一座，楼内留设数据中心、地源热泵房、储能配电室等房间，5G 基站天线塔、北斗地基增强站结合主体结构片墙设置于屋顶，光伏模块设置于片墙顶部，充电桩设置于站区东侧空余场地
2	数据中心站	按照 C 级进行设计。设置 14 面屏柜，对内对外设备物理隔离，设置对外运营出口
3	充电站	建设 3 台充电设备，包括 2 台 120 kW 非车载充电机（双枪）、2 台 60 kW 非车载充电机（单枪）
4	光伏电站	片墙顶部布置单晶硅光伏组件，装机容量为 72 kWp。经 DC–DC 直流变换器变换后接入 ±375 V 直流母线
5	5G 基站	设置 5G 宏站 1 座。5G 应用：基于 5G 的高清视频监控及机器人巡检、配网 5G 差动保护
6	北斗地基增强站	本案例不设置北斗地基增强站。北斗应用：基于北斗系统的沉降监测站、变电站人员安全管控系统、智能巡检
7	储能电站	采用 100 kW/200 kWh 锂电池储能装置，经 100 kW DC/DC 储能变流器接入直流 ±375 V 母线
8	直流微网	设置光储充直流微网，电压等级采用 ±375 V、±110 V
9	智能多功能信息杆	无

4.2 场景 2 市区地下主要技术条件

表 4–3 场景 2 市区地下主要技术条件

序号	项目	技术条件
1	总体布置	地面布置地下变电站用进排风井和楼梯间，结合建筑物布置 BIPV 光伏板，结合景观设计布置光伏栏杆和电动汽车充电桩、智慧灯杆（含 5G 天线），数据中心布置于地下一层
2	数据中心站	小型数据中心，布置于地下一层，按小型数据中心设计，布置各类机柜 58 面
3	充电站	根据地面预留车位情况，配置 60 kW 直流充电桩 1 台及 7 kW 交流充电桩 2 台
4	光伏电站	利用地面建筑物屋顶、护栏建设光伏发电系统，共计 51.14 kWp
5	5G 基站	设置 5G 微站 1 座。5G 应用：基于 5G 的高清视频监控及机器人巡检
6	北斗地基增强站	本案例不设置北斗地基增强站。建筑及人员都在地下，无北斗应用
7	储能电站	无

续表

序号	项目	技术条件
8	直流微网	设置直流微网，由光伏、充电桩、直流负荷组成；电压等级采用 ±375 V、±110 V
9	智能多功能信息杆	站区设置1个智能多功能信息杆，包含5G基站、路灯、信息发布屏幕、监控摄像头、气象传感器等功能

4.3 场景3开放公园主要技术条件

表4-4 场景3开放公园主要技术条件

序号	项目	技术条件
1	总体布置	独立于变电站本体，单独建设在公园覆土下方，紧贴变电站一侧用地范围线
2	数据中心站	A级数据中心，460面机柜
3	充电站	39个小车位，配60 kW充电桩9个，7 kW充电桩8个
4	光伏电站	变电站本体屋顶长廊和展馆顶部设置42.6 kWp瓦片型太阳能发电设施
5	5G基站	设置5G微站1座。5G应用：基于5G的高清视频监控及机器人巡检
6	北斗地基增强站	本案例不设置北斗地基增强站。建筑及人员都在公园覆土下方，无北斗应用
7	储能电站	无
8	直流微网	无
9	智能多功能信息杆	无

4.4 场景4市郊小镇主要技术条件

表4-5 场景4市郊小镇主要技术条件

序号	项目	技术条件
1	总体布置	变电站总平面布置为规则形状，全站设主控通信楼、500 kV配电楼、220 kV配电楼各一座。数据中心房间留设于220 kV配电楼内。5G基站天线塔结合避雷针设置，光伏电站设置于220 kV配电楼屋顶
2	数据中心站	按照C级进行设计。设置26面屏柜，对内对外设备物理隔离，设置对外运营出口
3	充电站	无

续表

序号	项目	技术条件
4	光伏电站	屋顶布置光伏组件，装机容量为 132 kWp。经逆变器逆变后接入 380 V 低压电网
5	5G 基站	设置 5G 宏站 1 座。5G 应用：基于 5G 的高清视频监控及机器人巡检
6	北斗地基增强站	本案例不设置北斗地基增强站。北斗应用：基于北斗系统的沉降监测站、变电站人员安全管控系统、智能巡检
7	储能电站	无
8	直流微网	无
9	智能多功能信息杆	无

第 2 篇　多站融合变电站设计技术原则

第 5 章　变电站融合设计技术原则

5.1　电气一次

5.1.1　供电

供电电源融合，发挥变电站在一次接入、供电能力、功率调节、辐射范围等方面的优势，保障运行运营质量。根据各融合站建设规模和负荷容量的差别，工作电源采用专用变压器或站用变压器，优先从变电站 10 kV 侧或者低压 380 V 侧引出电源。

5.1.1.1　*数据中心站*

① A 级数据中心站应由双重电源供电，并应设置备用电源。从融合变电站 10 kV 侧两段母线各引出一回馈线至数据中心站，并从融合变电站外引入一回 10 kV 配电至数据中心站作为备用电源。

② B 级数据中心站宜由双重电源供电。从融合变电站 10 kV 两段母线各引出一回馈线至数据中心站。当融合变电站只有 1 台主变时，宜从融合变电站外引入一回配电至数据中心站。

③ C 级数据中心站应由两回线路供电。当 C 级数据中心站容量大于 200 kW 时，宜从融合变电站 10 kV 侧两段母线各引出一回馈线至数据中心站；当 C 级数据中心站容量小于 200 kW 时，宜从融合变电站 380 V 站用电两段母线各引出一回馈线至数据中心站。

5.1.1.2　*充电站*

充电站容量大于 200 kW（500 kV 变电站取 400 kW）时，宜从融合变电站 10 kV 侧母线引出一回馈线至充电站；当充电站容量小于 200 kW（500 kV 变电站取 400 kW）时，宜从融合变电站 380 V 站用电母线引出一回馈线至充电站。充电站内充电桩可选交流型或直流型设备，分别接入交流 380 V 母线或直流系统 ±375 V 母线。

5.1.1.3　*光伏电站*

光伏电站按照“自发自用、余电上网”的原则接入交流系统 380 V 或直流系统 ±375 V 母线，优先为充电站提供绿色能源。

5.1.1.4　*5G 基站*

5G 设备利用机房现有 UPS 或采用站用电双路供电。

5.1.1.5　*北斗地基增强站*

北斗地基增强站从融合变电站 48 V 直流馈线屏提供两回供电电源。

5.1.1.6　*储能电站*

储能电站可根据工程实际情况接入交流系统 380 V 或直流系统 ±375 V 母线。

5.1.1.7　*多站融合供电原则*

多站融合时，光伏电站、储能电站、5G 基站、北斗地基增强站供电原则不变，数据中心站和充电站供电原则按表 5-1 选择。

表 5-1　供电原则选择

容量	Z<200 kW	Z>200 kW
S1，S2 任意容量，S3>200 kW	数据中心 10 kV 供电，充电站交流 380 V 供电	数据中心 10 kV 供电，充电站 10 kV 供电

续表

<table>
<tr><th colspan="2">容量</th><th>Z<200 kW</th><th>Z>200 kW</th></tr>
<tr><td rowspan="2">S3<200 kW</td><td>S3+Z<200 kW</td><td>数据中心交流 380 V 供电，充电站交流 380 V 供电</td><td rowspan="2">数据中心交流 380 V 供电，充电站 10 kV 供电</td></tr>
<tr><td>S3+Z>200 kW</td><td>数据中心交流 380 V 供电，充电站 10 kV 供电</td></tr>
</table>

其中，S1 为 A 级数据中心负荷，S2 为 B 级数据中心负荷，S3 为 C 级数据中心负荷，Z 为充电站负荷。基准容量 R 取 200 kW（110 kV 变电站及 220 kV 变电站）或 400 kW（500 kV 变电站）。

当数据中心与充电站负荷超过基准容量时，如变电站站用变容量按对应电压等级变电站的基准容量 R 提高一档可以满足数据中心及充电站负荷需求时，则可将数据中心及充电站负荷接入交流 380 V 母线。

注：基准容量 R 的容量值，是基于站用变容量序列选择的。当前常用的站用变容量序列为 200 kVA、400 kVA、630 kVA、800 kVA 等级，序列间容量差约为 200 kVA，故 110 kV 变电站及 220 kV 变电站选择 R=200 kW 作为供电原则选择的参考线。500 kV 变电站一般采用 800 kVA、1250 kVA、1600 kVA 等级，序列间容量差约为 400 kVA，故融合站为 500 kV 变电站时，故 500 kV 变电站选择 R=400 kW 作为供电原则选择的参考线。

5.1.2 防雷

5.1.2.1 防雷设计需求

①根据《交流电气装置的过电压保护和绝缘配合设计规范》（GB/T 50064—2014）、《建筑物防雷设计规范》（GB 50057—2010）要求，数据中心站、5G 基站、北斗地基增强站、光伏电站、充电站等的站内设备必须进行防雷保护。

②数据中心站、5G 基站、北斗地基增强站的户内部分防雷保护纳入建筑物防雷考虑范围。5G 基站、北斗地基增强站户外天线部分及光伏电站、充电站等设备需进行防直击雷保护。

5.1.2.2 防雷推荐方案

数据中心站、5G 基站、北斗地基增强站的户内部分采用屋顶避雷带进行全站防直击雷保护。该避雷带采用 ϕ12 热镀锌圆钢，并在屋面上装设不大于 10 m × 10 m 或 12 m × 8 m 的网格，每隔 10 ~ 18 m 设引下线接地。上述接地引下线应与主接地网连接，并在连接处加装集中接地装置。屋顶上的设备金属外壳、电缆金属外皮和建筑物金属构件均应接地。

5G 基站、北斗地基增强站户外天线部分及光伏电站、充电站等设备防直击雷保护可采用避雷针。

5.1.3 接地

5.1.3.1 接地融合方案宜采用联合接地网方案，变电站和各融合站接地网采用地下敷设水平主接地网，配以若干垂直接地极，并通过若干接地联络线，将变电站主地网与各融合站主地网可靠连接。融合站与变电站设置在同一建筑物内时，融合站与变电站共用建筑物主接地网。

5.1.3.2 为保障设备运行安全可靠，各融合站二次装置、数据中心电子信息设备等均设置等电位铜排，与变电站等电位铜排一点连接，截面积与变电站等电位铜排保持一致。

5.1.3.3 接地电阻要求值

①数据中心应同时满足《交流电气装置的接地设计规范》（GB/T 50065—2011）、《集装箱式数据中心机房通用规范》（GB/T 36448—2018）和《通信局（站）防雷与接地工程设计规范》（GB 50689—2011）的相关要求。数据中心站接地电阻一般控制在 1Ω 以下。

② 5G 基站接地电阻应同时满足《交流电气装置的接地设计规范》

（GB/T 50065—2011）和《通信局（站）防雷与接地工程设计规范》（GB 50689—2011）的相关要求。5G 基站接地电阻一般控制在 10Ω 以下。

③北斗地基增强站接地电阻应满足《交流电气装置的接地设计规范》（GB/T 50065—2011）的相关要求。北斗地基增强站接地电阻一般控制在 10Ω 以下。

④光伏电站接地电阻应同时满足《交流电气装置的接地设计规范》（GB/T 50065—2011）和《光伏发电站设计规范》（GB 50797—2012）的相关要求。光伏电站接地电阻一般控制在 4Ω 以下。

⑤充电站接地电阻应满足《交流电气装置的接地设计规范》（GB/T 50065—2011）的相关要求。充电站接地电阻一般控制在 4Ω 以下。

5.2 电气二次

5.2.1 监控系统

①多站融合变电站一体化监控系统设计应按照《智能变电站一体化监控系统技术规范》（Q/GDW 10678）、《数据中心站设计规范》（GB 50174）、《光伏发电站设计规范》（GB 50797）和《电动汽车充电站设计规范》（GB 50966—2014）等规范的要求执行。

②多站融合变电站一体化监控系统信息分为安全Ⅰ区、安全Ⅱ区、安全Ⅲ区。一体化监控系统直接采集站内电网运行信息和二次设备运行状态信息，通过标准化接口与数据中心站、光伏电站、充电站等监控系统进行信息交互，获取融合站设备运行状态等其他信息，实现变电站与融合站全景信息采集、处理、监视、控制、运行管理等功能。

③数据中心站总控中心接入基础设施运行信息、业务运行信息、办公管理信息等，并将相关信息经变电站Ⅲ区通信网关机和数据通信网上送至数据中心主站。

④光伏电站配置独立的监控后台，并具备与变电站监控系统的通信功能；光伏电站不设置专用调度自动化设备，后台遥信信息应经防火墙上送到变电站内Ⅱ区辅助设备监控系统后台，并经站内Ⅱ区数据通信网关机上送调度。

⑤充电站、储能电站配置独立的监控后台，并具备与变电站监控系统的通信功能。

5.2.2 辅控系统

①多站融合变电站辅助控制系统设计应按照《智能变电站辅助控制系统设计技术规范》（Q/GDW 688）、《数据中心站设计规范》（GB 50174）、《光伏发电站设计规范》（GB 50797）和《电动汽车充电站设计规范》（GB 50966—2014）等规范的要求执行，按照“一体设计、精简层级、数字传输、标准接口、远方控制、智能联动、方便运维”等要求进行设计，统一规范接入各子系统信息，实现数据共享、设备联动，全面提升辅助设备管控能力。

②多站融合变电站辅助控制系统应集成站内安防、消防、环境监测、照明控制、SF6 监测、智能锁控、视频监控、巡检机器人等子系统。安防监控系统统一设置，分区分权管理。

③巡检机器人主机实现多站融合变电站内巡检任务配置管理、远程实时监视与控制、巡检结果分析、巡检机器人管理功能；巡检机器人主机预留与地市级巡检机器人集中监控系统接口，通信协议采用 DL/T 634.5104 扩展规约和安全文件传输协议。

5.2.3 电能质量监测

根据电力系统对供电电能质量的监测要求，中小型数据中心站可不配置独立的电能质量监测装置，与变电站共用 1 套电能质量监测系统；大型数据中心站可配置独立的电能质量监测装置 1 套，用于监测数据中心站内电能质量。光伏站、储能电站和充电站不配置独立的电能质量监测装置，与变电站统一考虑。

5.2.4 关口计量

在数据中心站、光伏站、储能电站和充电站内关口计量点配置关口计量表计，与变电站共用 1 套电能量采集系统。

5.2.5 二次线缆通道

在数据中心站、光伏站、储能电站和充电站设置线缆通道，与变电站线缆通道统一规划，用于敷设数据中心站、光伏站和充电站与变电站间的光缆及控制电缆。

5.2.6 时钟同步

融合站配置 1 套北斗 +GPS 双时钟同步系统，可同时为数据中心站、光伏站和充电站提供时钟同步信号。

5.3 通信部分

采用“统一规划、统一设计、特色化建设”的模式，根据变电站基础设施资源情况，统筹各种需求，对数据中心站、5G 基站、北斗地基增强站等在电力基础设施上的空间布局、配套供电系统等进行统一规划和设计。

5.3.1 光纤通道

数据中心站优先利用变电站富余的光纤芯资源，通信出口数量不少于 2 个。当对外服务时，应按需配置专用通信设备，与电力通信网实现物理隔离。

5G 设备可安装在数据中心站机房或变电站现有综合保护室内，5G 天线部署在变电站或变电站附近时，可通过新增光缆作为信号回传线，并满足变电站相关规定；如变电站电力光缆纤芯资源较为充裕，可利用电力光缆作为信号回传线。

5.3.2 设备配置

国网内部使用数据中心业务通过变电站数据通信网设备接入信息内网。

北斗地基增强站的数据传输属于内网业务，单座基站带宽需求为 2 × 2 M，可使用变电站内 SDH 光传输设备转发至省级北斗卫星服务器。

5.4 土建部分

5.4.1 总平面布置

变电站融合设计方案规划布局应与城市总体规划相协调，充分利用就近的生活、文教、卫生、交通、给排水、防洪、消防等公共设施。

总体规划应根据工艺布置要求及施工、运行、检修和生态环境保护需要，结合站址自然条件及地块规划条件按终期规模统筹规划。

站内的总平面布置应根据变电站现有设备和建筑进行合理安排，融合站的建设不应对变电站的生产工艺、运输、检修、防火、防爆、保护及施工等方面造成影响。融合站与变电站统一布置时，宜进行严格的防火分区、防爆隔离措施。

变电站与数据中心站在内部空间组合设计上，应分区明确，以减少干扰，方便使用。内外交通流线组织应简洁，保证不同的使用人员能很快辨别并进入各自的交通路线，避免人流混杂。

5.4.2 站内道路

站内道路布置除应满足运行、检修、设备安装要求外，还应符合安全、消防、节约用地的有关规定。变电站的主干道宜布置成环形，如成环有困难时，应具备回车条件。站内道路面层可采用沥青路面或混凝土路面。根据站内排水方式、与主干道引接方式等采用城市型或者郊区型道路。

5.4.3 建筑及外观风貌

5.4.3.1 总体要求

①变电站建筑风貌设计应满足城市建筑风貌相关导则的要求。

②变电站建筑及其环境设计满足城乡规划及城市设计对所在区域的目标定位及空间形态、景观风貌、环境品质等控制和引导要求。

③变电站建筑风貌设计以绿色、节能、环保为原则，注重建筑与绿色节能技术的结合，鼓励适宜技术的应用，注重建筑的地域性材料使用和气候适应性布局，实现建筑布局、建筑设计、建筑材质选用、建造施工等各环节的绿色生态与低碳节能。

④变电站绿地率、建筑高度等控制指标，应符合所在地控制性详细规划的有关规定。

⑤变电站建筑设计应注重建筑群体空间与自然环境的融合与协调、历史文化与传统风貌特色的保护与发展、公共活动与公共空间的组织与塑造，并应符合下列规定：

——建筑物的形态、体量、尺度、色彩及空间组合关系与周围的空间环境相协调；

——建筑物的建筑风格、建筑高度、建筑界面等与基地周边建筑物相协调；

——站内场地、绿化种植、景观构筑物与环境小品、景观照明、标识系统等与建筑物及其环境统筹设计、相互协调；

——站内道路、停车场、硬质地面宜采用透水铺装；

——建筑基地与周边城市开放空间、步行系统等宜相互连通，开放共享。

⑥变电站“建筑表皮”应注重功能化设计，在保证变电站工艺流程顺畅、运行检修安全可靠的基础上，实现“建筑表皮”的保温隔热、通风、遮阳、隔声、电磁屏蔽、附着物遮挡美化等功能的扩展，做到美观、和谐、节能、环保相统一。

5.4.3.2 城市地上变电站风貌设计原则

①城市居住区地上变电站建筑风貌设计宜亲切、雅致、温馨、质朴。建筑体量应与周边建筑及自然环境充分协调，体量尺度亲切宜人。建筑单体造型简约明快，注重平面、结构、造型三者的整体性。造型与单元体量组织应相互配合；结构与造型及装饰宜一体考虑；整体造型与周边建筑环境应协调。“建筑表皮”设计应简约大气又具有一定变化，构图逻辑清晰且比例适宜，从保温、采光等适应气候条件的角度出发进行人性化设计。“建筑表皮”色彩应采用简洁大方的暖色为主基调色彩，与自然环境色彩搭配适宜，结合单体体量造型与屋顶划分进行色彩使用。

②城市综合办公区地上变电站建筑风貌设计宜稳重、均衡、简洁、大气。建筑造型宜采用基本几何形体为母题，既规整又有一定的变化；应体现结构的真实性与功能逻辑，注重造型与功能、结构的统一。“建筑表皮”设计应与功能相结合，根据功能要求合理控制墙面和窗口的比例，构成关系宜简洁现代，根据内部使用功能，形成虚实组合立面构图。在界面整合的前提下，宜通过适当的凹凸进退，增强立面的光影感、纵深感、体积感。“建筑表皮”色彩宜采用中性偏暖色调为主，可适当增加色彩运用体现企业活力，突出大气谦和、端庄雅致，体现服务为民的精神内核。

③城市商业区地上变电站设计宜体现共享理念，增强其丰富性，引入文化和自然元素，形成多元化的场所，使变电站内外空间与自然环境、城市公共开放空间有机联系。建筑造型宜与周边商业体协调，实现多样与统一的有机融合，结合时代特色形成和而不同的建筑形态，增加空间层次和建筑造型的丰富性。“建筑表皮”材质宜部分通透，与环境、街道环境融为一体，室内外相互沟通渗透，创造生动丰富的

立面表情。“建筑表皮”色彩色调应给人以轻松、活泼、积极、健康的心理感受，宜采用浅暖色系，与街区整体色调相对稳定统一。

5.4.3.3 城市地下变电站风貌设计原则

城市地下变电站应与地上绿地设施一体化设计，对地下变电站进行消隐处理，最大限度地减小变电站对环境的影响。设计时应提高地下变电站的防火、防水、防爆等的安全性；地下变电站进出风口和人员出入口，在保证方便运行检修的前提下，应进行必要的景观设计，以达到提高土地利用率及美化周边环境的目的。地上部分建筑造型与体量组织应相互配合，遵循工程理性与美学，恰当反应自然环境和人工环境特征、兼顾城市艺术性与生态友好性。地上部分建筑立面应简洁、大方，地面场地宜以坡为主，平坡结合，形成层次丰富的造型；开放地面空间，交融共享场所。充分利用建筑屋顶种植绿化或设置公共停车场，为市民提供更多的休闲、活动场所。地上部分建筑宜采用简洁淡雅的色彩组合；宜与周边环境色彩形成主从关系，与环境色彩搭配得当。

5.4.3.4 开放公园区变电站风貌设计原则

开放公园区变电站应与周边绿地公园一体化设计，建筑与周边公园综合考虑，包括使用、交通、用地及景观要求等；同时，应对变电站进行消隐处理，最大限度地减小变电站对环境的影响。建筑风貌设计应根据公园中景观主题的需求，创造一种满足游客喜好的景观。不同的选址布局，可创造出相异的景观意境，给人以不同的感受。设计时应注重地下变电站的防火、防爆等消防的安全性，保证变电站的防水、防潮、防渗漏；地下变电站进出风口，在保证方便运行检修的前提下，应进行必要的景观设计，以达到提高土地利用率及美化周边环境的目的。

5.4.3.5 市郊小镇变电站风貌设计原则

市郊小镇变电站建筑风貌以反映城市规划建设的时代性、环境性为主，文化性为辅。以因地制宜、运行安全、布局合理、工程理性与美学为原则导向；鼓励应用创新的设计手法和设计理念、新材料和新技术，满足社会生活新需求，与城市尺度及小镇特点整体和谐。变电站风貌应与小镇风貌相协调，设计时应注重经济、实用、美观，体量适中、尺度合理，体现简洁、朴实、大方的建筑特色。市郊小镇变电站设计应延续地区历史文脉，保护历史文化遗产并与传统风貌相协调；场地设计应与原有地形、地貌相适应，保护和提高土地的生态价值；并采用低影响开发的建设方式，采取有效措施促进雨水的自然积存、自然渗透、自然净化和充分利用；建筑群体规划应有利于营造适宜的微气候环境，应对微气候环境进行性能化设计。建筑造型设计应简约，减少不必要的装饰性构件。建筑材料应选用绿色环保型建材。

5.4.4 构筑物

构筑物设置应注重与站内建筑群体空间的协调，根据总平面布局，对构筑物进行合理布置。对于地下构筑物，可采用现浇混凝土结构，也可采用预制混凝土构件。

5.4.5 暖通

多站融合变电站暖通设计包括空调设计、采暖设计、通风设计及防排烟设计等。

数据中心、二次设备室、继电器室等设备房间宜设置空调装置满足设备运行要求，资料室、警卫室、会议室等辅助房间宜设置空调装置满足房间舒适性要求。

泵房、雨淋阀间、水箱间等有防冻要求的设备房间需设置采暖系统；供暖方式选择应根据建筑物的功能及能源状况、能源政策、环保等要求，通过技术经济比较确定。数据中心机房散热量较大，需要全年制冷，一般无须设置供暖设施。

设备房间通风设计宜采用自然通风；当自然通风不能满足卫生、

环保或生产工艺要求时，应采用机械通风或自然与机械的联合通风。

建筑物防排烟设计方案应根据建筑物的具体形式确定，并应符合《火力发电厂与变电站设计防火标准》（GB 50229）、《建筑防烟排烟系统技术标准》（GB 51251）的有关规定。

5.4.6 给排水

多站融合变电站给排水设计包括建筑物给排水设计、站区给排水设计等。

站区水源应根据供水条件综合比较确定，优先选用市政供水，没有条件的地区，也可选用打井等其他供水方式。

变电站内排水系统宜采用分流制排水。站区场地排水应根据地形、地区降雨量、土质类别、站区竖向及道路综合布置，采用散排或有组织排放。生活污水融合考虑变电站和数据中心站污水排至市政污水管网或存放于化粪池，定期处理。

5.4.7 消防

①站内建（构）筑物及设备的防火间距应满足《火力发电厂与变电站设计防火标准》（GB 50229—2019）的规定。

②站区围绕建筑物宜设置环形道路，道路路面宽度、转弯半径、消防道路路边至建筑物外墙的距离应满足《建筑设计防火规范》（GB 50016—2014）（2018 年版）的规定。

③消火栓系统的设置应根据建筑物火灾危险性类别、耐火等级及建筑物体积等因素综合确定，多站融合变电站消火栓系统给水量应按火灾时一次最大室内和室外消防用水量之和计算。消防水池的设置应综合考虑变电站和数据中心的消火栓系统、水喷雾系统、细水雾灭火系统或自动喷水灭火系统的要求，不同系统的消防水池宜合用。

④数据中心及其他特殊重要的设备室宜设置气体灭火系统，并应符合《气体灭火系统设计规范》（GB 50370）的有关规定。

⑤变电站与数据中心应配置灭火器，并应符合《建筑灭火器配置设计规范》（GB 50140）的有关规定。

第6章 数据中心站

6.1 设备布置

数据中心站应与变电站设备布置“统一规划、统一设计”。考虑对外运行的需求，当采用地上变电站或半地下变电站时，优先布置在第一层，当采用全地下电站时，优先布置在负一层。IT柜布置原则详见《数据中心设计规范》（GB 50174）。

设置在变电站建筑物内局部区域的数据中心，在确定主机房的位置时，应对安全、设备运输、管线敷设、雷电感应、结构荷载、水患及空调系统室外设备的安装位置等问题进行综合分析和经济比较。

6.2 电气设计

6.2.1 数据中心用电负荷等级及供电要求应根据数据中心的等级，按《数据中心设计规范》（GB 50174）及《供配电系统设计规范》（GB 50052）的要求执行。

6.2.2 数据中心站宜配置一体化UPS电源柜，包含市电直供交流配电部分、UPS系统总交流输入、支路交流输出、UPS输出配电部分。分区域摆放，UPS应布置在一体式供配电柜中下部，外电接入部分位于一体式供配电柜中上部。

6.2.3 蓄电池后备时间按照系统负载不少于15分钟配置。

6.3 网络和布线

变电站新建光缆应为数据中心站预留纤芯资源，出站路由不少于2条。数据中心站至变电站应至少敷设2根联络光缆，分别为对内服务、对外服务提供光缆通道。

数据中心站对内提供服务时，优先利用变电站内数据通信网设备，接入电力信息内网，数据通信网设备应满足数据中心站接入需求。数据中心站对外提供服务时，根据用户需求应在数据中心站配置1套或2套专用通信设备。

6.4 智能化系统

6.4.1 总体要求

智能化系统由总控中心、综合管理平台、环境和设备监控系统、安全防范系统、火灾报警系统等组成，供电电源宜采用独立不间断电源系统供电，当采用集中不间断电源系统供电时，各系统应单独回路配电。

环境和设备监控系统、安全防范系统、火灾报警系统应集成在变电站智能辅助控制系统中。

数据中心站的电能质量监测功能由变电站统一配置的电能质量监测装置实现。

6.4.2 总控中心

中小型数据中心的总控中心宜设置在数据中心机房内，大型数据中心的总控中心宜设置在独立的监控室内。总控中心接入基础设施运行信息、业务运行信息、管理信息等，并将相关信息经变电站数据通信网上送至主站。

6.4.3 综合管理平台

数据中心站需配置1套综合管理平台（DCIM系统），将IT（信息技术）和设备管理结合起来对数据中心关键设备进行集中监控、容量规划等集中管理。

6.4.4 环境和设备监控系统

应实时监控机房专用空调设备、不间断电源系统等设备状态参数。

应实时监控机房内温湿度、露点湿度、漏水状态等环境状态参数。

应实时监测电源及精密配电柜进线电源的三相电压、三相电流、三相电能等参数，实时监测各支路的电流、功率因数、有功功率、电能等参数，以及各支路的开关状态；应实时检测电源整流器、逆变器、电池、旁路、负载等各部分的运行状态与参数。

环境和设备状态异常时产生报警事件进行记录存储，并有相应的处理提示。

6.4.5 安全防范系统

安全防范系统宜由视频监控系统、入侵报警系统和出入口控制系统组成，各系统之间应具备联动控制功能。

视频监控系统应灵活设置录像方式，包括24小时录像、预设时间段录像、报警预录像、移动侦测录像及联动触发录像等多种方式。

门禁系统应实时监控各道门人员进出的情况，并进行记录。

变电站与数据中心站安全防范系统应按对内业务与对外业务进行分区分权管理。

6.4.6 火灾报警系统

数据中心站可采用火灾自动报警和七氟丙烷气体灭火方式组合，包括气体灭火控制盘、烟感、温感、声光报警器、放气指示灯、紧急启停按钮和一套悬挂式七氟丙烷系统。系统具有自动、手动应急操作两种启动方式。

数据中心机房内应设置两组独立的火灾探测器，以提高火灾自动报警系统联动灭火系统的可靠性。

全站火灾报警系统应与灭火系统和视频监控系统联动。

6.5 建筑与装修

数据中心站建筑与装修设计执行现行行业标准《变电站建筑结构设计技术规程》（DL/T 5457）的要求，与变电站主体装修相一致，遵循经济、适用、美观的基本原则。

6.6 采暖与通风

6.6.1 多站融合共建于同一建筑内的数据中心，宜设置独立的空调系统。

6.6.2 空调系统形式的选择应根据机房散热量、室内换气要求及周边环境要求等因素确定，当数据中心机房冷负荷较小时，建议采用机房专用的恒温恒湿精密空调；当数据中心机房冷负荷较大时，可采用其他空调系统形式。

6.6.3 电子信息设备和其他设备的散热量应根据设备实际用电量进行计算，空调系统负荷计算应包含夏季冷负荷和湿负荷两个部分。

6.6.4 对于机柜发热量较大的机房，宜采用活动地板下送风（上回风）、行间制冷空调前送风（后回风）等方式，并宜采取冷热通道隔离措施。

6.6.5　数据中心空调系统应带有通信接口，通信协议应满足数据中心监控系统的要求，监控的主要参数应接入数据中心监控系统，并应记录、显示和报警。

6.6.6　数据中心房间通风要求可根据设备规模及数据中心等级设置。

①对于等级为 C 类的机柜数量不超过 50 面的小型数据中心，当通过技术分析合理时，可不设置正压通风系统，但应保证门窗气密性，保证机房空气质量要求。

②对于等级为 A 类、B 类的数据中心及机柜数量超过 50 面的 C 类数据中心，机房宜维持正压，并应符合《数据中心设计规范》（GB 50174）的有关规定。

③对于人员较多的数据中心，宜设置新风系统，新风量按工作人员计算，每人 40 m^3/h。

④设置新风及正压通风的数据中心，其通风系统宜设置过滤器。

⑤设有气体灭火的数据中心房间应设置灭火后机械通风装置，应符合《火力发电厂与变电站设计防火标准》（GB 50229）的有关规定。

6.7　消防与安全

6.7.1　数据中心机房宜设置气体灭火系统，也可设置细水雾灭火系统或自动喷水灭火系统，当数据中心与变电站的消防方式相同时，数据中心灭火系统也可考虑与变电站共用。

6.7.2　数据中心宜设置室内消火栓系统，当变电站与数据中心联合布置时，宜共用消火栓系统。

6.7.3　数据中心应设置建筑灭火器，应符合现行国家标准《建筑灭火器配置设计规范》（GB 50140）的有关规定。

6.7.4　数据中心内安装有自动喷水灭火设施、室内消火栓时，地面应设置挡水和排水设施。

第7章 充电站

7.1 安装规模与设备选择

7.1.1 充电站的安装规模与设备选择应符合现行国家标准《电动汽车充电站设计规范》（GB 50966）的有关规定。

7.1.2 充电站的布局宜结合城市电动汽车专项规划及电动汽车类型和保有量综合确定，并充分利用变电站供电、交通、消防、排水等公用设施。

7.1.3 充电站的规模宜结合电动汽车充电需求、变电站站区及周围用地情况，确定充电站的规模。

7.1.4 分析充电需求，充电站考虑设置直流快充、V2G、交流充电桩、移动充电桩等形式，为用户提供智能、便捷、丰富的电动汽车多元化充放电服务。

7.1.5 直流快充适用于快速充电以满足出行需求；V2G实现电网与电动汽车间的双向互动，为电网提供辅助服务；交流充电桩适用于长时间停车，有序充电；移动充电桩提供可移动的便捷充电服务。本典型设计中V2G充电桩推荐采用60 kW直流充电桩。

7.1.6 非车载充电机输出的直流电压范围宜至少从150 ~ 350 V、300 ~ 500 V和450 ~ 700 V 3个等级中选择，优先选择大范围输出电压的非车载充电机以匹配更多充电类型。

7.1.7 非车载充电机及充电桩供电电源应采用380 V/220 V交流电压，接入直流母线的非车载充电机应采用直流直接供电型，供电电压等级根据系统直流母线电压确定，优先采用快速充电型非车载充电机。

7.1.8 充电站可根据车位布置情况选择双枪或单枪充电桩或非车载充电机，在布置合理的情况下，应优先选用双枪充电机以优化充电功率配比。选择目前主流的常见的120 kW双枪及60 kW单枪非车载充电机，同时为兼容更多充电形式部分方案配置42 kW及7 kW交流充电桩。

7.1.9 针对目前发展较为迅速的电动汽车无线充电技术，在进行充电站周边无线充电电动汽车保有量调研及经济技术论证后，充电站可设置部分无线充电桩，宜结合技术发展采用较大功率的无线充电桩。

7.2 设备布置

7.2.1 充电站总体布置应满足便于电动汽车的出入和充电时停放，保障站内人员及设施的安全，采用双列布置充电位或者单列布置充电位。

7.2.2 充电站应满足消防安全的要求，与其他建筑物、构筑物之间的防火间距设计应符合现行《建筑设计防火规范》（GB 50016）及《火力发电厂与变电站设计防火标准》（GB 50229）的有关规定。

7.3 供电系统

7.3.1 充电站供配电系统设计应符合《供配电系统设计规范》（GB 50052）及《电动汽车充电站设计规范》（GB 50966）的有关规定。

7.3.2 充电站容量大于200 kW时，宜从融合变电站10 kV侧母线引出一回馈线至充电站；当充电站容量小于200 kW时，宜从融合变电站380 V站用电母线引出一回馈线至充电站。

7.3.3 充电站专用配电变压器应采用干式变压器，容量应根据负荷特点和经济运行进行选择，能满足全部用电设备的负荷。

7.3.4 配电线路的选择和敷设应满足现行《电力工程电缆设计标准》（GB 50217）和《城市工程管线综合规划规范》（GB 50289）的有关规定。

7.4 监控与通信

7.4.1 充电站监控与通信系统应按《电动汽车充电站设计规范》（GB 50966）、《电动汽车充电站及电池更换站监控系统技术规范》（Q/GDW 488）的要求执行。

7.4.2 充电站应配置独立的监控后台，并具备与变电站监控系统的通信功能；光伏电站后台信息应经防火墙上送到变电站内Ⅱ区辅助设备监控系统后台。

7.4.3 充电站监控系统由站控层、间隔层及网络设备组成，监控网络使用单星形。

7.4.4 监控主机系统应采用单机配置，时钟同步系统和电能质量在线监测系统不独立配置，与变电站的时钟同步系统和电能质量在线监测系统融合。

7.4.5 安防监控系统具有入侵报警、出入口控制设计，并与变电站安防监控系统一体化设计，分区分级管理。

7.5 计量

7.5.1 计量系统应按《电动汽车充电站设计规范》（GB 50966）、《电动汽车非车载充电机直流计量技术要求》（Q/GDW 11165）及《电动汽车交流充电桩计量技术要求》（Q/GDW 11163）的要求执行。

7.5.2 电动汽车非车载充电计量应采用直流计量，采用电子式直流电能表和分流器时，应安装在非车载充电装置直流端和电动汽之间，直流电能表的准确等级应为 1.0 级，分流器的准确等级应为 0.2 级。

7.5.3 非车载充电机的直流电能表的电流线路可采用直接接入方式或经分流器接入方式。

7.5.4 非车载充电机具备多个可同时充电接口时，每个接口应单独配置直流电能表。

7.5.5 交流充电桩的电能计量装置应选用静止式交流有功电能表，采用直接接入式。

7.5.6 交流充电桩具备多个可同时充电接口时，每个接口应单独配备交流电能表。

7.5.7 交流电能表应安装在交流充电桩内部，位于交流输出端与车载充电机之间，电能表与车载充电机之间不应接入其他与计量无关的设备。

7.6 土建

7.6.1 充电站的给排水、消防给水、灭火设施与变电站统一设计，满足站区总体规划要求。

7.6.2 室外充电桩宜采用必要的防雨防尘措施，如采用车棚时，宜采用成品车棚，车棚的外形满足变电站景观风景设计要求。

7.6.3 充电站的防雷接地、防静电接地、电气设备的工作接地、保护接地及信息系统的接地宜共用接地装置，并与变电站主接地网融合设计，接地电阻不应大于 4 Ω。

7.6.4 充电站室外照明与变电站景观照明融合设计，充电区域地面照度不低于 100 lx，主干道地面照度不低于 5 lx。

第8章　光伏电站

8.1　太阳能资源及发电量分析

8.1.1　光伏发电站设计应对站址所在城市的区域太阳能资源基本状况进行分析，并对相关的地理条件和气候特征进行适应性分析。

8.1.2　应按照《光伏发电站设计规范》（GB 50797）和《太阳能资源评估方法》（GB/T 37526）的有关规定进行参考气象站选择、参考气象站数据收集、现场太阳辐射观测数据收集、太阳辐射观测数据验证与分析，整理出工程代表年水平面太阳辐射数据，并进行太阳能资源分析。

8.1.3　城市附近气象站如没有实测太阳辐射数据，可根据目前行业公认度较高的 Meteonorm 模拟数据，初步估算城市多年平均太阳能总辐射量。

8.1.4　太阳能资源分析时应依据太阳能资源典型年的水平面各月总辐射量，进行典型年光伏方阵阵列面上各月总辐射量的换算。通常可采用软件计算。目前，国际上比较流行的软件是 RetScreen、PVsyst、Meteonorm 等。

8.1.5　光伏发电站发电量预测应根据站址所在地的太阳能资源情况，并考虑光伏发电站系统设计、光伏方阵布置和环境条件等各种因素后计算确定。

8.2　接入系统

8.2.1　分布式光伏并网应符合《光伏发电接入配电网设计规范》（GB/T 50865）的要求。光伏电站单回路容量不超过 8 kW 时可接入 220 V 交流电网或 ±375 V 直流电网；单回路容量大于 8 kW 不超过 400 kW 可接入 380 V 电网。其他电压等级接入方式需经过经济技术论证后确定。

8.2.2　分布式光伏上网模式采用“自发自用，余电上网”，优先为充电站电动汽车负荷提供绿色能源，是否配置储能电池需经技术经济比较后确定。

8.2.3　光伏发电系统经光伏并网逆变器、储能系统经过储能变流器（PCS）和充电桩可共同接入同一段或不同段专用交流母线或直流母线，构成光、储、充系统，实现光伏发电就地消纳和峰谷电能转移。

8.3　电气一次

8.3.1　光伏组件选择应依据太阳辐射量、气候特征、场地面积等因素确定，可采用多晶硅、单晶硅或异质结光伏组件；当需要与建筑结构相协调时，可采用柔性光伏组件或建材型的光伏组件，建材型的光伏组件应符合相应建筑材料或构件的技术要求。

8.3.2　光伏组件安装在建筑屋面、墙面或建筑其他部位时，不应影响该部位的建筑功能，并应与建筑协调一致，保持建筑统一和谐的外观。

8.3.3　选用组件峰值功率为主流光伏组件峰值功率。光伏组件峰值功率选择应根据工程实施阶段光伏组件发展现状、组件厂家供货情况，并经技术经济比较后确定。

8.4　二次系统

8.4.1　光伏电站的防孤岛及继电保护装置应按《光伏发电系统接入配电网技术规定》（GB/T 29319）的要求执行。

8.4.2　光伏电站远动通信规约、通信速率或带宽应按《电力系统调度自动化设计技术规程》（DL/T 5003）的要求执行。

8.4.3　光伏电站电能计量点宜设置在电站与电网设施的产权分界处或合同协议中规定的贸易结算点；电能计量装置应按《电能计量装置技术管理规程》（DL/T 448）和《电测量及电能计量装置设计技术规程》（DL/T 5137）的要求执行。

8.4.4　光伏电站应配置独立的监控后台，并具备与变电站监控系统的通信功能；光伏电站不设置专用调度自动化设备，后台遥信信息应经防火墙上送到变电站内Ⅱ区辅助设备监控系统后台，并经站内Ⅱ区数据通信网关机上送调度。

8.4.5　光伏电站应配置具有通信功能的电能计量装置，电能量信息由变电站电能量采集装置统一采集。同一计量点应安装同型号、同规格、准确度相同的主备电能表各一套。

8.4.6　光伏电站电能计量装置采集的信息应经变电站调度数据网接入电力调度部门的电能信息采集系统。

8.5　土建部分

8.5.1　与光伏发电系统相结合的建筑设计，应符合《建筑光伏发电系统应用技术规范》（GB/T 51368）的规定。

8.5.2　光伏一体化的建筑应结合建筑功能、建筑外观及周围环境条件进行光伏组件类型、安装位置、安装方式和色泽的选择，使之成为建筑的有机组成部分。建筑设计应为光伏组件安装、使用、维护和保养等提供必要的承载条件和空间。

8.5.3　与光伏发电系统相结合的建筑，其规划设计应综合考虑建设地点的地理、气候条件、建筑功能、周围环境等因素，确定建筑布局、朝向、间距、群体组合和空间环境，满足光伏发电系统设计和安装的技术要求。

8.5.4　以光伏组件构成建筑围护结构时，光伏组件除应与建筑整体有机结合，与建筑周围环境相协调外，还应满足所在部位的结构安全和建筑围护功能要求。

8.5.5　光伏建筑一体化结构设计应为光伏发电系统安装埋设预埋件或其他连接件。连接件与主体结构的锚固承载力设计值应大于连接件本身的承载力设计值。安装光伏发电系统的预埋件设计使用年限应与主体结构相同。

8.5.6　建筑设计应为光伏发电系统的安装、使用、维护、保养等提供必要的条件，并在安装光伏组件的部位采取安全防护措施。在人员有可能接触或接近光伏发电系统的位置，应设置防触电警示标识。

第 9 章　5G 基站

9.1　设备选择与布置

9.1.1　5G 基站可综合采用宏基站、微基站、室内分布系统等部署形式实现新区全域覆盖。

9.1.2　宏基站发射功率大、天线挂高较高、覆盖面广，可支持多载波、多扇区、扩容方便。5G 宏基站主要建设在各类建筑楼顶，或者路边的杆塔上，主要用于室外场景覆盖。

9.1.3　微基站设备发射功率较小，天线挂高较低，网络覆盖范围也较小，建设形式多样。微基站可结合多功能信息杆柱、垃圾桶、邮筒、井盖或其他市政设施实现景观化建设。

9.1.4　5G 室内分布系统用于覆盖楼宇室内、地下交通、地下空间、下沉广场、下沉道路等场景，可采用数字化有源室内分布系统（分布式微基站）、无源分布系统、小站、FEMETO 等方式实现多基础电信企业、多系统共建共享。5G 室内覆盖多采用新型有源分布系统，在隧道场景可采用新型泄漏电缆方式覆盖。在与其他设施方案衔接时，要明确预留室内分布系统建设所需的空间资源，保证室内分布系统电源、光缆、天线和设备等都具备安装条件。

9.1.5　5G 设备安装在综合保护室、通信机房或数据中心站机房内，5G 天线宜布置在变电站建筑物楼顶或铁塔上。在满足通信需求的同时不影响城市面貌。变电站应预留 2 条独立市政管网通道。

9.2　外观风貌设计

5G 基站设计要求与建筑设计、公共设计、景观设计融合统一。在保障建（构）筑物安全的前提下力求美观，符合城市景观及市容市貌要求，并与建筑物和周边环境相协调。

9.3　供电方案

5G 设备可采用直流 –48 V 电源供电或双路 220 V 交流电供电。

9.4　防雷与接地

5G 基站的户内部分采用屋顶避雷带进行全站防直击雷保护，户外天线部分防直击雷保护可采用避雷针。

9.5　5G 应用

利用 5G 技术可拓展运营商租赁、高清视频应用及机器人巡检、配电网差动保护和自愈系统等场景应用。

第 10 章　北斗地基增强站

10.1　站点布局

根据中国卫星导航系统管理办公室发布的《北斗地基增强系统基准站建设技术规范》和《北斗地基增强系统服务性能规范（1.0 版）》：每两个站点之间的间隔一般不超过 60 km。

国网公司统一考虑北斗地基增强站系统建设，全国建设 1200 个点，覆盖国家电网 27 个网省的全部经营区域。城市的北斗地基增强站布点应结合规划统一考虑。

10.2　设备配置与安装

北斗地基增强站设备包含电源分配单元、GNSS 接收机、网络协议转换器、环境监控设备。设备安装在变电站综合保护室，可新设置屏柜，或安装在现有通信屏柜中。设备安装在变电站综合保护室内，天线就近安装在屋顶。

10.3　北斗应用

①通过北斗位置服务体系建设，全方位支撑定位、短报文通信应用，全面覆盖营销、运检、物资、基建、应急等电网行业应用。

②利用北斗地基增强站可拓展沉降监测、人员安全管控、智能巡检等场景应用。

第11章 储能电站

11.1 储能方式与规模

11.1.1 融合站储能方式宜采用电化学储能。

11.1.2 电化学储能电站按照容量规模可分为小型、中型和大型，并应按下列标准划分：

①功率为1 MW或容量为1 MW·h以下为小型电化学储能电站。

②功率为30 MW且容量为30 MW·h及以上为大型电化学储能电站。

③介于小型和大型间的电站为中型电化学储能电站。

11.1.3 储能电站容量应根据其在多站融合中的作用确定。

11.2 设备选择与布置

11.2.1 不同类型的储能系统宜分区布置。液流电池可布置在同一区内，锂离子电池、钠硫电池、铅酸电池应根据储能系统容量、能量和环境条件合理分区。

11.2.2 本典型设计储能设备推荐采用技术成熟、性价比高的磷酸铁锂电池。

11.2.3 储能系统设备可采用标准柜式，也可采用框架式。站内功率变换系统尺寸宜保持一致，站内电池柜/架尺寸宜保持一致。

11.2.4 功率变换系统在站内布置应有利于通风和散热。

11.2.5 电池布置应满足电池的防火、防爆和通风要求。

11.2.6 电池管理系统宜在电池柜内合理布置或就近布置。

11.3 并网要求

11.3.1 电站接入电网的电压等级应根据电站容量及电网的具体情况确定。小型电化学储能电站宜采用380 V电压等级接入，大、中型电化学储能电站宜采用10 kV或更高电压等级接入。

11.4 二次系统

11.4.1 电池管理系统应能检测电池相关数据，可靠保护电池组，满足《电化学储能电站技术导则》（Q/GDW 10769—2017）的要求。

11.4.2 监控系统宜能够实现多个储能单元的协调控制并根据其功能定位实现削峰填谷、系统调频、无功支撑、电能质量治理、新能源功率平滑输出等控制策略。应能接收并显示电池管理系统上传的电压、电流、荷电状态（SOC）、功率、温度及异常告警等信息。满足《电化学储能电站技术导则》（Q/GDW 10769—2017）的要求。

第 12 章　综合能源及智慧服务

12.1　冷热能源应用

12.1.1　当地质条件合适、经济技术合理时，变电站及数据中心站等建筑物房间空调系统可采用地源热泵系统，并应符合下列规定：

①地埋管地源热泵系统方案设计前，应对工程场地浅层地热能资源及工程场内区岩土体地质条件进行勘察，并根据工程勘察结果评估地埋管换热系统实施的可行性及经济性。

②地埋管换热系统设计应进行全年动态负荷计算，最小计算周期为 1 年。计算周期内，地源热泵系统总释热量宜与其总吸热量相平衡；由于变电站内冷热负荷不平衡，变电站地源热泵系统在满足厂区内房间供冷及供热需求的同时，宜将富裕热量用于变电站周边用户等。

③地源热泵系统设计应符合《地源热泵系统工程技术规范》（GB 50366）的有关规定。

12.1.2　对于散热量较的大型数据中心机房等设备房间，当技术经济合理时，宜利用机房的余热作为周边用户用热的热源。

12.1.3　当建设地周边存在连续稳定、可以利用的废热和工业余热的区域，且技术经济合理时，可采用吸收式冷水机组为变电站及周边用户提供供冷服务。

12.1.4　天然气供应充足的地区，当冷电联合的能源综合利用率较高，技术经济合理时，可采用分布式燃气冷电联供系统。如果周边还存在其他用热用户，也可采用分布式燃气冷热电三联供系统；系统设计应符合《燃气冷热电三联供工程技术规程》（CJJ 145）的有关规定。

12.1.5　对于执行峰谷电价，且差价较大的地区，当技术经济比较合理时，可采用蓄冷空调系统，为变电站及周边用户提供供冷服务；系统设计应符合《蓄冷空调工程技术规程》（JGJ 158）的有关规定。

12.2　城市智慧能源管控系统（CIEMS）

12.2.1　融合站应基于城市智慧能源管控系统（CIEMS）实现能源智能化、打造能源云网，形成“综合能源大脑”的能源区块，采用“集中 + 分散”的分层逻辑，实现对站内综合能源的云端处理和本地展示功能。城市智慧能源管控系统由前端信息源采集终端、站内能源展示平台和综合能源云端处理平台三部分组成。

12.2.2　城市智慧能源管控系统数据接入整体分为“本地”和“云端”两部分，云端部署在主站系统，实现综合能源项目监测、分析等功能。本地为多站融合变电站，通过在本地布置“边缘智能终端”实现对站内各系统的数据采集汇集及远程通信传输，“边缘智能终端”通过有线或无线的方式将采集的信息上传至云端 CIEMS 主站。

12.2.3　通过在前端信息源采集终端安装能源监测与控制终端设备，实现综合能源体范围内冷、热、电、水综合监测与能耗管理，实现照明、空调、通风等系统的智能控制，应在保证融合站用能舒适性的前提下，提供能源优化与多元化服务。

12.3 直流生态系统

12.3.1 直流生态系统以直流配电的形式，通过设置直流母线，将各分布式电源融合起来并加以协调控制，同时将直流电直接输送给各直流负荷。为直流灯具、直流风机、直流充电桩、直流空调、激光雷达、摄像头等设备全直流供电，构建低压直流配用电物联网。

12.3.2 根据实际需要，变电站可设置低压直流配电系统。直流母线额定电压宜根据《中低压直流配电电压导则》（GB/T 35727—2017）表1及表2中给定的标称电压优选值中选取，优先选择直流750 V(±375 V)、220 V(±110 V)或48 V。根据设计负荷需求，可将数据中心、充电桩、保护装置、光伏、储能、照明等的直流负荷有选择性地接入低压直流配电系统。直流母线可采用单母线接线或单母线分段接线型式。

12.3.3 统筹考虑融合站的发电、配电和用电方式，在融合站直流配电系统配置1套能量管理系统。能量管理系统对接入的光伏、储能、充电桩及低压直流配电网等进行控制管理和分析，实现发电预测、分布式管理、负荷管理、发用电计划、电压无功管理、统计分析评估和Wed发布功能。

12.4 智能多功能信息杆

12.4.1 根据实际工程需要，可在变电站及各融合站区域适当位置布置智能多功能信息杆。

12.4.2 智能多功能信息杆可配置5G基站、信息发布大屏幕、监控摄像头、气象传感器、路灯、太阳能电池板、小型风力发电机、储能电池等设备，实现无线网络服务、实时发布消息、周边环境监控、气象信息监测、提供路面照明、清洁能源自发自用等功能。

12.5 变电站周围空间利用

12.5.1 变电站周围空间一般比站内空间可利用的面积更大，可实现的功能更多。但是具体开发利用的原则是和站内空间的利用是一致的，同样应基于经济性、相关性和安全性来考虑，并兼顾一定的公益性。

12.5.2 经济性评价是空间利用的关键，应详细计算征地费、建设投资、运营成本、各种税费等流出资金与场地出租、房屋出租、系统功能出租等各项流入资金的具体金额，根据得出的总投资收益率和投资回收期来确定周围空间利用规模的大小和具体开发功能的多少。

12.5.3 相关性体现国网公司对主营业务的坚持。宜开发与电力公司的主营业务相关度较高的项目，如综合能源服务中心、智慧营业厅、电动汽车充换电站、数据中心等。

12.5.4 当周围空间的利用涉及一些有安全风险的功能时，为确保不影响变电站本体的安全运行，必须做好各项安全措施。例如，易燃的电化学电池储能设备应避免安装在变电站的架空线下方；放置在室内的充换电设备应配置足够的消防灭火设施；周围空间的人流和车流通道不应影响变电站消防或抢修车辆的进出等。

12.5.5 体现公益性是国网公司的社会责任，也是规划部门愿意低价划拨土地的初衷。应根据周边居民的需求，结合地块特征，设置一些为人民群众服务的功能，如游泳馆、健身房、应急救灾物资储备处等。

第 3 篇　多站融合变电站典型设计方案

第 13 章　场景 1 市区地上案例 A 典型设计方案

13.1　融合设计原则

13.1.1　场地融合

场地融合综合考虑变电站和各功能站的规划和需求，全站设配电装置楼和辅助楼两栋建筑物，辅助楼内留设数据中心、地源热泵房、储能配电室等房间，两栋建筑物共用变电站环行道路，满足变电站施工、运输、运行、检修、防火、安全等要求。充电桩独立设置于站外，光伏电站、5G 基站设置于建筑物屋顶，提高了场地利率。

13.1.2　建筑物融合

数据中心站作为变电站附属建筑物进行设计，与配电装置楼脱离，电磁干扰较小。数据中心站对外独立运营，并设置了对外的单独出入口，保证变电站与数据中心站的相对独立性。

光伏电站设计在保证建筑风貌的前提下，采用屋顶光伏技术，达到与建筑物的整体协调。

5G 基站天线应采用消隐式设计，避免对建筑风貌的影响。本案例 5G 基站天线可结合智慧路灯杆设置。

储能电站设备使用独立房间，房间应布置于背阴面，注意避免阳光照射，有防进水和通风措施。

13.1.3　消防系统融合

本案例变电站与数据中心站采用联合布置时，变电站与数据中心站消防给水统一设置。共用站内的消防通道、消防水池、消防泵房等设施。

13.1.4　供电方式融合

数据中心站、5G 基站和光伏电站均为双回路供电，两路电源分别取自变电站的 380 V 两段母线上。充电站电源从变电站 10 kV 母线上引接，引出 1 路专用充电站负荷变，电压等级 10/0.4 kV，容量 630 kVA。北斗地基增强站负荷电源引自变电站内通信电源。

13.1.5　接地融合

接地融合方案宜采用联合接地网方案，变电站和各融合站接地网采用地下敷设水平主接地网，配以若干垂直接地极，并通过若干接地联络线，将变电站主地网与各融合站主地网可靠连接。

13.1.6　防雷融合

防雷融合方案宜采用总体防雷方案，防雷设施布置方案宜将所有融合设施和建(构)筑物合并考虑。防雷设施可采用屋顶避雷带等方式。

13.1.7　通信融合

采用“统一规划、统一设计、特色化建设”的模式，根据变电站基础设施资源情况，统筹各种需求，对数据中心站、5G 基站、北斗地基增强站等在电力基础设施上的空间布局、配套供电系统等进行统一规划和设计。

13.1.8　智能化系统融合

变电站监控系统与光伏电站监控系统应具备通信功能，光伏电站调度自动化信息通过变电站数据通信网关机上送调度。

变电站监控系统与充换电站、储能电站监控系统应具备通信功能。

变电站与各融合站设置统一的智能辅助控制系统，集成火灾报警子系统、环境监控子系统、视频监控子系统、安全防范子系统等，实现数据融合集成。

根据电力系统对供电电能质量的监测要求，设置1套电能质量监测装置，用于监测变电站、数据中心站、光伏电站、储能电站和充换电站相关支路的电能质量。

变电站设置1套时间同步系统，可接收北斗地基增强站的精确授时信号，可同时为数据中心站、光伏电站和充换电站提供时钟同步信号。

13.2 变电站融合设计方案

13.2.1 电气一次

13.2.1.1 供电负载需求

数据中心站、5G基站、北斗地基增强站需要稳定可靠的供电电源，宜由双重电源供电。光伏电站通过2路接入变电站交流系统。充电站由于负荷较大，需从变电站引出专用回路。

13.2.1.2 推荐供电方案

数据中心站供电电源采用2路，从变电站站用电交流母线Ⅰ段和Ⅱ段各引出1路交流380 V电源，每路电源容量按不少于200 kW考虑。

5G基站供电电源采用2路，从变电站站用电交流母线Ⅰ段和Ⅱ段各引出1路交流220 V电源，每路电源容量按不少于3.5 kW考虑。

北斗地基增强站供电电源采用2路–48 V直流电源，引自变电站综合保护室–48 V直流馈线屏，每路电源容量按不小于300 W考虑。

充电站供电电源采用1路，从变电站10 kV母线引出1路交流10 kV电源，设置专门的负荷变压器降压为380 V后为充电站提供充电电源和工作电源。根据充电站建设规模，本案例负荷变压器容量选择630 kVA。本案例4台42 kW充电桩电源引自充电桩交流380 V母线，2台120 kW充电桩电源引自直流 ±375 V母线。

变电站交流380 V母线负荷统计，如表13–1所示。

表13–1 变电站交流380 V母线负荷统计情况

负荷类型	容量（kW）
变电站负荷	182
数据中心IT柜负荷	105
数据中心IT柜空调负荷	60
数据中心UPS充电负荷	16.5
数据中心空调风机负荷	15
数据中心其他负荷	4
5G基站负荷	3.5
汇总	386

根据负荷统计情况，本案例站用变容量选择400 kVA。

13.2.1.3 防雷

（1）防雷需求

根据《交流电气装置的过电压保护和绝缘配合设计规范》（GB/T 50064—2014）、《建筑物防雷设计规范》（GB 50057—2010）要求，数据中心站、5G基站、北斗地基增强站、光伏电站、充电站等的站内设备必须进行防雷保护。

数据中心站、5G基站、北斗地基增强站的户内部分防雷保护纳入建筑物防雷考虑范围。5G基站、北斗地基增强站的户外天线部分及光伏电站、充电站等设备需进行防直击雷保护。

（2）防雷推荐方案

本案例为全户内站，数据中心站、5G 基站、北斗地基增强站的户内部分采用屋顶避雷带进行全站防直击雷保护。该避雷带采用 φ12 热镀锌圆钢，并在屋面上装设不大于 10 m × 10 m 或 12 m × 8 m 的网格，每隔 10 ～ 18 m 设引下线接地。上述接地引下线应与主接地网连接，并在连接处加装集中接地装置。屋顶上的设备金属外壳、电缆金属外皮和建筑物金属构件均应接地。

5G 基站、北斗地基增强站户外天线部分及光伏电站、充电站等设备可采用避雷针进行防直击雷保护。

13.2.1.4　接地

（1）接地需求

数据中心应同时满足《交流电气装置的接地设计规范》（GB/T 50065—2011）、《集装箱式数据中心机房通用规范》（GB/T 36448—2018）和《通信局（站）防雷与接地工程设计规范》（GB 50689—2011）的相关要求。数据中心站接地电阻一般控制在 1Ω 以下。

5G 基站接地电阻应同时满足《交流电气装置的接地设计规范》（GB/T 50065—2011）和《通信局（站）防雷与接地工程设计规范》（GB 50689—2011）的相关要求。5G 基站接地电阻一般控制在 10Ω 以下。

北斗地基增强站接地电阻应满足《交流电气装置的接地设计规范》（GB/T 50065—2011）的相关要求。北斗地基增强站接地电阻一般控制在 10 Ω 以下。

光伏电站接地电阻应同时满足《交流电气装置的接地设计规范》（GB/T 50065—2011）和《光伏发电站设计规范》（GB 50797—2012）的相关要求。光伏电站接地电阻一般控制在 4Ω 以下。

充电站接地电阻应满足《交流电气装置的接地设计规范》（GB/T 50065—2011）的相关要求。充电站接地电阻一般控制在 4Ω 以下。

（2）接地推荐方案

考虑到变电站接地电阻需满足接触电势和跨步电势允许值要求，结合数据中心站的接地电阻要求，宜采用联合接地网。

户内布置的设备均与建筑物主地网可靠连接，户外布置的设备均与变电站主地网可靠连接，接地引下线截面与变电站设备保持一致。

13.2.2　电气二次

（1）监控系统

多站融合变电站设置一体化监控系统，站内信息分为安全Ⅰ区、安全Ⅱ区、安全Ⅲ / Ⅳ区。直接采集站内电网运行信息和二次设备运行状态信息，通过标准化接口与数据中心站、光伏电站、充电站、储能电站等监控系统进行信息交互，获取融合站设备运行状态等其他信息，实现变电站与融合站全景信息采集、处理、监视、控制、运行管理等功能。

一体化监控系统采用开放式分层分布式网络结构，由站控层、间隔层、过程层及网络设备构成。站控层设备按变电站远景规模配置，间隔层设备按工程实际规模配置。

数据中心设置在数据中心机房内，总控中心接入基础设施运行信息、业务运行信息、办公管理信息等，并将相关信息经变电站数据通信网上送至数据中心主站。

光伏电站配置独立的监控后台，并具备与变电站监控系统的通信功能；光伏电站不设置专用调度自动化设备，后台遥信信息应经防火墙上送到变电站内Ⅱ区辅助设备监控系统后台，并经站内Ⅱ区数据通信网关机上送调度。

充电站、储能电站配置独立的监控后台，并具备与变电站监控系统的通信功能。

（2）辅控系统

多站融合变电站辅控系统按照“一体设计、精简层级、数字传输、标准接口、远方控制、智能联动、方便运维”等要求进行设计，统一部署一套智能辅助控制系统，集成变电站内安防、环境监测、照明控制、SF6监测、智能锁控、在线监测、消防、视频监控、巡检机器人等子系统。

数据中心站辅助系统包括环境和设备监控系统、安全防范系统、火灾报警系统，并与变电站智能辅助控制系统集成。

数据中心消防系统应采用火灾自动报警和气体灭火系统组合方式，包括气体灭火控制盘、烟感、温感、声光报警、放气指示灯、紧急启动按钮和气体灭火装置。气体灭火系统具备自动、手动应急操作两种启动方式。数据中心机房内应设置两组独立的火灾探测器，火灾报警系统应与灭火系统和视频监控系统联动。

数据中心站辅助系统包括环境和设备监控系统、安全防范系统、火灾报警系统，并与变电站智能辅助控制系统集成。

光伏站、充电站和储能电站相关区域配置视频监视摄像机，对设备及周围环境进行全天候的图像监视。变电站安防监控系统宜统一规划设计，站端设备如视频监控系统主机、硬盘录像机等按全站规模配置，仅开列前端摄像机部分设备。

（3）电能质量监测

根据电力系统对供电电能质量的监测要求，本案例变电站配置电能质量监测装置1套，可同时用于监测数据中心站、光伏电站、储能电站和充换电站相关支路的电能质量信息。变电站电能质量监测装置相关数据可通过一体化监控系统与数据中心站、光伏电站、储能电站和充换电站监控系统通信。

（4）关口计量

在变电站与数据中心站、光伏电站、储能电站和充换电站的关口计量点处设置关口计量装置。

（5）二次线缆通道

变电站与数据中心站、光伏电站、储能电站和充换电站共用线缆通道，敷设变电站内及变电站与数据中心站、光伏电站、储能电站和充换电站间的光缆及控制电缆。

（6）时钟同步

变电站设置1套时间同步系统，可接收北斗地基增强站的精确授时信号，可同时为数据中心站、光伏电站、储能电站和充换电站提供时钟同步信号。

13.2.3 通信部分

（1）光纤通道

变电站新建光缆应为数据中心站预留纤芯资源，出站路由不少于2根。

数据中心站至变电站应至少敷设2根联络光缆，分别为对内服务、对外服务提供光缆通道。

北斗基站的数据传输可使用站内SDH光传输设备转发至省级北斗卫星服务器。

5G天线可通过新增光缆作为信号回传线，并满足变电站相关规定；如变电站管廊光缆纤芯资源较为充裕，可利用管廊光缆作为信号回传线。

（2）设备配置

数据中心站对内提供服务时，以GE光接口方式接入数据通信网设备，从而接入电力信息内网，数据通信网设备应满足数据中心站接入需求。

数据中心站对外提供服务时，根据用户需求应在数据中心站配置1套或2套专用通信设备。

13.2.4 土建部分

13.2.4.1 总平面布置

本案例变电站总平面布置为规则形状，东西向 76.5 m，南北向 60.8 m，有利于土地的征用。站内不设置独立站前区，站区不设围墙，站区周围适当绿化点缀与周围环境相融合，体现花园式理念。

站区场地布置结合了变电站和数据中心站的总体规划及工艺要求，在满足自然条件和工程特点的前提下，充分考虑了安全、防火、卫生、运行检修、交通运输、环境保护等各方面的因素，根据周围环境、系统规划，并考虑到进站道路等因素，与工艺专业配合布置如下。

全站设配电装置楼和辅助楼各 1 座。配电装置楼布置在站区环路中部，轴线尺寸为 52.5 m × 23 m。辅助楼布置于站区环路北侧，楼内留设数据中心、地源热泵房、储能配电室等房间，轴线尺寸 34.7 m × 6.3 m。为充分利用场地，西北角空闲位置布置蓄水池和事故油池等地下构筑物，智慧灯杆及 5G 基站设置于建筑屋顶。北侧围墙外设充电桩及光伏车棚，避开了建筑物主要立面。综合配电楼屋顶设置智慧灯杆和太阳能光伏板，提高场地利用率。综合配电楼与综合数据中心共用站内道路，既充分利用了土地，又减少了对周围环境的噪声影响。

13.2.4.2 站内道路

站区围绕辅助楼和配电装置楼设置环形道路，变电站站内道路采用城市型道路，沥青混凝土路面。站内道路路面宽度为 4 m，转弯半径 9 m，站区出口设置在东北侧。

13.2.4.3 建筑风貌及“表皮”功能化

本案例变电站主要建筑物由配电装置楼和附属楼组成，两个建筑均为单层坡屋顶建筑，平面布置呈矩形。配电装置楼高 12.7 m，生产用房设置有主变压器室、配电装置室、电容器室、二次设备室等；附属楼高 7.8 m，主要设置有数据中心、地源热泵房、储能配电室、工具间及卫生间。

本案例的建筑风貌设计，不仅很好地保持了传统建筑的精髓，又有效地融合了现代建筑元素与现代设计因素，改变了传统建筑的功能使用，给予建筑表皮重新定位。

为了使变电站更好地融入城市环境，与城市相互衔接和拓展，变电站采用了无围墙设计，站内道路、站外广场与城市互联，构建城市交通空间的微循环。建筑形式上传承古城文化，利用传统坡屋顶、白墙灰瓦、园林绿化等组合手法，体现地域特色，营造和谐的城市共享空间，并为市民提供休闲活动场所。

本案例“建筑表皮”功能化设计主要体现在以下几个方面。

①在较高的一面屋顶上，采用光伏瓦代替了传统陶土瓦，从而赋予了建筑新的生命。

②片散上方的屋顶采用木纹格栅的设计，既满足了散热功能的需求，又丰富了屋顶造型，使建筑产生雄浑、挺拔、高崇、飞动和飘逸的独特韵律。

③“圆”也用在了本案例变电站建筑上，承载的寓意为“圆融、圆满”。借助情感与建筑的呼应，达到内心中真正的圆满。除此之外，圆形的花格和通风口一体化设计，既起到了对通风口的装饰作用，又降低了风机噪声对周边环境的影响。

13.2.4.4 构筑物

（1）围墙

站区不设围墙。

（2）大门

变电站与数据中心站共用进站大门，宽度为 6 m，大门处设电动遥控升降桩。

（3）其他

本案例设蓄水池及事故油池各 1 座，钢筋混凝土结构。

13.2.4.5　暖通

本案例空调系统采用地源热泵空调系统，10 kV 配电室、二次设备室等设备房间设置风机盘管满足设备运行要求；资料室等辅助房间设置空调装置满足房间舒适性要求。根据规范要求，数据中心空调系统宜单独设置，具体方案详见 13.3 节数据中心站部分。

本案例消防泵房及地源热泵房等房间设置电暖气采暖，保证冬季泵房室内温度不低于 5 ℃；数据中心机房散热量较大，需要全年制冷，无须设置供暖设施。

根据负荷计算变电站夏季冷负荷约为 98.5 kW，冬季热负荷约为 13 kW；10 kV 配电室、二次设备室、储能配电室等设备房间配置卧式明装风机盘管满足房间设备运行温度要求，风机盘管电功率为 0.239 kW，AC 220 V，制冷量 13.6 kW，制热量 21.8 kW。资料室、警卫室等房间配置卧式明装风机盘管满足房间舒适性温度要求，风机盘管电功率为 0.053 kW，AC 220 V，制冷量 3.48 kW，制热量 5.48 kW（表 13–2）。

表 13–2　暖通负荷

夏季冷负荷					
房间名称	室内设计温度（℃）	冷负荷（kW）	房间名称	室内设计温度（℃）	冷负荷（kW）
10 kV 配电室	26	49.7	资料室	18	2.8
二次设备室	26	26.7	储能配电室	26	15.8
警卫室	18	3.3			

续表

冬季热负荷					
房间名称	室内设计温度（℃）	热负荷（kW）	房间名称	室内设计温度（℃）	热负荷（kW）
消防泵房	5	1.8	资料室	18	3.4
地源热泵房	5	3.6	警卫室	18	4.2

主变室、电容器室等设备房间采用自然进风、机械排风的通风方式，通过设在墙上的百叶风口自然进风，通过设在屋顶上的轴流风机进行排风，实现设备房间通风散热要求。110 kV GIS 配电室采用自然进风、机械排风的通风方式，通过设在墙上的百叶风口自然进风，通过设在外墙底部及屋顶上的轴流风机进行上下排风，换气次数平时通风按 4 次 /h 计算，事故通风按 6 次 /h 计算。数据中心采用自然进风、机械排风通风方式，满足灾后通风要求，换气次数为 6 次 /h。

13.2.4.6　给排水

（1）给水

①生活给水：水源应根据供水条件综合比较确定，优先选用自来水。变电站最大生活用水量融合考虑数据中心站生活用水。

②消防给水：变电站消防给水量应按火灾时一次最大消防用水量，即室内和室外消防用水量之和计算。

（2）排水

本案例场地排水采用分流制排水，站区雨水采用有组织排水，通过站区雨水系统收集后排至市政雨水管网。

变电站与数据中心设有空调、消火栓系统的房间需设置排水设施，生活污水经化粪池初级处理后考虑排至市政污水管网。

13.2.4.7　消防

（1）站区总平面布置

1）各建（构）筑物之间的防火间距

站内建、构筑物及设备的防火间距满足《火力发电厂与变电站设计防火标准》（GB 50229—2019）的规定。

2）消防车道布置

站区围绕数据中心和配电装置楼设置环形道路，路面宽度为 4 m，转弯半径 9 m，消防道路路边至建筑物外墙的距离为 5 m，满足《建筑设计防火规范》（GB 50016—2014）（2018 年版）的规定。

（2）消防给水系统

根据《数据中心设计规范》（GB 50174—2017）与《消防给水及消火栓系统技术规范》（GB 50974—2014）相关要求，本案例变电站需设置室内外消火栓，数据中心机房需设置室内消火栓，数据中心消火栓室外管网、泵房、消防水池等与变电站共用，消防给水系统与生活给水系统分开设置。

根据《建筑设计防火规范》（GB 50016—2014）及《火力发电厂与变电站设计防火标准》（GB 50229—2019）的规定，综合变电站与数据中心消防水量要求，室内消防用水量为 10 L/s，室外消防用水量为 20 L/s，火灾延续时间按 3 h 计算。

本案例设专用消防水池 1 座，消防水池有效容积为 324 m^3，消防泵为流量 30 L/s。消防泵为自灌式水泵，不带储水罐启动。消防泵、稳压泵均为一用一备，电源均为一级负荷，主泵与备用泵均可实现互投，并采用就地启动及远程启动两种启泵方式。

13.3　数据中心站

本案例数据中心按照 C 级进行设计。

13.3.1　设备布置

本案例数据中心位于综合楼一层，机房可部署 20 面机柜，其中 UPS 柜 1 面、设备柜 15 面、空调柜 4 面，为小型数据中心。自用数据中心设备利用站内数据通信网设备接入电力信息网，对外应用设备视情况可利用变电站富余光纤芯资源或单独建立至外部通信节点的专用光缆，并按需配置 1 ~ 2 套专用通信设备，与电力通信网实现物理隔离。

13.3.2　电气设计

（1）供电方案

本案例数据中心站供电电源采用 2 路，从变电站站用电交流母线Ⅰ段和Ⅱ段各引出 1 路交流 380 V 电源，每路电源容量按不少于 200 kW 考虑。

数据中心站设备采用 UPS 方式集中供电，蓄电池与 IT 设备隔离布置。屏柜宜采用模块化设计，配置风冷行级空调，IT 柜负载按 7 kW × 15 考虑，空调柜负载按 15 kW × 4 考虑，总共约 165 kW。

根据计算配置 1 套 UPS 柜，容量按 300 kVA 考虑，配置 1 套蓄电池，容量按 480 V/200 AH 考虑。

（2）防雷

本案例为全户内站，数据中心站的户内部分采用屋顶避雷带进行全站防直击雷保护。该避雷带采用 φ12 热镀锌圆钢，并在屋面上装设不大于 10 m × 10 m 或 12 m × 8 m 的网格，每隔 10 ~ 18 m 设引下线接地。上述接地引下线应与主接地网连接，并在连接处加装集中接地装置。屋顶上的设备金属外壳、电缆金属外皮和建筑物金属构件均应接地。

（3）接地

数据中心站接地网与变电站建筑物内主接地网多点可靠连接，接地体材质与变电站建筑物主接地网保持一致。本案例建筑物内主地网采用 60 mm × 5 mm 的镀锌扁钢，设备接地引下线采用 60 mm × 5 mm

的镀锌扁钢。室外主接地网采用 160 mm^2 的铜绞线，敷设在距地面以下 0.8 m，在避雷带引下线附近设置必要的垂直接地极，以保证冲击电位时散流，垂直接地极采用长 2440 mm 的镀铜钢棒。

13.3.3 网络和布线

（1）光纤通道

数据中心站至变电站应至少敷设 2 根联络光缆，分别为对内服务、对外服务提供光缆通道。

（2）设备配置

数据中心站对内提供服务时，以 GE 光接口方式接入数据通信网设备，从而接入电力信息内网，数据通信网设备应满足数据中心站接入需求。

数据中心站对外提供服务时，根据用户需求应在数据中心站配置 1 套或 2 套专用通信设备。

13.3.4 智能化系统

（1）总体要求

智能化系统由总控中心、综合管理平台、环境和设备监控系统、安全防范系统、火灾报警系统、数据中心基础设备管理系统等组成，供电电源宜采用独立不间断电源系统供电，当采用集中不间断电源系统供电时，各系统应单独回路配电。

环境和设备监控系统、安全防范系统、火灾报警系统应集成在变电站智能辅助控制系统中。

数据中心站的电能质量监测功能由变电站统一配置的电能质量监测装置实现。

（2）总控中心

本案例总控中心宜设置在数据中心机房内，接入基础设施运行信息、业务运行信息、管理信息等，并将相关信息经变电站综合业务数据网上送至数据中心主站。

（3）综合管理平台

本案例数据中心站需配置 1 套综合管理平台，将 IT（信息技术）和设备管理结合起来对数据中心关键设备进行集中监控、容量规划等集中管理。

本案例综合管理平台宜布置在数据中心机房内。

（4）环境和设备监控系统

本案例实时监控机房专用空调设备、不间断电源系统等设备状态参数。

本案例实时监控机房内温湿度、露点湿度、漏水状态等环境状态参数。

本案例实时监测电源及精密配电柜进线电源的三相电压、三相电流、三相电能等参数，实时监测各支路的电流、功率因数、有功功率、电能等参数，以及各支路的开关状态；应实时检测电源整流器、逆变器、电池、旁路、负载等各部分的运行状态与参数。

本案例环境和设备状态异常时产生报警事件进行记录存储，并有相应的处理提示。

（5）安全防范系统

本案例安全防范系统由视频监控系统、入侵报警系统和出入口控制系统组成，各系统之间应具备联动控制功能。

视频监控系统应灵活设置录像方式，包括 24 小时录像、预设时间段录像、报警预录像、移动侦测录像及联动触发录像等多种方式。

门禁系统应实时监控各道门人员进出的情况，并进行记录。

本案例变电站与数据中心站安全防范系统按对内业务与对外业务进行分区分权管理。

（6）火灾报警系统

本案例数据中心站采用火灾自动报警和七氟丙烷气体灭火方式组合，包括气体灭火控制盘、烟感、温感、声光报警器、放气指示灯、紧急启停按钮和一套悬挂式七氟丙烷系统。系统具有自动、手动应急操作两种启动方式。

数据中心机房内应设置两组独立的火灾探测器，以提高火灾自动报警系统联动灭火系统的可靠性。

全站火灾报警系统应与灭火系统和视频监控系统联动。

13.3.5 建筑与装修

本案例数据中心站建筑与装修设计执行《变电站建筑结构设计技术规程》（DL/T 5457）的要求，与变电站主体装修相一致，遵循经济、适用、美观的基本原则。

①外墙材料为 100 mm 厚铝镁锰岩棉夹芯板，外窗采用断桥铝合金 LOW-e 中空安全玻璃。保证围护结构内表面温度不应低于室内空气露点温度。

②内隔墙采用 50 mm+50 mm 厚铝镁锰夹芯板，中间设置 100 mm 厚空气层，用来埋管及走线。内墙壁表面平整、光滑、不起尘、避免眩光，无凹凸面。

③地面采用防静电活动地板，高度 300 mm。活动地板下的地面和四壁装饰采用水泥砂浆抹灰，不起尘、不易积灰、易于清洁。

④门窗、墙壁、地（楼）面的构造和施工缝隙均采用密封胶封堵，保证数据中心站气密性。

⑤顶棚采用普通涂料，简单装修。表面平整、不起尘。

13.3.6 采暖与通风

（1）空气调节

根据《数据中心设计规范》（GB 50174—2017）相关要求：数据中心与其他功能用房共建于同一建筑内时，宜设置独立的空调系统。空调负荷计算包括热负荷与湿负荷两部分，通过负荷计算确定单台空调制冷功率。空调系统夏季冷负荷应包括下列内容：数据中心内设设备的散热、建筑围护结构得热、通过外窗进入的太阳辐射热、人体散热、照明装置散热、新风负荷、伴随各种散湿过程产生的潜热。空调系统湿负荷应包括下列内容：人体散湿、新风湿负荷、渗漏空气湿负荷、围护结构散湿。

通过负荷计算，数据中心设备散热量约 140 kW，湿负荷为 1.76 kg/h，本案例数据中心屏柜配备集成空调系统，单台空调屏柜制冷量为 46 kW，并设置冷热通道隔离，满足屏柜内温湿度环境要求。数据中心房间内冷负荷为 32 kW（除设备散热），通过在房间内设置 2 台制冷量为 17.5 kW 的恒温恒湿精密空调满足数据中心的室内温湿度要求（表 13–3）。

表 13–3 空调负荷

夏季冷负荷			
房间名称	室内设计温度（℃）	冷负荷（kW）	湿负荷（kg/h）
数据中心	冷通道：18 ~ 37（不得结露）	172	1.76

空调系统具有变频、自动控制等技术，根据房间内的负荷变化情况，自动调节设备的运行工况。空调系统应根据送风温度自动调节运行工况，送风温度应高于室内空气露点温度，避免因送风温度太低引起设备结露。

数据中心空调机应带有通信接口，通信协议应满足数据中心监控系统的要求，监控的主要参数应接入数据中心监控系统，并应记录、显示和报警。

（2）通风

数据中心机房设有气体灭火系统，根据《火力发电厂与变电站设计防火标准》（GB 50229）的要求，数据中心机房需配备灭火后机械通风装置，通风系统采用自然进风、机械排风形式，进风风口为电动百叶风口；风机与消防控制系统联锁，当发生火灾时，在消防系统喷放灭火气体前，通风空调设备的防火阀、防火风口、电动风阀及百叶窗应能自动关闭。排风口设在防护区的下部并应直通室外，通风换气次数为 6 次 /h。

13.3.7 消防与安全

根据《数据中心设计规范》（GB 50174—2017）的相关要求，本案例数据中心机房需设置室内消火栓，数据中心消火栓系统的室外管网、泵房、消防水池等与变电站共用，消防给水系统与生活给水系统分开设置。

根据《数据中心设计规范》（GB 50174—2017）的相关要求，数据中心机房设置气体灭火系统；由于数据中心房间面积较小，考虑将气瓶直接设置在数据中心室中，不再单独设置气瓶室。此外，数据中心还配置有救援专用空气呼吸器或氧气呼吸器。

根据《建筑灭火器配置设计规范》（GB 50140—2005）的要求，数据中心机房设有 MF/ABC5 型手提式干粉灭火器。

13.4 充电站

13.4.1 安装规模与设备选择

13.4.1.1 安装规模

本案例变电站停车场共建设 8 个可充电车位，在站内停车场建设 6 台充电设备，包括 2 台 120 kW 非车载充电机（直流供电，双枪）、4 台 42 kW 三相交流充电桩（单枪），为大巴车和小型乘用车提供充电服务。

13.4.1.2 充电设备选择

所有充电设备均应满足工作环境温度在 -25 ~ 50 ℃，相对湿度在 5% ~ 95%稳定运行，防护等级不小于 IP54。

（1）120 kW 非车载充电机（双枪）

电源：DC ± 375 V；

输出电压：DC300 ~ 750 V；

输出最大电流：单枪 0 ~ 200 A/ 双枪同时充电 0 ~ 100 A。

（2）42 kW 三相交流充电桩（单枪）

电源：AC220 V ± 20%，（50 ± 3）Hz；

输出电压：AC380 V ± 20%；

输出最大电流：63 A。

13.4.1.3 主要功能

（1）非车载充电机

具备计量功能。

具备刷卡启动、停止功能。

具备运行状态、故障状态显示。

具备充电连接异常时自动切断输出电源的功能。

具有根据电池管理系统（BMS）提供的数据，动态调整充电参数、自动完成充电过程的功能。

具备通过 CAN 接口与电池管理系统通信的功能，获得车载电池状态参数。

具备充电连接异常时自动切断输出电源的功能。

具备输出过压、欠压、过负荷、短路、漏电保护、自检功能。

具有实现外部手动控制的输入设备，可对充电机参数进行设定。

自带 APF 单元，补偿后功率因数应达到 0.95 以上。

（2）三相交流充电桩

具备计量功能。

具备刷卡启动、停止功能。

具备运行状态、故障状态显示。

具备充电连接异常时自动切断输出电源的功能。

具备输出过压、欠压、过负荷、短路、漏电保护、自检功能。

13.4.2 设备布置

充电设备室外布置，采用落地式安装方式。每台非车载充电机对应布置在 2 个车位间端头，满足交替充电的需求；每台三相交流充电桩对应布置在 1 个车位间端头。

13.4.3 供电系统

直流供电电源电压采用直流 ±375 V，采用 2 回进线从 ±375 V 直流母线段引接。

直流供电电源电压采用直流 ±375 V，采用 4 回交流 380 V 进线从交流母线段引接。

馈线柜至 120 kW/42 kW 充电设备分别采用 ZC-YJY23-DC1 kV-2 × 120 mm^2、ZC-YJY23-0.6/1.0-4 × 35 + 1 × 25 mm^2 电缆。

13.4.4 防雷接地

电气设备所有不带电的金属外壳均应可靠接地。充电站的防雷接地、防静电接地、电气设备的工作接地、保护接地及信息系统的接地宜共用接地装置，并与变电站主接地网融合设计，接地电阻不应大于 4Ω。

13.4.5 照明

充电站室外照明与变电站融合设计，充电区域地面照度不低于 100 lx，主干道地面照度不低于 5 lx。

13.4.6 电缆防火

墙洞、盘柜箱底部开孔处、电缆管两端等进行防火封堵和涂刷防火涂料。

13.4.7 监控与通信

13.4.7.1 监控系统

监控系统由站控层、间隔层构成。其中，站控层部署监控主机及数据服务器，负责数据处理、存储、监视与控制等；间隔层部署具备测控功能的相关设备，负责数据采集、转发，响应站控层指令。配置网络设备负责间隔层与站控层之间的可靠通信。

监控系统站控层由 1 台监控主机、1 台数据服务器、1 台规约转换及通信管理装置构成；网络设备包括 1 台站控层网络交换机；间隔层包含数据采集装置、电度表、多功能仪表等。

监控系统按功能可分为充电监控系统、供配电监控系统、计量系统 3 类子系统。

（1）充电监控系统

充电机、充电桩内嵌监控装置，监控装置完成面向单元设备的检测及控制功能，向站控层转发数据并接受站控层下发的控制命令。每台充电桩配置 1 台数据采集装置，采用 RS485 串口通信方式采集充电机、充电桩、电度表信息，距离较远时与站控层通信考虑进行光电转换。

（2）供配电监控系统

6 台充电设备由 ±375 V 母线引接，由 6 路电源供电。配置 6 台多功能仪表，就地安装于低压配电柜内，采集各支路电流、电压及断路器位置。同时就地配置 1 台数据采集装置，采用 RS485 串口通信方式获取多功能仪表信息，将供配电系统的运行参数送至充电桩监控系统，距离较远时考虑进行光电转换。同时不考虑对 ±375 V 断路器进行远方控制。

（3）计量系统

计量系统包括电网和充电设施之间的计量、充电设施和电动汽车用户之间的计量两部分。

电网与充电设施之间的计量：采用高压侧计量，在专用变压器10 kV进线侧配置计量表。

充电设施和电动汽车用户之间的计量：采用低压侧计量，在各充电桩输入侧配置智能电表1块。

13.4.7.2 监控系统设备组屏和布置方案

站控层设备：1台数据服务器、1台规约转换及通信管理装置、1台网络交换机布置于变电站电子设备间的监控柜内，1台工作站布置于主控室内。

间隔层设备：数据采集装置、智能电度表布置于充电桩内。

13.4.7.3 调度自动化

不考虑将充电桩信息上送调度端，仅进行站内集中监控。

13.4.7.4 系统对时

由变电站统一考虑，并预留对时接口。

13.4.8 系统保护

① ±375 V供电断路器保护功能宜由配置的直流控制保护装置实现，具备电流速断保护、电流变化率保护、低压方向过流保护、过（低）电压保护和过负荷保护等功能。

②充电桩具备过压保护、欠压保护、过载保护、短路保护、接地保护、过温保护、低温保护、防雷保护、急停保护、漏电保护等功能。

13.4.9 电源系统

不设独立的直流电源、UPS电源，设备所需直流电源及UPS电源由变电站内统一考虑。

13.4.10 安防监控

在充电桩区域布置摄像机，对设备及周围环境进行全天候的图像监视。变电站安防监控系统宜统一规划设计，站端设备如视频监控系统主机、硬盘录像机等按全站规模配置，仅开列前端摄像机部分设备。

13.4.11 土建

停车场共设置6个供电动汽车充电的充电桩，充电桩基础采用天然地基，基础形式为素混凝独立基础，基础采用C30混凝土，垫层采用C15素混凝土，基础埋深按1.0 m考虑。

充电桩基础应高出地面0.2 m及以上，必要时可按照防撞栏，其高度不应小于0.8 m。充电桩宜采取必要的防雨和防尘措施。

充电站的给排水、消防给水、灭火设施与变电站融合设计。

13.5 光伏电站

13.5.1 太阳能资源分析

（1）区域太阳能资源

根据《太阳能资源评估方法》（GB/T 37526—2019），以太阳能年水平面总辐射量为指标，对太阳能的总辐照量划分为4个等级，如表13–4所示。

表13–4 中国水平面太阳辐射等级划分

等级名称	分级阈值（MJ/m²）	分级阈值（kW·h/m²）	等级符号
最丰富	GHR ≥ 6300	GHR ≥ 1750	A
很丰富	5040 ≤ GHR < 6300	1400 ≤ GHR < 1750	B
丰富	3780 ≤ GHR < 5040	1050 ≤ GHR < 1400	C
一般	GHR < 3780	GHR < 1050	D

本案例位于河北雄安新区。根据国家气象局风能太阳能资源评估中心提供的中国1978—2007年平均总辐射年总量空间分布图和年平均总日照时数分布图，雄安多年平均太阳能总辐射量在1300 ~ 1400 kW·h/m²，多年日照时数约为2400 h。

（2）场址太阳辐射量

本案例采用所在区域Meteonorm软件中辐射数据。据此估算的场址区域水平面逐月辐射数据统计如表13–5所示。

表13–5　多年逐月太阳辐射数据统计

Meteonorm 软件中辐射数据	月总辐射量（kW·h/m²）
1月	59.7
2月	76.3
3月	108.6
4月	141.2
5月	165
6月	160.8
7月	142.6
8月	135.3
9月	114
10月	90.1
11月	61.2
12月	50.1
年总辐射量	1304.9

经Meteonorm软件推算，该地区年总辐射量为1304.9 kW·h/m²，即4697.6 MJ/m²，位于年辐射量为3780 ~ 5040 MJ/m²的太阳能资源丰富区，属于C等级。

13.5.2　光伏系统发电量分析及接入系统

本案例屋顶采用20°倾角设计，车棚采用弧形棚顶，屋顶光伏容量为36 kWp，车棚顶光伏容量为17.28 kWp，总安装容量为53.28 kWp。通过PVsyst软件计算，同时考虑0.80的系统效率，25年平均发电量为56 138.472 kW·h，25年平均等效利用小时数为1053.65 h。

本案例的光伏发电系统分成两回路分别接入充电站直流 ±375 V母线；应符合《光伏发电系统接入配电网技术规定》（GB/T 29319）的要求；自动化设备可根据当地电网实际情况对进行适当简化；通信设计应符合《光伏发电站接入电力系统技术规定》（GB/T 19964）和《光伏发电系统接入配电网技术规定》（GB/T 29319）的规定，并满足《电力通信运行管理规程》（DL/T 544）的规定。

13.5.3　电气一次

13.5.3.1　光伏发电系统设计方案

本案例光伏发电系统分为屋顶光伏及车棚顶光伏两部分。

屋顶采用屋面光伏瓦式铜铟镓硒薄膜光伏组件，单块峰值功率30 Wp，根据屋顶可利用面积共布置约1200块光伏组件，装机容量为36 kWp。根据电气系统串、并联接线要求，光伏系统采用75块串联成1个光伏组件串，每2串接入1个光伏汇流套件，共8个光伏汇流套件接入1台30 kW DC–DC变换器，接入直流 ±375 V直流母线。

车棚顶采用柔性铜铟镓硒薄膜光伏组件，单块峰值功率360 Wp。共布置48块光伏组件，装机容量17.28 kWp。规划采用16块为一串，共3串接入1台10 kW DC–DC变换器，接入直流 ±375 V直流母线。

13.5.3.2　主要设备选型

（1）光伏组件

为满足建筑造型对美观的要求，屋顶采用瓦式CIGS薄膜光伏组件，车棚顶采用柔性CIGS薄膜光伏组件。主要技术参数如表13–6、

表 13–7 所示。

表 13–6 瓦式光伏组件参数

光伏电池类型	铜铟镓硒薄膜光伏
尺寸（mm）	709 × 500 × 14
峰值功率（Wp）	30
开路电压（V）	10.6
峰值电压（V）	8.6
短路电流（A）	4
峰值电流（A）	3.5
短路电流温度系数（%/℃）	+0.03
开路电压温度系数（%/℃）	–0.36
最大功率温度系数（%/℃）	–0.4
重量（kg）	9.5
工作温度（℃）	–40 ~ +85
最大系统电压	1000 V DC

表 13–7 柔性光伏组件参数

尺寸（mm）	2598 × 1000 × 17（含接线盒）
峰值功率（Wp）	360
开路电压（V）	39.3
峰值电压（V）	31.6
短路电流（A）	13.03
峰值电流（A）	11.39
短路电流温度系数（%/℃）	+0.003
开路电压温度系数（%/℃）	–0.36
最大功率温度系数（%/℃）	–0.4
重量（kg）	6.2
最大系统电压	1000 V DC

（2）DC–DC 变换器

根据光伏容量及屋顶布置条件，选取 30 kW 和 10 kW 组串式逆变器，具体技术参数如表 13–8 所示。

表 13–8 光伏并网逆变器主要技术参数

最大输入电压	1000 V DC	1000 V DC
最大输入路数	8	4
MPPT 电压范围（V）	250 ~ 750	250 ~ 750
额定输出功率（kW）	30	10
额定输出电压	± 375 V DC	± 375 V DC
额定交流频率（Hz）	50	50
最大总谐波失真	< 3%	< 3%
防护等级	IP65	IP65

（3）电力电缆

光伏组串至组串式逆变器采用光伏专用电缆，型号为 PV1–F–0.9/1.8 kV–1 × 4 mm^2；

组串式逆变器至 ± 375 V DC 母线采用阻燃 C 型铜芯交联聚乙烯绝缘电缆，型号为 ZRC–YJV–0.6/1 kV，截面为 2 × 16 mm^2（30 kW 逆变器）、2 × 6 mm^2（10 kW 逆变器）。

13.5.3.3 电气设备布置

光伏组件布置在综合配电楼屋顶光伏支架上；组串式逆变器户外安装在光伏支架上。

13.5.3.4 防雷接地

本案例利用建筑物避雷带作为光伏发电系统的防直击雷和接地的主网，光伏支架通过热镀锌扁钢与主网可靠连接，光伏组件金属边框专用接地孔通过 BVR–4 mm^2 黄绿绝缘导线相连，通过 BVR–6 mm^2 黄绿绝缘导线与光伏支架可靠连接，组串式逆变器的金属外壳的专用接地端子通过 BVR–25 mm^2 黄绿绝缘导线与主网可靠相连。为防侵入雷，在逆变器内交直流侧均装设了浪涌保护器。

13.5.3.5 电缆敷设与防火

电缆采用热镀锌槽盒、穿管方式敷设。

墙洞、盘柜箱底部开孔处、电缆管两端等进行防火封堵和涂刷防火涂料。

13.5.4 二次系统

13.5.4.1 分布式光伏发电系统的控制及运行

分布式光伏发电系统采用并网运行方式，逆变器从电网得到电压和频率做参考，自动控制其有功功率和无功功率的输出。

逆变器采用显示屏幕、触摸式键盘方式进行人机对话，可就地对逆变器进行参数设定、控制等功能；集中监控设置在变电站主控室。

13.5.4.2 分布式光伏发电系统的保护

根据相应规程规范，结合本案例电气主接线，各设备保护配置如下。

① DC–DC 变换器宜配置直流输入过 / 欠压保护、极性反接保护、输出过压保护、过流和短路保护、接地保护（具有故障检测功能）、绝缘监察、过载保护、过热保护、孤岛检测保护等功能。保护由设备厂家配套提供。

②汇流箱配有空气开关，当各光伏发电支路及系统过载或相间短路时，将断开空气开关。

③ ±375 V 供电断路器保护功能宜由配置的直流控制保护装置实现，具备电流速断保护、电流变化率保护、低压方向过流保护、过（低）电压保护和过负荷保护等功能。

13.5.4.3 分布式光伏发电系统的监控

①考虑配置 1 套光伏区监控系统，以便于对光伏区设备的集中监控管理，系统采用光纤环网组网方式，并可与变电站计算机监控系统通信，信息传输应满足相关安全防护要求。

②根据相关设计规范，本案例不设独立的直流电源电源、UPS 电源、远动及调度自动化设备，不参与调度部门的控制。设备所需直流电源及 UPS 电源由变电站内统一考虑。

③设置 1 台 A 类电能质量监测装置，监测每回光伏并网点电流及电压。电能质量监测装置由变电站统一配置。

④监控系统主机放置于二次设备室监控台；光伏单元数据采集装置、光纤环网交换机及微型纵向加密认证装置安装于就地设备箱；光伏监控系统测控装置、光纤环网交换机、电能质量监测装置、规约转换装置、光伏监控防火墙及纵向加密认证装置等，组屏安装于变电站综合保护室。

⑤系统对时，由变电站统一考虑，并预留对时接口。

13.5.4.4 系统调度自动化

（1）调度关系及调度管理

光伏发电模式为自发自用、余电上网模式。结合接入变电站的调度关系，暂考虑调度关系与变电站相同，具体由接入系统设计确定。

（2）远动系统

本案例需上传电流、电压和发电量信息，并送至相关调度部门。

并网点电流、电压信息由光伏监控系统采集，通过变电站内的远动主机上送调度。

（3）电能量计量

根据相关要求，考虑在每个并网点装设 1 块 0.2S 级并网计量表，安装于计量箱内，计量箱内配置 0.2S 级计量电流互感器。

电能表采用静止式多功能电能表，至少应具备双向有功和四象限无功计量功能、事件记录功能，应具备电流、电压、电量等信息采集和三相电流不平衡监测功能，配有标准通信接口，具备本地通信和通过电能信息采集终端远程通信的功能，电能表通信协议符合 DL/T 645 的要求。计量表采集信息应接入电网管理部门电能信息采集系统，作为电能量计量和电价补贴依据。

每个并网点装设的 1 块电度表，接入变电站内电能量采集终端，将相关电量系统上送调度部门。

（4）二次系统安装防护

本案例光伏发电系统按照部署于变电站安全Ⅱ区考虑。光伏发电监控系统主机等关键应用系统使用安全操作系统，并对主机操作系统进行安全加固；新能源场站须加强户外就地采集终端的物理防护，强化就地采集终端的通信安全，站控系统与光伏发电电源终端之间网络通信应部署加密认证装置，实现身份认证、数据加密、访问控制等安全措施，光伏发电单元就地部署微型纵向加密认证装置，经站控层纵向加密认证装置接入光伏监控系统主机，光伏监控系统主机经防火墙接入变电站计算机监控系统，可根据需要将光伏发电信息经远动装置及调度数据网信息上送调度。

13.5.4.5 光伏区视频监控系统

暂不考虑配置光伏区视频监控系统，如需配置可由变电站视频监控系统统一配置。

13.5.5 土建部分

（1）生产楼屋面光伏支架结构设计

生产楼部分屋面采用预制板，预制板设计时应考虑屋顶光伏系统附加荷载，屋顶光伏系统附加荷载按 50 kg/ ㎡考虑。预制板制作时板顶应预留埋件，用于与光伏支架系统可靠连接。光伏支架系统主支架截面采用三角形型式，实现双坡布置，钢结构支架安装时应根据屋面的实际尺寸及瓦屋面特点、组件安装角度，经过测量放线，安装钢结构支架。最后按照从左至右、从下至上的顺序完成瓦式组件的安装。

（2）停车位区域车棚光伏支架结构设计

停车位区域车棚上方光伏组件安装采用架高光伏支架型式，并结合小车车位区域占地面积，尽可能最大限度地布置光伏组件。光伏组件推荐采用柔性组件，单块光伏组件峰值功率为 360 Wp，尺寸为 2592 mm × 983 mm，共布置 48 块，单列布置。车棚顶使用平整金属板，用于组件直接粘贴。

为保证光伏组件下部空间利用，光伏支架结构采用单柱悬臂结构，车棚长 48 m，下设 8 个停车位，结构设计使用年限为 25 年，建筑抗震设计类别为丙类。钢架、钢柱及钢梁均采用镀锌钢材，材质 Q235B。

钢架柱下拟设钢筋混凝土独立基础，基础顶部预埋地脚螺栓与钢柱连接，基础采用天然地基，混凝土强度等级为 C30。

13.6 5G 基站

13.6.1 设备布置与安装

本案例 5G 基站为微站，微基站设备发射功率较小，天线挂高较低，网络覆盖范围较小，设备布置在综合保护室。变电站应预留 2 条独立市政管网通道。天线安装在变电站现有建筑物楼顶，天线外观可参考市政风貌设计实现景观化建设。本案例设备总功耗按≤ 3.5 kW 考虑，电源由一次专业提供交流 220 V 电源通过整流后为 5G 设备供电。

5G 室内分布系统用于覆盖变电站室内、地下管廊、地下空间等场景，采用有源室内分布系统覆盖。变电站应预留室内分布系统所需的空间资源，保证室内分布系统电源、光缆、天线和设备等都具备安装条件。

13.6.2 外观风貌设计

5G 天线的塔桅结构由厂家成套设计，要求与建筑设计、公共设计、景观设计融合统一。在保障建（构）筑物安全的前提下力求美观，符合城市景观及市容市貌要求，并与建筑物和周边环境相协调。

13.6.3 电气设计

5G 设备由一次专业提供双路交流 220 V 电源为 5G 设备供电。本案例设备功耗按≤ 3.5 kW 考虑。

13.6.4 防雷与接地

本案例为全户内站，5G 基站的户内部分采用屋顶避雷带进行全站防直击雷保护。该避雷带采用 ϕ12 热镀锌圆钢，并在屋面上装设不大于 10 m × 10 m 或 12 m × 8 m 的网格，每隔 10 ~ 18 m 设引下线接地。上述接地引下线应与主接地网连接，并在连接处加装集中接地装置。屋顶上的设备金属外壳、电缆金属外皮和建筑物金属构件均应接地。

5G 基站户外天线部分等设备可采用避雷针进行防直击雷保护。

5G 基站设备接地引下线采用 60 mm × 5 mm 的镀锌扁钢，等电位铜排采用 30 mm × 4 mm 铜排。

13.6.5 5G 应用

（1）基于 5G 的高清视频监控及机器人巡检

包含变电站巡检机器人、视频监控、移动式现场施工作业管控、应急现场自组网综合应用等场景。主要针对电力生产管理中的中低速率移动场景，通过现场可移动的视频回传替代人工巡检，避免了人工现场作业带来的不确定性，同时减少人工成本，极大提高运维效率。

针对站内电力设备状态综合监控、安防巡视等需求，巡检机器人所巡视的视频信息受带宽限制大多保留在站内本地，并未能实时地回传至远程监控中心。利用 5G 技术的变电站巡检机器人可搭载多路高清视频摄像头或环境监控传感器，回传相关监测数据，数据需具备实时回传至远程监控中心的能力。未来可探索巡检机器人进行简单的带电操作，如刀闸开关控制等。

（2）基于 5G 的配电网差动保护及自愈系统

构建基于 5G 的配电网“即插即用”自适应差动保护及自愈系统。基于城市 5G 网络全覆盖的新业态，配合移动运营商开展 5G 环境布设和测试，利用配电网区域 5G 差动保护、多电压等级区域自愈高速配合等技术，实现电网故障快速隔离，大幅提升各级电网安全保障协同能力。

以 1 回 10 kV 线路为例，线路两侧各配置 1 套基于 5G 的线路差动保护。5G 的差动保护系统由保护装置、CPE（5G 无线终端）构成，保护装置与 CPE 采用网线连接。

保护通道采用 5G 网络，由 5G 运营商提供专用的网络切片实现。

基于 5G 的线路差动保护系统，如图 13–1 所示。

图 13–1 5G 线路差动保护系统示意

13.7 北斗地基增强站

13.7.1 站点布置及系统方案

国网公司统一考虑北斗地基增强站系统建设，全国建设1200个点，覆盖国家电网27个网省的全部经营区域。本案例所在地区已建设3座北斗地基增强站，本站仅考虑北斗应用场景。北斗地基增强站设备系统，如图13–2所示。

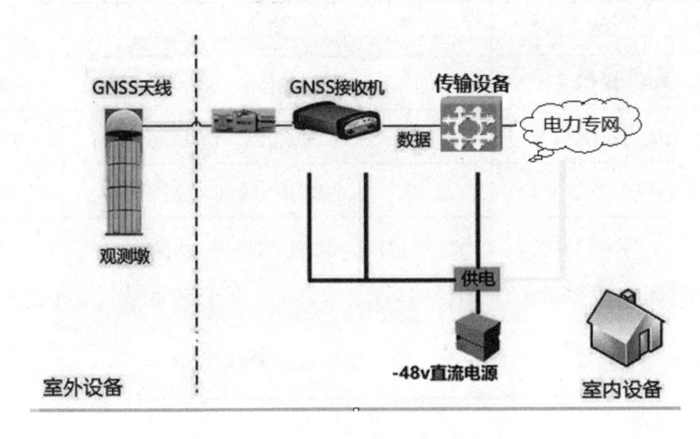

图13–2 北斗地基增强站设备系统

13.7.2 北斗应用场景

（1）基于北斗系统的沉降监测站

变电站主要设备比较重，发生沉降甚至不均匀沉降的概率较高。一旦发生不均匀沉降，将会对变电站内的设备设施、建筑等造成严重威胁。在变电站建设监测站，将监测站与基准站的观测数据通过5G网络等通信方式实时发送至监测平台解算，实现厘米级或毫米级高精度解算，对微小沉降及不均匀沉降进行实时监测，一旦发生异常沉降，可以在第一时间采取处理措施，防止严重事故的发生。

基于北斗系统的沉降监测站概念图，如图13–3所示。

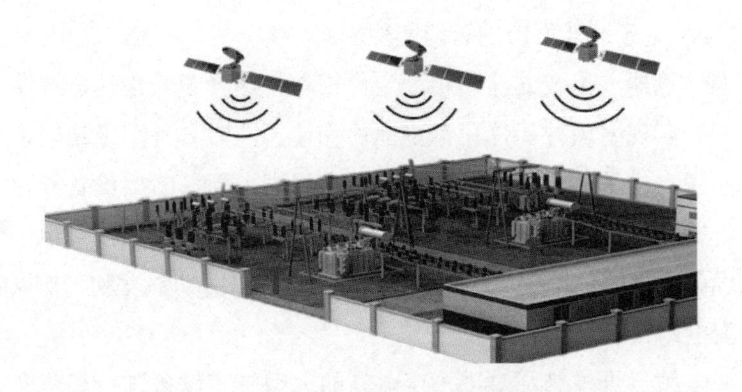

图13–3 基于北斗系统的沉降监测站概念图

（2）基于北斗系统的变电站人员安全管控系统

基于北斗系统的变电站人员安全管控系统，通过室外北斗基准站及室内定位基准站实现人员的室内外高精度定位，工作人员通过佩戴智能手环，实时上报位置及生命体征等信息，平台通过电子围栏等功能实时判断人员的位置状态，若人员进入危险区域，系统实时报警，提高变电站的安全管理水平。

基于北斗系统的变电站人员安全管控系统概念图，如图13–4所示。

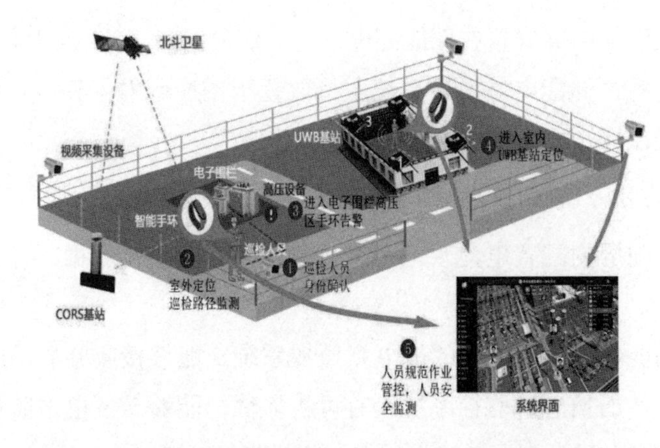

图13–4 基于北斗系统的变电站人员安全管控系统概念图

（3）基于北斗系统的智能巡检方案

巡检机器人集成北斗高精度定位模块，结合激光雷达、惯性导航等方式，实现室内外一体化自主巡检作业，同时具备图像缺陷识别功能，实现自主采集、运算、诊断、精准识别，当诊断出设备异常时，实时告警。通过北斗高精度定位技术，提升智能机器人自主导航性能，提高设备巡视的工作效率和质量，降低运行人员劳动强度和工作风险，提升变电站智能化水平。

变电站运维检修：对进入变电站的大型施工设备进行高精度的定位，结合变电站的三维模型，划定危险区域，吊臂等设备进入危险区域能够实时报警，全面提升变电站的安全管理水平。

13.8 储能电站

13.8.1 设备选择

本案例采用 50 kW/100 kWh 锂电池储能装置，经 50 kW DC/DC 储能变流器接入直流 ±375 V 母线。

13.8.2 设备布置

储能电池组屏安置在储能配电室，储能 DC/DC 变换器组屏安装在储能配电室。储能电站监控系统主机放置于主控室内，其他监控设备组屏安置在储能配电室内。

13.8.3 二次系统

①电池屏内配置电池管理系统，能监测电池相关数据，可靠保护电池组。

②储能电站设置 1 套储能电站监控系统，能够接收并显示电池管理系统上传的信息，监控系统具有可扩展性，能够与变电站监控系统通信，系统对时由变电站统一考虑，并预留对时接口。

13.9 冷热能源应用

本案例变电站空调系统采用地源热泵空调系统。根据负荷计算变电站夏季冷负荷约为 98.5 kW，冬季热负荷约为 13 kW；设计采用 2 台地源热泵机组（一用一备）用于冬季制热和夏季制冷，空调主机参数如表 13-9 所示。

表 13-9 空调主机参数

制冷量（kW）	105	制热量（kW）	115
制冷输入功率（kW）	21.1	制热输入功率（kW）	28
空调侧进出口水温度（℃）	7/12	空调侧进回水温度（℃）	45/40
地源侧进回口水温度（℃）	25/30	地源侧进回水温度（℃）	12/7

设计采用循环水泵 4 台，其中空调侧循环水泵两台（一用一备），地源侧循环水泵两台（一用一备），循环水泵参数如表 13-10 所示。

表 13-10 循环水泵参数

设备名称	设备参数	备注
空调侧变频循环水泵	SLS65-160（I），流量为 65 m/s，扬程为 28 m	一备一用
地源侧变频循环水泵	SLS65-160（I），流量为 65 m/s，扬程为 28 m	一备一用

空调水系统设置全自动软水器和定压补水装置用于地源热泵空调系统补水，由气压罐定压，根据定压信号补水和定压。设计采用定压补水装置一套：QWNGS-600，出水量 1 T/h；设置全自动软水器一套：FL5600T，出水量 1 T/h；设置 1 m 水箱一个。

地源热采用地埋管地源热泵系统形式，通过对工程场地浅层地热能资源及工程场内区岩土体地质条件进行勘察，暂定地源热泵能源井暂定 30 个，孔径暂定 150 mm，孔深暂定 100 m。地源侧管道为高密度聚乙烯管 HDPE（材料等级为 PE100），承压不应小于 1.25 MPa。空调侧室外管路采用成品聚氨酯保温管（管材为镀锌钢管，保温材料为聚氨酯），聚氨酯保温层厚度为 50 mm，冷凝水管道采用 UPVC 管道。钢管采用螺纹连接，风机盘管与水管之间用金属软管连接。

由于变电站内房间多为设备房间，冷负荷（98.5 kW）远大于热负荷（13 kW）；由于变电站内冷热负荷不平衡，变电站地源热泵系统在满足厂区内房间供冷及供热需求的同时，需向周边用户提供热水及供热服务，保证全年地源热泵系统总释热量宜与其总吸热量相平衡。

设置地源热泵优化控制系统，实现对整个变电站暖通空调的压力、温度、湿度、差压、空气质量等数据的实时采集和处理，并根据相应的优化算法实现地源热泵主机、热源水循环泵、系统水循环泵、新风机组送 / 排风机等设备的智能控制，在维持系统室温合理的同时实现系统节能运行，保证夏季制冷和冬季制热均运行在较高能效水平。

地源热泵优化控制系统应实现水泵变频控制、水泵自动投切、定时启停控制、热泵机组群控、设备运行参数优化和能效分析及监视功能。

13.10 城市智慧能源管控系统（CIEMS）

本案例基于 CIEMS 实现能源智能化、打造能源云网，形成“综合能源大脑”的能源区块，采用“集中 + 分散”的分层逻辑，建设综合能源云端处理 + 本地展示。

本案例利用地源热泵作为站内冷、热供应能源设施，建设智能充电桩、智慧照明等智能化基础设施，通过 CIEMS 实现对站内综合能源项目的综合管理。

数据接入整体分为“本地”和“云端”两部分，云端为 CIEMS 主站系统，实现综合能源项目监测、分析等功能。在本地布置“边缘智能终端”实现对站内各系统的数据采集汇集及远程通信传输，“边缘智能终端”通过有线或无线的方式将采集的信息上传至云端 CIEMS 主站。

CIEMS 云端系统设置在互联网大区，站内采集信息部分为内网数据，站内数据与外网之间设置正向隔离装置。对于采集端采用无线方式接入的设备，应在接入点安装无线接入安全通信模块，确保站内信息安全。

13.11 直流微网

13.11.1 电气一次

本案例直流微网系统包括直流 ±375 V 母线和直流 220 V 母线，直流 ±375 V 母线电能通过 AC/DC 变换器引自充电站交流 380 V 母线，直流 220 V 母线电能通过 DC/DC 变换器引自直流 ±375 V 母线。

本案例建设直流 ±375 V 母线，单母线接线，规划进线 1 回，引自 AC/DC 转换器直流 ±375 V 侧；建设直流母线出线 6 回，包括 2 回光伏出线，2 回充电桩供电出线，1 回储能出线，1 回直流负荷出线（经 DC/DC 变换器为直流 220 V 母线供电）。

本案例建设直流 220 V 母线，单母线接线，规划进线 1 回，引自 DC/DC 变换器直流 220 V 侧；建设直流母线出线 2 回，包括 1 回至照明直流负荷、1 回至综合能源直流工作负荷。

充电站直流充电桩共 2 台，电源引自直流 ±375 V 母线，每台容量 120 kW。

光伏电站馈出线共 2 路，均接入充电站直流 ±375 V 母线，容量分别为 36 kWp、17.28 kWp。

储能系统馈出线共 1 路，接入充电站直流 ±375 V 母线，容量为 50 kW。

照明直流负荷和综合能源直流工作负荷均接入直流 220 V 母线。

直流负荷统计如表 13-11 所示。

表 13-11　直流负荷统计

负荷类型	容量（kW）
直流充电桩（±375 V）	240
光伏系统（±375 V）	0
储能系统（±375 V）	50
照明直流负荷（220 V）	20
综合能源直流工作负荷（220 V）	30
汇总	340

注：光伏系统容量为 0，表示正常工作时该回路无须从直流母线消耗电能。

根据上述统计情况，本案例 AC/DC 变换器容量取 360 kW，DC/DC 变换器容量取 60 kW。

通过将光伏、储能、充电桩、直流照明及其他直流负荷接入直流微网系统，形成直流微网“光—储—充”结构，实现了绿色清洁能源的就地生产就地消纳。

13.11.2　电气二次

（1）直流微网保护系统

直流微网各间隔配置保护和测控装置，具备电流速断保护、电流变化率保护、低压方向过流保护、过(低)电压保护和过负荷保护等功能。

（2）直流微网控制与能量管理系统

①直流微网使用微网协调控制技术，采集微网源网荷储的信息并上传至能量管理系统；对微网内的源网荷储进行遥调遥控；执行上级控制下发的功率命令，进行分配下发。

②直流微网协调控制技术应具备并网和离网运行方式下的不同控制策略。直流微网运行方式切换时，通过通信或开关接点将模式切换指令发送给相关电源或保护测控装置；功率突变时快速控制储能出力，提高稳定性。

③直流微网能量管理系统全面整合能源控制参量及能量信息，实现多种能源协调控制和综合能效管理，实现对接入的光伏、储能、充电桩、低压直流配用电网架等的运行监控、功率调控、统计分析等功能，建成多点接入、网络共享、需求感知的能源互联网。

能量管理系统主要功能包括微网协调优化调度通过建立微网的多目标协调优化模型，利用各光伏的发电功率预测信息、微网负荷预测信息及微网实时运行状态，在考虑微网安全运行和微网设备运行约束条件下，对微网的电源、网络进行时空协调优化调度，给出优化后的储能充放电计划，优化调度计划曲线通过 104 规约，由通信管理机上送给能量管理系统。

13.12　智能多功能信息杆

本案例配置 1 套智能多功能信息杆，布置于站区门口。智能多功能信息杆配置 5G 基站、信息发布大屏幕、监控摄像头、气象传感器、路灯、太阳能电池板、小型风力发电机、储能电池等设备，实现实时发布消息、周边环境监控、气象信息监测、提供无线网络服务、路面照明、清洁能源自发自用等功能。

信息发布大屏幕尺寸推荐不小于 460 mm × 960 mm（宽 × 高）；路灯灯具采用 LED 灯，功率不小于 100 W；储能电池容量应满足满容量时可支持灯具工作 24 h。

13.13　场景 1 市区地上案例 A 主要图纸清单

表 13-12　场景 1 市区地上案例 A 主要图纸

图号	图纸名称
1A-01	总平面布置图
1A-02	站用电系统接线图
1A-03	多站融合变电站监控系统网络结构图
1A-04	多站融合变电站智能辅控系统结构图
1A-05	数据中心站供电系统图
1A-06	数据中心站建筑平面布置图
1A-07	数据中心站屏位布置图
1A-08	充电站平面布置图
1A-09	光伏发电系统电气接线图
1A-10	屋顶瓦式光伏组件平面布置图
1A-11	车棚棚顶柔性光伏组件平面布置图
1A-12	5G 基站安装示意图

注：以上图纸详见附录。

第14章　场景1市区地上案例B典型设计方案

14.1　融合设计原则

14.1.1　场地融合

本案例场地融合综合考虑变电站和各功能站的规划和需求，在配电装置楼内留设数据中心、地源热泵房、储能配电室等房间，5G基站天线塔结合主体结构片墙设置于屋顶，光伏模块设置于片墙顶部，充电桩设置于站区东侧空余场地，提高了场地利率。

14.1.2　建筑物融合

本案例数据中心处于变电站建筑物一角，设置了对外独立出入口，可对外独立运营，保证变电站与数据中心站的相对独立性。

光伏模块设置在片墙顶部，保证建筑立面不受其影响，达到与建筑物的整体协调。

5G基站天线应采用消隐式设计，避免对建筑风貌的影响。

储能电站设备使用独立房间，房间应布置于背阴面，注意避免阳光照射，有防进水和通风措施。

14.1.3　消防系统融合

本案例变电站与数据中心站采用联合布置时，变电站与数据中心站消防给水统一设置。共用站内的消防通道、消防水池、消防泵房等设施。

14.1.4　供电方式融合

数据中心站、5G基站和光伏电站均为双回路供电，两路电源分别取自变电站的380 V两段母线段上。充电站电源从变电站10 kV母线上引接，引出1路专用充电站负荷变，电压等级10/0.4 kV，容量630 kVA。

14.1.5　接地融合

接地融合方案宜采用联合接地网方案，变电站和各融合站接地网采用地下敷设水平主接地网，配以若干垂直接地极，并通过若干接地联络线，将变电站主地网与各融合站主地网可靠连接。

14.1.6　防雷融合

防雷融合方案宜采用总体防雷方案，防雷设施布置方案宜将所有融合设施和建构筑物合并考虑。防雷设施可采用屋顶避雷带等方式。

14.1.7　通信融合

采用“统一规划、统一设计、特色化建设”的模式，根据变电站基础设施资源情况，统筹各种需求，对数据中心站、5G基站、北斗地基增强站等在电力基础设施上的空间布局、配套供电系统等进行统一规划和设计。

14.1.8　智能化系统融合

变电站监控系统与光伏电站监控系统应具备通信功能，光伏电站调度自动化信息通过变电站数据通信网关机上送调度。

变电站监控系统与充电站、储能电站监控系统应具备通信功能。

变电站与各融合站设置统一的智能辅助控制系统，集成火灾报警子系统、环境监控子系统、视频监控系统、安全防范子系统等，实现数据融合集成。

根据电力系统对供电电能质量的监测要求，设置 1 套电能质量监测装置，用于监测变电站、数据中心站、光伏电站和充电站相关支路的电能质量。

变电站设置 1 套时间同步系统，可接收北斗地基增强站的精确授时信号，可同时为数据中心站、光伏电站、充电站、储能电站提供时钟同步信号。

14.2 变电站融合设计方案

14.2.1 电气一次

14.2.1.1 供电方案

（1）供电负载需求

数据中心站、5G 基站需要稳定可靠的供电电源，宜由双重电源供电。光伏电站通过 2 路接入变电站交流系统。充电站由于负荷较大，需从变电站引出专用回路。

（2）推荐供电方案

数据中心站供电电源采用 2 路，从变电站站用电交流母线Ⅰ段和Ⅱ段各引出 1 路交流 380 V 电源，每路电源容量按不少于 200 kW 考虑。

5G 基站供电电源采用 2 路，从变电站站用电交流母线Ⅰ段和Ⅱ段各引出 1 路交流 220 V 电源，每路电源容量按不少于 3.5 kW 考虑。

充电站供电电源采用 1 路，从变电站 10 kV 母线引出 1 路交流 10 kV 电源，设置专门的负荷变压器降压为 380 V 后为充电站提供充电电源和工作电源。根据充电站建设规模，本案例负荷变压器容量选择 630 kVA。本案例 2 台 120 kW 充电桩及 1 台 60 kW 充电桩电源引自直流 ±375 V 母线。

变电站交流 380 V 母线负荷统计如表 14–1 所示。

表 14–1 交流负荷统计

负荷类型	容量（kW）
变电站负荷	580
数据中心 IT 柜负荷	63
数据中心 IT 柜空调负荷	45
数据中心 UPS 充电负荷	16.5
数据中心空调风机负荷	15
数据中心其他负荷	3
5G 基站负荷	5
汇总	727.5

根据负荷统计情况，本案例站用变容量选择 800 kVA。

14.2.1.2 防雷

（1）防雷需求

根据《交流电气装置的过电压保护和绝缘配合设计规范》（GB/T 50064—2014）、《建筑物防雷设计规范》（GB 50057—2010）的相关要求，数据中心站、5G 基站、北斗地基增强站、光伏电站、充电站等的站内设备必须进行防雷保护。

数据中心站、5G 基站的户内部分防雷保护纳入建筑物防雷考虑范围。5G 基站户外天线部分及光伏电站、充电站等设备需进行防直击雷保护。

（2）防雷推荐方案

本案例为全户内站，数据中心站、5G 基站的户内部分采用屋顶避雷带进行全站防直击雷保护。该避雷带采用 ϕ12 热镀锌圆钢，并在屋面上装设不大于 10 m × 10 m 或 12 m × 8 m 的网格，每隔 10 ~ 18 m 设引下线接地。上述接地引下线应与主接地网连接，并在连接处加装集中接地装置。屋顶上的设备金属外壳、电缆金属外皮和建筑物金属构件均应接地。

5G 基站户外天线部分及光伏电站、充电站等设备防直击雷保护可采用避雷针进行。

14.2.1.3　接地

（1）接地需求

数据中心应同时满足《交流电气装置的接地设计规范》（GB/T 50065—2011）、《集装箱式数据中心机房通用规范》（GB/T 36448—2018）和《通信局（站）防雷与接地工程设计规范》（GB 50689—2011）的相关要求。数据中心站接地电阻一般控制在 1Ω 以下。

5G 基站接地电阻应同时满足《交流电气装置的接地设计规范》（GB/T 50065—2011）和《通信局（站）防雷与接地工程设计规范》（GB 50689—2011）的相关要求。5G 基站接地电阻一般控制在 10Ω 以下。

光伏电站接地电阻应同时满足《交流电气装置的接地设计规范》（GB/T 50065—2011）和《光伏发电站设计规范》（GB 50797—2012）的相关要求。光伏电站接地电阻一般控制在 4Ω 以下。

充电站接地电阻应满足《交流电气装置的接地设计规范》（GB/T 50065—2011）的相关要求。充电站接地电阻一般控制在 4Ω 以下。

（2）接地推荐方案

考虑到变电站接地电阻需满足接触电势和跨步电势允许值要求，结合数据中心站的接地电阻要求，宜采用联合接地网。

户内布置的设备均与建筑物主地网可靠连接，户外布置的设备均与变电站主地网可靠连接，接地引下线截面与变电站设备保持一致。

14.2.2　电气二次

（1）监控系统

多站融合变电站设置一体化监控系统，站内信息分为安全Ⅰ区、安全Ⅱ区、安全Ⅲ区。直接采集站内电网运行信息和二次设备运行状态信息，通过标准化接口与数据中心站、光伏电站、充电站等监控系统进行信息交互，获取融合站设备运行状态等其他信息，实现变电站与融合站全景信息采集、处理、监视、控制、运行管理等功能。

一体化监控系统采用开放式分层分布式网络结构，由站控层、间隔层、过程层及网络设备构成。站控层设备按变电站远景规模配置，间隔层设备按工程实际规模配置。

数据中心站总控中心接入基础设施运行信息、业务运行信息、办公管理信息等信息，并将相关信息经变电站综合业务数据网上送至数据中心主站。

光伏电站应配置独立的监控后台，并具备与变电站监控系统的通信功能；光伏电站不设置专用调度自动化设备，后台遥信信息应经防火墙上送到变电站内Ⅱ区辅助设备监控系统后台，并经站内Ⅱ区数据通信网关机上送调度。

充电站、储能电站应配置独立的监控后台，并具备与变电站监控系统的通信功能。

（2）辅控系统

多站融合变电站辅控系统按照“一体设计、精简层级、数字传输、标准接口、远方控制、智能联动、方便运维”等要求进行设计，统一部署一套智能辅助控制系统，集成变电站内安防、环境监测、照明控制、SF6 监测、智能锁控、在线监测、消防、视频监控、巡检机器人等子系统。

数据中心站辅助系统包括环境和设备监控系统、安全防范系统、火灾报警系统，并与变电站智能辅助控制系统集成。

数据中心消防系统应采用火灾自动报警和气体灭火系统组合方式，包括气体灭火控制盘、烟感、温感、声光报警、放气指示灯、紧急启动按钮和气体灭火装置。气体灭火系统具备自动、手动应急操作两种启动方式。数据中心机房内应设置两组独立的火灾探测器，火灾报警系统应与灭火系统和视频监控系统联动。

数据中心站辅助系统包括环境和设备监控系统、安全防范系统、火灾报警系统，并与变电站智能辅助控制系统集成。

光伏站、充电站和储能电站相关区域配置视频监视摄像机，对设备及周围环境进行全天候的图像监视。变电站安防监控系统宜统一规划设计，站端设备如视频监控系统主机、硬盘录像机等按全站规模配置，仅开列前端摄像机部分设备。

（3）电能质量监测

根据电力系统对供电电能质量的监测要求，变电站配置电能质量监测装置1套，可同时用于监测数据中心站、光伏电站和充电站相关支路的电能质量信息。变电站电能质量监测装置相关数据可通过一体化监控系统与数据中心站、光伏电站和充电站监控系统通信。

（4）关口计量

在变电站与融合站接入点处应设置关口计量装置。

（5）二次线缆通道

变电站与融合站共用线缆通道，敷设变电站内及变电站与融合站间的光缆及控制电缆。

（6）时钟同步

变电站设置1套时间同步系统，可接收北斗地基增强站的精确授时信号，可同时为数据中心站、光伏电站和充电站提供时钟同步信号。

14.2.3 通信部分

（1）光纤通道

变电站新建光缆应为数据中心站预留纤芯资源，出站路由不少于2条。

数据中心站至变电站应至少敷设2根联络光缆，分别为对内服务、对外服务提供光缆通道。

北斗基站的数据传输可使用站内SDH光传输设备转发至省级北斗卫星服务器。

5G天线可通过新增光缆作为信号回传线，并满足变电站相关规定；如变电站管廊光缆纤芯资源较为充裕，可利用管廊光缆作为信号回传线。

（2）设备配置

数据中心站对内提供服务时，以GE光接口方式接入数据通信网设备，从而接入电力信息内网，数据通信网设备应满足数据中心站接入需求。

数据中心站对外提供服务时，根据用户需求应在数据中心站配置1套或2套专用通信设备。

14.2.4 土建部分

14.2.4.1 总平面布置

本案例变电站总平面布置呈“凸”字形。东西向约为120 m，南北向约120 m，站内不设置独立站前区，站区不设围墙和大门。

站区场地布置结合了变电站和数据中心站的总体规划及工艺要求，在满足自然条件和工程特点的前提下，充分考虑了安全、防火、卫生、运行检修、交通运输、环境保护等各方面的因素，根据周围环境、系统规划，并考虑到进站道路等因素，与工艺专业配合布置如下。

全站设配电装置楼1座，位于站区中间，数据中心、储能配电室等房间留设于配电装置楼西北角。站区北侧设置消防蓄水池和雨水回收装置、西侧设置化粪池及污水处理装置、东侧设置事故油池及雨水泵池等地下构筑物。5G基站天线塔结合主体结构片墙设置于屋顶，光伏模块设置于片墙顶部，充电桩设置于站区东侧空余场地，提高了场地利用率。

14.2.4.2 站内道路

站区围绕建筑物设置环形道路，变电站站内道路采用郊区型道路，花岗岩路面。站内道路路面宽度为4 m，转弯半径9 m，站区出口设置在西北侧。

14.2.4.3　建筑风貌及“表皮”功能化

本案例变电站为单层独立建筑物，平面布置呈“凸”字形。生产用房设置有主变压器室、配电装置室、电容器室、二次设备室、工具间及卫生间。数据中心设置于建筑物一角，并设置单独的出入口。

本案例的建筑风貌设计，将中国“写意山水”融入城市景观中，形成一组“公园雕塑”，有效地融合了现代建筑元素与现代设计因素，改变了传统建筑的功能使用，给予变电站建筑重新定位。建筑体量中穿插高低错落的片墙，既做到了最大限度地降低对变电站建筑的破坏，不影响建筑各方向出入口的设置，又增强了建筑层次感和雕塑感。

本案例“建筑表皮”功能化设计主要体现在以下几个方面。

①片墙结合建筑通风要求设置百叶，增强了片墙的肌理感和雕塑感。

②沿片墙设置台阶，可供游人上到建筑屋顶登高远眺。屋顶设置花园，供游人休憩观赏的同时，缝补了公园的绿化层次，又增强了屋面的保温隔热性能。

③部分外墙采用玻璃幕墙，形成通透的表皮，与街区内环境相互渗透融合，适当利用自然采光，节约建筑能耗。

④片墙作为展墙，布置科普宣传展板，休闲之余可学习科普知识。

⑤片墙顶部设置光伏板，不影响建筑立面的前提下，提供绿色能源。

14.2.4.4　构筑物

（1）围墙

本案例不设围墙。

（2）大门

本案例不设大门。

（3）其他

本案例设消防水池、事故油池、化粪池、雨水泵池、雨水回收装置及污水处理装置等地下构筑物各一座，钢筋混凝土结构。

14.2.4.5　暖通

本案例空调系统采用地源热泵空调系统，10 kV 配电室、二次设备室等设备房间设置风机盘管满足设备运行要求；资料室等辅助房间设置空调装置满足房间舒适性要求。根据规范要求，数据中心空调系统宜单独设置，具体方案详见数据中心部分。

本案例消防泵房及地源热泵房等房间设置电暖气采暖，保证冬季泵房室内温度不低于 5 ℃；数据中心机房散热量较大，需要全年制冷，无须设置供暖设施（表 14–2）。

表 14–2　暖通负荷

夏季冷负荷					
房间名称	室内设计温度（℃）	冷负荷（kW）	房间名称	室内设计温度（℃）	冷负荷（kW）
10 kV 配电室	26	56.5	资料室	18	2.2
二次设备室	26	32.4	储能配电室	26	13.5
警卫室	18	2.8			
冬季热负荷					
房间名称	室内设计温度（℃）	热负荷（kW）	房间名称	室内设计温度（℃）	热负荷（kW）
消防泵房	5	2.1	资料室	18	2.8
地源热泵房	5	2.3	警卫室	18	3.6
雨淋阀间	5	2.0			

根据负荷计算变电站夏季冷负荷约为 107.4 kW，冬季热负荷约为 12.8 kW；10 kV 配电室、二次设备室、储能配电室等设备房间配置卧式明装风机盘管满足房间设备运行温度要求，风机盘管电功率为

0.239 kW，AC 220 V，制冷量 13.6 kW，制热量 21.8 kW。资料室、警卫室等房间配置卧式明装风机盘管满足房间舒适性温度要求，风机盘管电功率为 0.053 kW，AC 220 V，制冷量 3.48 kW，制热量 5.48 kW。

主变室、电容器室、电抗器室等设备房间采用自然进风、机械排风的通风方式，通过设在墙上的百叶风口自然进风，通过设在屋顶上的轴流风机进行排风，实现设备房间通风散热要求。110 kV GIS 配电室采用自然进风、机械排风的通风方式，通过设在墙上的百叶风口自然进风，通过设在外墙底部及屋顶上的轴流风机进行上下排风，换气次数平时通风按 4 次 /h 计算，事故通风按 6 次 /h 计算。数据中心采用自然进风、机械排风通风方式，满足灾后通风要求，换气次数为 6 次 /h。

14.2.4.6　给排水

（1）给水

①生活给水：水源应根据供水条件综合比较确定，优先选用自来水。变电站最大生活用水量融合考虑数据中心站生活用水。

②消防给水：变电站消防给水量应按火灾时一次最大消防用水量，即室内和室外消防用水量之和计算。

（2）排水

本案例场地排水采用分流制排水，站区雨水采用有组织排水，通过站区雨水系统收集后排至市政雨水管网。

变电站与数据中心设有空调、消火栓系统的房间需设置排水设施，生活污水经化粪池初级处理后考虑排至市政污水管网。

14.2.4.7　消防

（1）站区总平面布置

1）各建（构）筑物之间的防火间距

站内建、构筑物及设备的防火间距满足《火力发电厂与变电站设计防火标准》（GB 50229—2019）的规定。

2）消防车道布置

站区围绕建筑物设置环形道路，道路路面宽度为 4 m，转弯半径为 9 m，消防道路路边至建筑物外墙的距离 5 m，满足《建筑设计防火规范》（GB 50016—2014）（2018 年版）的规定。

（2）消防给水系统

根据《数据中心设计规范》（GB 50174—2017）与《消防给水及消火栓系统技术规范》（GB 50974—2014）的相关要求，本案例变电站需设置室内外消火栓，数据中心机房需设置室内消火栓，数据中心消火栓室外管网、泵房、消防水池等与变电站共用，消防给水系统与生活给水系统分开设置。

根据《建筑设计防火规范》（GB 50016—2014）及《火力发电厂与变电站设计防火标准》（GB 50229—2019）的规定，综合变电站与数据中心消防水量要求，室内消防用水量为 20 L/s，室外消防用水量为 40 L/s，火灾延续时间按 3 h 计算。

本案例设专用消防水池一座，消防水池有效容积为 648 m³，消防泵为流量 60 L/s。消防泵为自灌式水泵，不带储水罐启动。消防泵、稳压泵均为一用一备，电源均为一级负荷，主泵与备用泵均可实现互投，并采用就地启动及远程启动两种启泵方式。

14.3　数据中心站

本案例数据中心按照 C 级进行设计。

14.3.1　设备布置

本案例数据中心位于综合楼一层，机房可部署 14 面机柜，其中 UPS 柜 1 面、蓄电池 1 面、设备柜 9 面、空调柜 3 面，为小型数据中心。

自用数据中心设备利用站内数据通信网设备接入电力信息网，对外应用设备视情况可利用变电站富余光纤芯资源或单独建立至外部通信节点的专用光缆，并按需配置 1 ～ 2 套专用通信设备，与电力通信网实现物理隔离。

14.3.2 电气设计

（1）供电方案

本案例数据中心站供电电源采用 2 路，从变电站站用电交流母线Ⅰ段和Ⅱ段各引出 1 路交流 380 V 电源，每路电源容量按不少于 200 kW 考虑。

数据中心站设备采用 UPS 方式集中供电，蓄电池与 IT 设备隔离布置。屏柜宜采用模块化设计，配置风冷行级空调，IT 柜负载按 7 kW × 9 考虑，空调柜负载按 15 kW × 3 考虑，总共约 108 kW。

根据计算配置 1 套 UPS 柜，容量按 200 kVA 考虑，配置 1 套蓄电池，容量按 480 V/200 AH 考虑。

（2）防雷

本案例为全户内站，数据中心站的户内部分采用屋顶避雷带进行全站防直击雷保护。该避雷带采用 ϕ12 热镀锌圆钢，并在屋面上装设不大于 10 m × 10 m 或 12 m × 8 m 的网格，每隔 10 ～ 18 m 设引下线接地。上述接地引下线应与主接地网连接，并在连接处加装集中接地装置。屋顶上的设备金属外壳、电缆金属外皮和建筑物金属构件均应接地。

（3）接地

数据中心站接地网与变电站建筑物内主接地网多点可靠连接，接地体材质与变电站建筑物主接地网保持一致。本案例建筑物内主地网采用 80 mm × 6 mm 的镀锌扁钢，设备接地引下线采用 80 mm × 6 mm 的镀锌扁钢。室外主接地网采用 60 mm × 5 mm 的铜排，敷设在距地面以下 0.8 m，在避雷带引下线附近设置必要的垂直接地极，以保证冲击电位时散流，垂直接地极采用长 2500 mm 直径 20 mm 的铜棒。

14.3.3 网络和布线

（1）光纤通道

数据中心站至变电站应至少敷设 2 根联络光缆，分别为对内服务、对外服务提供光缆通道。

（2）设备配置

数据中心站对内提供服务时，以 GE 光接口方式接入数据通信网设备，从而接入电力信息内网，数据通信网设备应满足数据中心站接入需求。

数据中心站对外提供服务时，根据用户需求应在数据中心站配置 1 套或 2 套专用通信设备。

14.3.4 智能化系统

（1）总体要求

智能化系统由总控中心、环境和设备监控系统、安全防范系统、火灾报警系统、数据中心基础设备管理系统等组成，供电电源宜采用独立不间断电源系统供电，当采用集中不间断电源系统供电时，各系统应单独回路配电。

环境和设备监控系统、安全防范系统、火灾报警系统应集成在变电站智能辅助控制系统中。

数据中心站的电能质量监测功能由变电站统一配置的电能质量监测装置实现。

（2）总控中心

本案例总控中心宜设置在数据中心机房内，接入基础设施运行信息、业务运行信息、管理信息等，并将相关信息经变电站综合业务数据网上送至数据中心主站。

（3）综合管理平台

数据中心站需配置 1 套综合管理平台，将 IT（信息技术）和设备管理结合起来对数据中心关键设备进行集中监控、容量规划等集中管理。

本案例综合管理平台宜布置在数据中心机房内。

（4）环境和设备监控系统

应实时监控机房专用空调设备、不间断电源系统等设备状态参数。

应实时监控机房内温湿度、露点湿度、漏水状态等环境状态参数。

应实时监测电源及精密配电柜进线电源的三相电压、三相电流、三相电能等参数，实时监测各支路的电流、功率因数、有功功率、电能等参数，以及各支路的开关状态；应实时监测电源整流器、逆变器、电池、旁路、负载等各部分的运行状态与参数。

环境和设备状态异常时产生报警事件进行记录存储，并有相应的处理提示。

（5）安全防范系统

安全防范系统宜由视频监控系统、入侵报警系统和出入口控制系统组成，各系统之间应具备联动控制功能。

视频监控系统应灵活设置录像方式，包括 24 小时录像、预设时间段录像、报警预录像、移动侦测录像及联动触发录像等多种方式。

门禁系统应实时监控各道门人员进出的情况，并进行记录。

变电站与数据中心站安全防范系统应按对内业务与对外业务进行分区分权管理。

（6）火灾报警系统

数据中心站可采用火灾自动报警和七氟丙烷气体灭火方式组合，包括气体灭火控制盘、烟感、温感、声光报警器、放气指示灯、紧急启停按钮和一套悬挂式七氟丙烷系统。系统具有自动、手动应急操作两种启动方式。

数据中心机房内应设置两组独立的火灾探测器，以提高火灾自动报警系统联动灭火系统的可靠性。

全站火灾报警系统应与灭火系统和视频监控系统联动。

14.3.5 建筑与装修

本案例数据中心与装修设计执行《变电站建筑结构设计技术规程》（DL/T 5457）的要求，与变电站主体装修相一致，遵循经济、适用、美观为基本原则。

①外墙材料为 250 mm 厚加气混凝土砌块，外墙设 60 mm 厚挤塑板保温层，保证围护结构内表面温度不应低于室内空气露点温度。

②内隔墙采用 250 mm 厚加气混凝土砌块，内墙壁装修采用乳胶漆，表面平整、光滑、不起尘、避免眩光，无凹凸面。

③地面采用防静电活动地板，高度 300 mm。活动地板下的地面和四壁装饰采用水泥砂浆抹灰，不起尘、不易积灰、易于清洁。

④外门采用密闭门，墙壁、地（楼）面的构造和施工缝隙均采用密封胶封堵，保证数据中心站气密性。

⑤顶棚采用普通涂料，简单装修。表面平整、不起尘。

14.3.6 采暖与通风

（1）空气调节

根据《数据中心设计规范》（GB 50174—2017）相关要求：数据中心与其他功能用房共建于同一建筑内时，宜设置独立的空调系统。空调负荷计算包括热负荷与湿负荷两部分，通过负荷计算确定单台空调制冷功率。空调系统夏季冷负荷应包括下列内容：数据中心内设设备的散热、建筑围护结构得热、通过外窗进入的太阳辐射热、人体散热、照明装置散热、新风负荷、伴随各种散湿过程产生的潜热。空调系统湿负荷应包括下列内容：人体散湿、新风湿负荷、渗漏空气湿负荷、围护结构散湿。

通过负荷计算，数据中心设备散热量约98 kW，湿负荷为1.24 kg/h，本案例数据中心屏柜配备集成空调系统，单台空调屏柜制冷量为46 kW，并设置冷热通道隔离，满足屏柜内温湿度环境要求。数据中心房间内冷负荷为22 kW（除设备散热），通过在房间内设置2台制冷量为12 kW的恒温恒湿精密空调满足数据中心的室内温湿度要求（表14–3）。

表14–3　空调负荷

夏季冷负荷			
房间名称	室内设计温度（℃）	冷负荷（kW）	湿负荷（kg/h）
数据中心	冷通道：18 ~ 37(不得结露)	120	1.24

空调系统具有变频、自动控制等技术，根据房间内的负荷变化情况，自动调节设备的运行工况。空调系统应根据送风温度自动调节运行工况，送风温度应高于室内空气露点温度，避免因送风温度太低引起设备结露。

数据中心空调机应带有通信接口，通信协议应满足数据中心监控系统的要求，监控的主要参数应接入数据中心监控系统，并应记录、显示和报警。

（2）通风

数据中心机房设有气体灭火系统，根据《火力发电厂与变电站设计防火标准》（GB 50229）的要求，数据中心机房需配备应设置灭火后机械通风装置，通风系统采用自然进风、机械排风形式，进风风口为电动百叶风口；风机与消防控制系统连锁，当发生火灾时，在消防系统喷放灭火气体前，通风空调设备的防火阀、防火风口、电动风阀及百叶窗应能自动关闭。排风口设在防护区的下部并应直通室外，通风换气次数为6次/h。

14.3.7　消防与安全

根据《数据中心设计规范》（GB 50174—2017），本案例数据中心机房需设置室内消火栓，数据中心消火栓系统的室外管网、泵房、消防水池等与变电站共用，消防给水系统与生活给水系统分开设置。

根据《数据中心设计规范》（GB 50174—2017）相关要求，数据中心机房设置气体灭火系统；气瓶置于气瓶间内，数据中心内设置气体灭火管道及喷头。此外，数据中心还配置有救援专用空气呼吸器或氧气呼吸器。

根据《建筑灭火器配置设计规范》（GB 50140—2005）数据中心机房设有MF/ABC5型手提式干粉灭火器。

14.4　充电站

14.4.1　安装规模与设备选择

14.4.1.1　安装规模

本案例变电站设置5个停车位，故建设3套充电桩，2套为功率120 kW非车载充电机（双枪），1套为功率60 kW非车载充电机（单枪），为电动乘用车提供充电服务。

14.4.1.2　充电设备选择

所有充电设备均应满足工作环境温度在 –25 ~ +50 ℃，相对湿度在5% ~ 95%稳定运行，防护等级不小于IP54。

（1）120 kW非车载充电机（双枪）

电源：DC ± 375 V；

输出电压：DC300 ~ 750 V；

输出最大电流：单枪0 ~ 200A/双枪同时充电0 ~ 100A。

（2）60 kW 非车载充电机（单枪）

电源：DC ± 375 V；

输出电压：DC300 ~ 750 V；

输出最大电流：0 ~ 100 A。

14.4.1.3　主要功能

具备计量功能。

具备刷卡启动、停止功能。

具备运行状态、故障状态显示。

具备充电连接异常时自动切断输出电源的功能。

具有根据电池管理系统（BMS）提供的数据，动态调整充电参数、自动完成充电过程的功能。

具备通过 CAN 接口与电池管理系统通信的功能，获得车载电池状态参数。

具备充电连接异常时自动切断输出电源的功能。

具备输出过压、欠压、过负荷、短路、漏电保护、自检功能。

具有实现外部手动控制的输入设备，可对充电机参数进行设定。

自带 APF 单元，补偿后功率因数应达到 0.95 以上。

14.4.2　设备布置

充电设备室外布置，采用落地式安装方式。双枪非车载充电机对应布置在 2 个车位间端头，满足交替充电的需求；单枪非车载充电机布置在车位间端头。

14.4.3　供电系统

供电电源电压采用直流 ± 375 V，采用 2 回直流进线从直流 ± 375 V 母线段引接。

馈线柜至 120 kW/60 kW 充电设备分别采用 ZC–YJY23–0.6/1.0–2 × 120 mm^2、ZC–YJY23–0.6/1.0–2 × 70 mm^2 电缆。

14.4.4　防雷接地

电气设备所有不带电的金属外壳均应可靠接地。充电站的防雷接地、防静电接地、电气设备的工作接地、保护接地及信息系统的接地宜共用接地装置，并与变电站主接地网融合设计，接地电阻不应大于 4Ω。

14.4.5　照明

充电站室外照明与变电站融合设计，充电区域地面照度不低于 100 lx，主干道地面照度不低于 5 lx。

14.4.6　电缆防火

墙洞、盘柜箱底部开孔处、电缆管两端等进行防火封堵和涂刷防火涂料。

14.4.7　监控与通信

14.4.7.1　监控系统

监控系统由站控层、间隔层构成。其中，站控层部署监控主机及数据服务器，负责数据处理、存储、监视与控制等；间隔层部署具备测控功能的相关设备，负责数据采集、转发，响应站控层指令。配置网络设备负责间隔层与站控层之间的可靠通信。

监控系统站控层由 1 台监控主机、1 台数据服务器、1 台规约转换及通信管理装置构成；网络设备包括 1 台站控层网络交换机；间隔层包含数据采集装置、电度表、多功能仪表等。

监控系统按功能可分为充电监控系统、供配电监控系统、计量系统 3 类子系统。

（1）充电监控系统

充电机、充电桩内嵌监控装置，监控装置完成面向单元设备的监测及控制功能，向站控层转发数据并接受站控层下发的控制命令。每台充电桩配置 1 台数据采集装置，采用 RS485 串口通信方式采集充电机、充电桩、电度表信息，距离较远时与站控层通信考虑进行光电转换。

（2）供配电监控系统

3 台充电设备由的 ±375 V 母线引接，由 3 路电源供电。配置 3 台多功能仪表，就地安装于低压配电柜内，采集各支路电流、电压及断路器位置。同时就地配置 1 台数据采集装置，采用 RS485 串口通信方式获取多功能仪表信息，将供配电系统的运行参数送至充电桩监控系统，距离较远时考虑进行光电转换。同时不考虑对 ±375 V 断路器进行远方控制。

（3）计量系统

计量系统包括电网和充电设施之间的计量、充电设施和电动汽车用户之间的计量两部分。

电网与充电设施之间的计量：采用高压侧计量，在专用变压器 10 kV 进线侧配置计量表。

充电设施和电动汽车用户之间的计量：采用低压侧计量，在各充电桩输入侧配置智能电表 1 块。

14.4.7.2 监控系统设备组屏和布置方案

站控层设备：1 台数据服务器、1 台规约转换及通信管理装置、1 台网络交换机布置于变电站电子设备间的监控柜内，1 台工作站布置于主控室内。

间隔层设备：数据采集装置、智能电度表布置于充电桩内。

14.4.7.3 调度自动化

不考虑将充电桩信息上送调度端，仅进行站内集中监控。

14.4.7.4 系统对时

由变电站统一考虑，并预留对时接口。

14.4.8 系统保护

① ±375 V 供电断路器保护功能宜由配置的直流控制保护装置实现，具备电流速断保护、电流变化率保护、低压方向过流保护、过（低）电压保护和过负荷保护等功能。

②充电桩具备过压保护、欠压保护、过载保护、短路保护、接地保护、过温保护、低温保护、防雷保护、急停保护、漏电保护等功能。

14.4.9 电源系统

不设独立的直流电源、UPS 电源，设备所需直流电源及 UPS 电源由变电站内统一考虑。

14.4.10 安防监控

暂考虑在充电桩区域布置摄像机，对设备及周围环境进行全天候的图像监视。变电站安防监控系统宜统一规划设计，站端设备如视频监控系统主机、硬盘录像机等按全站规模配置，仅开列前端摄像机部分设备。

14.4.11 土建

本案例变电站停车场共设置 3 套供电动汽车充电的充电桩，充电桩基础采用天然地基，基础形式为素混凝独立基础，基础采用 C30 混凝土，垫层采用 C15 素混凝土，基础埋深按 1.0 m 考虑。

充电桩基础应高出地面 0.2 m 及以上，必要时可按照防撞栏，其高度不应小于 0.8 m。充电桩宜采取必要的防雨和防尘措施。

充电站的给排水、消防给水、灭火设施与变电站融合设计。

14.5 光伏电站

14.5.1 太阳能资源分析

同第 13 章 13.5.1 内容。

14.5.2 光伏系统发电量分析及接入系统

本案例考虑阴影遮挡，主要在靠近南部两个片墙上进行光伏组件布置。片墙方位角均为90°，倾角分别为3°和7°，两片墙顶部光伏容量均为36 kWp，总安装容量为72 kWp。通过PVsyst软件计算，同时考虑统效率和组件衰减系数，25年平均发电量为69 212.66 kW·h，25年平均等效利用小时数为961.3 h。

本案例的光伏发电系统经2回路线路接入±375 V直流母线上，光伏发电站的防孤岛及继电保护装置应符合《光伏发电系统接入配电网技术规定》（GB/T 29319）的要求；自动化设备可根据当地电网实际情况进行适当简化；通信设计应符合《光伏发电站接入电力系统技术规定》（GB/T 19964）和《光伏发电系统接入配电网技术规定》（GB/T 29319）的规定，并满足《电力通信运行管理规程》（DL/T544）的规定。

14.5.3 电气一次

14.5.3.1 光伏发电系统设计方案

本案例拟在片墙上建设72 kWp光伏发电系统。光伏发电系统采用峰值功率为450 Wp单晶硅光伏组件，共布置160块光伏组件，实际安装容量为72 kWp。每16块组件串联为一个光伏组件串，共10串，接入2台33 kWDC-DC直流变换器后并入±375 V直流母线。

14.5.3.2 主要设备选型

（1）光伏组件

本案例拟采用450 Wp单晶硅光伏组件。拟选单晶光伏组件主要技术参数如表14-4所示。

表14-4 光伏组件主要技术参数

机械参数	
电池排列	144（6×24）
接线盒	分体接线盒，IP67，3个智能芯片
输出线	4 mm² 300 mm光伏专业电缆
连接器	MC4
组件重量	27.5 kg
组件尺寸	2094 mm×1038 mm×35 mm
电性能参数	
测试条件	STC
最大功率（Wp）	450
开路电压（V）	49.6
短路电流（A）	11.58
工作电压（V）	41.4
工作电流（A）	10.87
组件效率（%）	20.7

（2）光伏并网逆变器

根据本案例片墙上的光伏组件安装容量为72 kWp，故选取33 kW DC-DC直流变换器，具体技术参数如表14-5所示。

表14-5 DC-DC直流变换器主要技术参数

最大输入电压	1100 V DC
最大输入路数	6路
中国效率	不低于98%
额定输出功率（kW）	33
额定输出电压	±375 V DC
额定交流频率（Hz）	50
最大总谐波失真	＜3%
防护等级	IP65

（3）电力电缆

光伏组串至组串式逆变器采用光伏专用电缆，型号为 PV1–F–0.9/1.8 kV，截面为 $1 \times 4\ mm^2$；

组串式逆变器至并网端采用阻燃 C 型铜芯交联聚乙烯绝缘电缆，型号为 ZRC–YJY23–0.6/1 kV，截面为 $2 \times 25\ mm^2$。

14.5.3.3　电气设备布置

光伏组件布置在片墙顶部；组串式逆变器户外安装在光伏支架上。

14.5.3.4　防雷接地

光伏支架通过热镀锌扁钢与主网可靠连接，光伏组件金属边框专用接地孔通过 BVR–6 mm^2 黄绿绝缘导线相连，通过 BVR–6 mm^2 黄绿绝缘导线与光伏支架可靠连接，组串式逆变器的金属外壳的专用接地端子通过 BVR–25 mm^2 黄绿绝缘导线与主网可靠相连。为防侵入雷，在逆变器内交直流侧均装设了浪涌保护器。

14.5.3.5　电缆敷设与防火

电缆采用热镀锌槽盒、穿管方式敷设。

墙洞、盘柜箱底部开孔处、电缆管两端等进行防火封堵和涂刷防火涂料。

14.5.4　二次系统

14.5.4.1　分布式光伏发电系统的控制及运行

分布式光伏发电系统采用并网运行方式，逆变器从电网得到电压和频率做参考，自动控制其有功功率和无功功率的输出。

逆变器采用显示屏幕、触摸式键盘方式进行人机对话，可就地对逆变器进行参数设定、控制等功能；集中监控设置在变电站主控室。

14.5.4.2　分布式光伏发电系统的保护

根据相应规程规范，结合本案例电气主接线，各设备保护配置如下。

① DC–DC 变换器配置直流输入过 / 欠压保护、极性反接保护、输出过压保护、过流和短路保护、接地保护（具有故障检测功能）、绝缘监察、过载保护、过热保护、孤岛检测保护等功能。保护由设备厂家配套提供。

②汇流箱配有空气开关，当各光伏发电支路及系统过载或相间短路时，将断开空气开关。

③ ±375 V 供电断路器保护功能宜由配置的直流控制保护装置实现，具备电流速断保护、电流变化率保护、低压方向过流保护、过（低）电压保护和过负荷保护等功能。

14.5.4.3　分布式光伏发电系统的监控

①考虑配置 1 套光伏区监控系统，以便于对光伏区设备的集中监控管理，系统采用光纤环网组网方式，并可与变电站计算机监控系统通信，信息传输应满足相关安全防护要求。

②根据相关设计规范，本案例不设独立的直流电源电源、UPS 电源、远动及调度自动化设备，不参与调度部门的控制。设备所需直流电源及 UPS 电源由变电站内统一考虑。

③暂考虑设置 1 台 A 类电能质量监测装置，监测每回光伏并网点电流及电压。

④监控系统主机放置于主控室监控台；光伏单元数据采集装置、光纤环网交换机及微型纵向加密认证装置安装于就地设备箱；光伏监控系统测控装置、光纤环网交换机、电能质量监测装置、规约转换装置、光伏监控防火墙及纵向加密认证装置等，组屏安装于变电站综合保护室。

⑤系统对时，由变电站统一考虑，并预留对时接口。

14.5.4.4　系统调度自动化

（1）调度关系及调度管理

光伏发电模式为自发自用模式。结合接入变电站的调度关系，暂考虑调度关系与变电站相同，具体由接入系统设计确定。

（2）远动系统

本案例需上传电流、电压和发电量信息，并送至相关调度部门。并网点电流、电压信息由光伏监控系统采集，通过变电站内的远动主机上送调度。

（3）电能量计量

根据相关要求，考虑在每个并网点装设1块0.2S级并网计量表，安装于计量箱内，计量箱内配置0.2S级计量电流互感器。

电能表采用静止式多功能电能表，至少应具备双向有功和四象限无功计量功能、事件记录功能，应具备电流、电压、电量等信息采集和三相电流不平衡监测功能，配有标准通信接口，具备本地通信和通过电能信息采集终端远程通信的功能，电能表通信协议符合DL/T 645。计量表采集信息应接入电网管理部门电能信息采集系统，作为电能量计量和电价补贴依据。

每个并网点装设1块电度表，接入变电站内电能量采集终端，将相关电量系统上送调度部门。

（4）二次系统安装防护

本案例光伏发电系统按照部署于变电站安全Ⅱ区考虑。光伏发电监控系统主机等关键应用系统使用安全操作系统，并对主机操作系统进行安全加固；新能源场站须加强户外就地采集终端的物理防护，强化就地采集终端的通信安全，站控系统与光伏发电电源终端之间网络通信应部署加密认证装置，实现身份认证、数据加密、访问控制等安全措施，光伏发电单元就地部署微型纵向加密认证装置，经站控层纵向加密认证装置接入光伏监控系统主机，光伏监控系统主机经防火墙接入变电站计算机监控系统，可根据需要将光伏发电信息经远动装置及调度数据网信息上送调度。

14.5.4.5　光伏区视频监控系统

暂不考虑配置光伏区视频监控系统，如需配置可由变电站视频监控系统统一配置。

14.5.5　土建部分

14.5.5.1　光伏组件平面布置

本案例为片墙顶部布置的光伏发电系统，共布置160块450 Wp光伏组件，实际装机容量为72 kWp。

14.5.5.2　土建设计

（1）设计安全标准

主要建（构）筑物的等级如表14-6所示。

表14-6　主要建（构）筑物的等级

序号	名称	设计使用年限	建筑结构安全等级	抗震设防类别	抗震设防烈度	
					地震作用	抗震措施
1	支架基础	50年	二	丙类或乙类	8度	8度
2	光伏支架	50年	二	丙类或乙类	8度	8度

（2）建筑结构承载力核算

新增光伏组件的荷载在建（构）筑物设计时已经考虑。

（3）支架及基础

1）主要设计参数

基本风压（50年一遇）：0.40 kN/㎡

基本雪压（50年一遇）：0.35 kN/㎡

抗震设防烈度：8度（0.2 g）

光伏组件规格：多晶硅2094 mm × 1038 mm × 35 mm

光伏组件重量：多晶硅27.5 kg

光伏阵列支架倾角：0°

2）主要材料

钢材：Q235–B钢，均应采用热浸镀锌防锈处理，镀锌层平均厚度不小于 85 μm；

焊条：E43；

螺栓：不锈钢材质，螺栓等级不小于 A2-70 级。

3）光伏支架设计

在各种荷载组合下，支架应满足规范对强度、刚度、稳定等各个指标要求。设计时采用 25 年一遇 10 分钟平均最大风速作为设计依据，确保支架系统安全、稳定。

采用以概率理论为基础的极限状态设计方法，用分项系数设计表达式进行计算。

设计主要控制参数：

受压构件容许长细比：180；

梁的挠度：1/250。

通过计算支架、导轨的强度、稳定性均满足规范要求，无超限，可作为下阶段设计依据。

4）片墙顶部与光伏支架的连接

光伏阵列支架的连接件，包括组件和支架的连接件、支架与螺栓的连接件及螺栓与方阵场的连接件，均应用不锈钢钢材制造。

14.6 5G 基站

14.6.1 设备布置与安装

本案例 5G 基站为宏站，宏基站发射功率大、天线挂高较高、覆盖面广，可支持多载波、多扇区、扩容方便，设备布置在综合保护室。天线安装在变电站现有建筑物楼顶，天线外观可参考市政风貌设计实现景观化建设。本案例设备总功耗按≤ 5 kW 考虑，电源由一次专业提供交流 220 V 电源通过整流后为 5G 设备供电。

5G 室内分布系统用于覆盖变电站室内、地下管廊、地下空间等场景，采用有源室内分布系统覆盖。变电站应预留室分系统所需的空间资源，保证室内分布系统电源、光缆、天线和设备等都具备安装条件。

14.6.2 外观风貌设计

5G 天线由厂家成套设计，要求与建筑设计、公共设计、景观设计融合统一。在保障建（构）筑物安全的前提下力求美观，符合城市景观及市容市貌要求，并与建筑物和周边环境相协调。

14.6.3 电气设计

5G 设备由一次专业提供双路交流 220 V 电源为 5G 设备供电。本案例设备功耗按≤ 5 kW 考虑。

14.6.4 防雷与接地

本案例为全户内站，5G 基站的户内部分采用屋顶避雷带进行全站防直击雷保护。该避雷带采用 ϕ12 热镀锌圆钢，并在屋面上装设不大于 10 m × 10 m 或 12 m × 8 m 的网格，每隔 10 ～ 18 m 设引下线接地。上述接地引下线应与主接地网连接，并在连接处加装集中接地装置。屋顶上的设备金属外壳、电缆金属外皮和建筑物金属构件均应接地。

5G 基站户外天线部分等设备防直击雷保护可采用避雷针进行保护。

5G 基站设备接地引下线采用 -80 × 6 的镀锌扁钢，等电位铜排采用 -30 × 4 铜排。

14.6.5 5G 应用

同第 13 章 13.6.5 内容。

14.7 北斗地基增强站

14.7.1 站点布置及系统方案

国网公司统一考虑北斗地基增强站系统建设，全国建设 1200 个点，覆盖国家电网 27 个网省的全部经营区域。本案例所在地区已建设 3 座北斗地基增强站，本站仅考虑北斗应用场景。北斗地基增强站设备系统如图 14–1 所示。

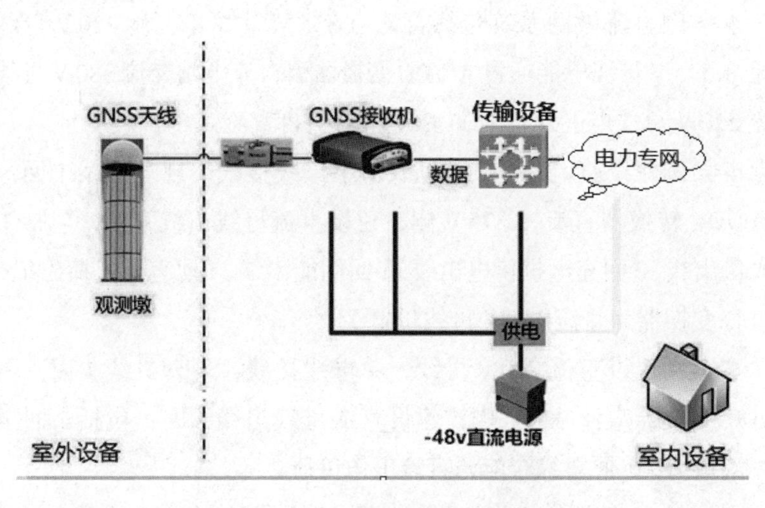

图 14–1 北斗地基增强站设备系统

14.7.2 北斗应用场景

同第 13 章 13.7.2 内容。

14.8 储能电站

14.8.1 设备选择

本案例采用 100 kW/200 kW · h 锂电池储能装置，经 100 kW DC/DC 储能变流器接入直流 ±375 V 母线。

14.8.2 设备布置

储能电池组屏安置在储能配电室，储能 DC/DC 变换器组屏安装在储能配电室。储能电站监控系统主机放置于主控室内，其他监控设备组屏安置在储能配电室内。

14.8.3 二次系统

①电池屏内配置电池管理系统，能监测电池相关数据，可靠保护电池组。

②储能电站设置 1 套储能电站监控系统，能够接收并显示电池管理系统上传的信息，监控系统具有可扩展性，能够与变电站监控系统通信，系统对时由变电站统一考虑，并预留对时接口。

14.9 冷热能源应用

本案例变电站空调系统采用地源热泵空调系统。根据负荷计算变电站夏季冷负荷约为 107.4 kW，冬季热负荷约为 12.8 kW；设计采用 2 台地源热泵机组用于冬季制热和夏季制冷，空调主机参数如表 14–7 所示。

表 14–7 空调主机参数

制冷量（kW）	113	制热量（kW）	128
制冷输入功率（kW）	20.5	制热输入功率（kW）	28.8
空调侧进出口水温度（℃）	7/12	空调侧进回水温度（℃）	45/40
地源侧进回口水温度（℃）	25/30	地源侧进回水温度（℃）	12/7

设计采用循环水泵 4 台，其中空调侧循环水泵两台（一用一备），地源侧循环水泵两台（一用一备），循环水泵参数如表 14–8 所示。

表 14–8 循环水泵参数

设备名称	设备参数	备注
空调侧变频循环水泵	SLS65–160（I），流量为 65 m/s，扬程为 30 m	一备一用
地源侧变频循环水泵	SLS65–160（I），流量为 65 m/s，扬程为 30 m	一备一用

空调水系统设置全自动软水器和定压补水装置用于地源热泵空调系统补水，由气压罐定压，根据定压信号补水和定压。设计采用定压补水装置一套：QWNGS-600，出水量 1 T/h；设置全自动软水器一套：FL5600 T，出水量 1 T/h；设置 1 m 水箱一个。

地源热采用地埋管地源热泵系统形式，通过对工程场地浅层地热能资源及工程场内区岩土体地质条件进行勘察，暂定地源热泵能源井暂定 32 个，孔径暂定 150 mm，孔深暂定 100 m。地源侧管道为高密度聚乙烯管 HDPE（材料等级为 PE100），承压不应小于 1.25 MPa。空调侧室外管路采用成品聚氨酯保温管（管材为镀锌钢管，保温材料为聚氨酯），聚氨酯保温层厚度为 50 mm，冷凝水管道采用 UPVC 管道。钢管采用螺纹连接，风机盘管与水管之间用金属软管连接。

由于变电站内房间多为设备房间，冷负荷（107.4 kW）远大于热负荷（12.8 kW）；由于变电站内冷热负荷不平衡，变电站地源热泵系统在满足厂区内房间供冷及供热需求的同时，需向周边用户提供热水及供热服务，保证全年地源热泵系统全年总释热量宜与其总吸热量相平衡。

设置地源热泵优化控制系统，实现对整个变电站暖通空调的压力、温度、湿度、差压、空气质量等数据的实时采集和处理，并根据相应的优化算法实现地源热泵主机、热源水循环泵、系统水循环泵、新风机组送 / 排风机等设备的智能控制，在维持系统室温合理的同时实现系统节能运行，保证夏季制冷和冬季制热均运行在较高能效水平。

地源热泵优化控制系统应实现水泵变频控制、水泵自动投切、定时启停控制、热泵机组群控、设备运行参数优化和能效分析及监视功能。

14.10 城市智慧能源管控系统（CIEMS）

同第 13 章第 13.10 节内容。

14.11 直流微网

14.11.1 电气一次

本案例直流微网系统包括直流 ±375 V 母线和直流 220 V 母线，直流 ±375 V 母线电能通过 AC/DC 变换器引自充电站交流 380 V 母线，直流 220 V 母线电能通过 DC/DC 变换器引自直流 ±375 V 母线。

本案例建设直流 ±375 V 母线，单母线接线，规划进线 1 回，引自 AC/DC 转换器直流 ±375 V 侧；建设直流母线出线 6 回，包括 1 回至光伏出线，3 回充电桩供电出线，1 回储能出线，1 回直流负荷出线（经 DC/DC 变换器为直流 220 V 母线供电）。

本案例建设直流 220 V 母线，单母线接线，规划进线 1 回，引自 DC/DC 变换器直流 220 V 侧；建设直流母线出线 2 回，包括 1 回至照明直流负荷，1 回至综合能源直流工作负荷。

充电站直流充电桩共 2 台，电源引自直流 ±375 V 母线，其中 2 台容量 120 kW，1 台容量 60 kW。

光伏电站馈出线共 1 路，接入充电站直流 ±375 V 母线，容量为 72 kWp。

储能系统馈出线共 1 路，接入充电站直流 ±375 V 母线，容量为 100 kW。

照明直流负荷和综合能源直流工作负荷均接入直流 220 V 母线。

直流负荷统计，如表 14–9 所示。

表 14–9 直流负荷统计

负荷类型	容量（kW）
直流充电桩（±375 V）	300
光伏系统（±375 V）	0

续表

负荷类型	容量（kW）
储能系统（±375 V）	100
照明直流负荷（220 V）	35
综合能源直流工作负荷（220 V）	30
汇总	465

注：光伏系统容量为0，表示正常工作时该回路无须从直流母线消耗电能。

根据上述统计情况，本案例AC/DC变换器容量取630 kW，DC/DC变换器容量取80 kW。

14.11.2 电气二次

14.11.2.1 直流微网保护系统

直流微网各间隔配置保护和测控装置，具备电流速断保护、电流变化率保护、低压方向过流保护、过(低)电压保护和过负荷保护等功能。

14.11.2.2 直流微网控制与能量管理系统

①直流微网使用微网协调控制技术，采集微网源网荷储的信息并上传至能量管理系统；对微网内的源网荷储进行遥调遥控；执行上级控制下发的功率命令，进行分配下发。

②直流微网协调控制技术应具备并网和离网运行方式下的不同控制策略。直流微网运行方式切换时，通过通信或开关接点将模式切换指令发送给相关电源或保护测控装置; 功率突变时快速控制储能出力，提高稳定性。

③直流微网能量管理系统全面整合能源控制参量及能量信息，实现多种能源协调控制和综合能效管理，实现对接入的光伏、储能、充电桩、低压直流配用电网架等运行监控、功率调控、统计分析等功能，建成多点接入、网络共享、需求感知的能源互联网。

能量管理系统主要功能包括：微网协调优化调度通过建立微网的多目标协调优化模型，利用各光伏的发电功率预测信息、微网负荷预测信息及微网实时运行状态，在考虑微网安全运行和微网设备运行约束条件下，对微网的电源、网络进行时空协调优化调度，给出优化后的储能充放电计划，优化调度计划曲线通过104规约，由通信管理机上送给能量管理系统。

14.12 场景1市区地上案例B主要图纸清单

表14–10 场景1市区地上案例B主要图纸

图号	图纸名称
1B–01	总平面布置图
1B–02	站用电系统接线图
1B–03	多站融合变电站监控系统网络结构图
1B–04	多站融合变电站智能辅控系统结构图
1B–05	数据中心站供电系统图
1B–06	数据中心站建筑平面布置图
1B–07	地源热泵房建筑平面布置图
1B–08	数据中心站屏位布置图
1B–09	光伏发电系统电气接线图
1B–10	片墙顶部光伏组件及支架布置图
1B–11	5G基站安装示意图

注：以上图纸详见附录。

第 15 章　场景 2 市区地下典型设计方案

15.1　融合设计原则

15.1.1　场地融合

本案例为带局部下沉空间的地下站建设模式，为使变电站融合于整体环境，地面以上建筑最小化，仅保留消防楼梯间及必要的新排风井，地面空间与相邻能源站、水务站统筹规划为临路公园，公园内电力设施展示为主题设置景观节点，主变散热器上方均采用在“绿地”中开孔的方式来解决消防问题、散热问题及采光问题。

本案例的多站融合利用地上地下结合的方式实现，布置数据中心站、地面自动充电车位、5G 智慧灯杆及光伏发电。通过合理流线布局，将电力设施融入景观小品中。

15.1.2　建筑物融合

本案例所在的城市综合能源地块，作为展示新区“电力公共设施”形象的景观标志，提供复合型、多样化的展示休憩空间，既展示了电网公司良好的企业形象，也满足了不同人群和不同时段的活动需求。

地面建筑作为站址公园的点睛之笔，以小型景观建筑形态——通过连廊与将两端的地面出入口联系在一起形成“电力之翼”的构图，寓意电力为城市发展插上了翅膀，为城市的发展助力启航。

电力公园内设置景观连廊、展示厅、拱桥等多个景观建筑小品并以健身步道连接为一个序列。亭、廊可作为人们的休憩和观景场所，展示厅则作为城市电力建设的展示场所。建筑小品屋面结合“电力之翼”主题设置光伏发电设施。

15.1.3　消防系统融合

（1）消防泵房融合

在业主为同一家建设主体的前提下，可统筹考虑设置站内综合泵房，消防系统可按照各栋建筑综合考虑。两座及以上建筑合用消防给水系统时，应按其中一座设计流量最大者确定消防泵房面积和消防泵组数量。

（2）消防水池融合

消防用水分成两部分：一部分为建筑消防用消火栓系统用水，均可考虑由市政管网统一引接；另一部分为主变压器和停车位消防用水，所需消防用水的设计流量应由建筑的室外消火栓系统、室内消火栓系统、自动喷水灭火系统、水喷雾灭火系统等需要同时作用的各种水灭火系统的设计流量组成。

（3）气体钢瓶室融合

统筹考虑设置气体钢瓶室，气体消防系统可综合考虑。气体灭火系统采用组合分配的有管网系统，可按照各个防护分区的体积，合理设置多个气体灭火系统。

15.1.4　供电方式融合

本案例中的地下变电站较之普通地上变电站用能水平大幅提高，而数据中心和充电站的设置使得用电负荷进一步提高，交流站用电系统容量满足上述供电要求。各系统中，光伏电站考虑接入站内直流微网，数据中心 UPS 两路电源分别接入交流站用电不同供电母线，电动汽车充电站直流桩接入站内直流微网，交流桩接入交流站用电供电母线。5G 基站由 UPS 电源供电。

15.1.5 接地融合

数据中心、光伏发电设备、含 5G 天线的智慧灯杆、电动汽车充电站接地与变电站本体接地做等电位连接，共用同一张接地网，采用地下敷设水平主接地网，配以若干垂直接地极的形式。

为保障设备运行安全可靠，各融合站二次装置、数据中心电子信息设备等均设置等电位铜排，与变电站等电位铜排一点连接，截面积与变电站等电位铜排保持一致。

15.1.6 防雷融合

本案例基于城市全地下变电站设计，变电站本体和数据中心均位于地下，地表进排风井、楼梯间等建筑物屋顶可利用避雷带作为直击雷防护装置，当为全金属屋顶或光伏一体化表面时，可以直接接地，无须另做直击雷保护。5G 智慧灯杆、充电桩等设备的可导电金属外壳均直接接入主接地网，同时设备本体安装必要的浪涌防护装置。

15.1.7 通信融合

5G 设备可安装在数据中心站机房内，变电站现有二次设备室有空余场地时，也可布置于二次设备室。5G 天线部署在变电站或变电站附近，可通过新增光缆作为信号回传线，并满足变电站相关规定；如变电站管廊光缆纤芯资源较为充裕，可利用管廊光缆作为信号回传线。

15.1.8 智能化系统融合

变电站监控系统与光伏电站监控系统应具备通信功能，光伏电站调度自动化信息通过变电站数据通信网关机上送调度。

变电站与各融合站设置统一的智能辅助控制系统，集成火灾报警子系统、环境监控子系统、视频监控系统、安全防范子系统等，实现数据融合集成。门禁监控系统统一设置，分区分权管理。

数据中心站消防系统主机应以硬接线方式接入变电站火灾报警主机，并与门禁系统统一联动。发生火情时，消防系统应同步告警，启动消防广播。

变电站时钟同步系统采用 SNTP 或 B 码对时方式，向充换电站、光伏电站监控系统、间隔层设备授时。

15.2 变电站融合设计方案

15.2.1 电气一次

（1）供电方案

本站设置 2 台 10 kV/630 kVA 站用变压器，低压侧供电能力可以同时满足变电站、数据中心、电动汽车充电站的功能需求，并由光伏电站作为电源补充，降低变电站用能水平，提高清洁能源利用率。其中，数据中心 UPS 两路电源分别接入交流站用电不同供电母线，电动汽车充电站的交流充电桩单回路接入变电站交流供电母线。

（2）防雷

变电站屋顶光伏系统防雷由厂家自行考虑，并接入主接地网，其他未覆盖光伏板的部位做屋顶避雷带。5G 智慧灯杆、充电桩等设备的可导电金属外壳均直接接入主接地网，同时设备本体安装必要的浪涌防护装置。

（3）接地

站内所有设施与变电站本体接地共用同一张接地网，通过若干接地联络线做等电位联结。为保障设备运行安全可靠，各融合站二次装置、数据中心电子信息设备等均设置等电位铜排，与变电站等电位铜排一点连接，截面积与变电站等电位铜排保持一致。

15.2.2 电气二次

（1）监控系统

变电站按受控站，无人值班设计，采用智能变电站一体化监控系统，按照全站信息数字化、通信平台网络化、信息共享标准化的基本要求，通过系统集成优化，实现全站信息的统一接入、统一存储和统一展示，实现运行监视、操作与控制、综合信息分析与智能告警、运行管理和辅助应用等功能。

变电站监控系统站控层安全Ⅱ区经防火墙与光伏电站监控系统通信，光伏电站后台遥信信息可通过变电站Ⅱ区数据通信网关机上送调度。

（2）辅控系统

1）总体方案

配置一套智能辅助控制系统，作为全站辅助设备的集中管控平台。辅控系统下属需接入环境监测子系统、灯光控制子系统、火灾报警子系统、SF6 监测子系统、技防报警子系统、在线监测子系统、风机控制子系统、水泵控制子系统、空调控制子系统、智能锁控子系统等，实现对站内所有辅助设备的监视与控制。

变电站智能辅助控制系统与辅助设备进行通信，采集信息后经过分析和处理后进行可视化展示，并将数据存入辅控后台。Ⅱ区数据通信网关机从辅控后台获取Ⅱ区数据和模型等信息，与主站进行信息交互，提供信息查询和远程浏览服务。

环境监测子系统、灯光控制子系统、火灾报警子系统、SF6 监测子系统、技防报警子系统、风机控制子系统、水泵控制子系统、空调控制子系统数据汇集到变电站智能辅助控制系统后，通过Ⅱ区通信网关机接入调度数据专网将信息上送到集控主站。

视频数据接入综合数据网将信息上传至安全Ⅳ区的主站系统。

在线监测系统数据接入变电站智能辅助控制系统后，信号量由Ⅲ / Ⅳ区数据通信网关机通过正反向隔离装置传输给主站系统。

2）安防子系统

地面电动汽车充电桩区域纳入站内安防范围。

（3）电能质量监测

变电站内对供电质量有要求的馈线可配置电能质量在线监测。电能质量监测装置接入站内 MIS 网（Ⅳ区），经综合数据网接入相关电能质量监测管理系统。光伏电站、数据中心站内电能质量监测装置亦通过变电站内 MIS 网接入综合数据网。

（4）关口计量

光伏电站应配置具有通信功能的电能计量装置，电能量信息由变电站电能量采集终端统一采集。

（5）时钟同步

光伏电站监控系统通过变电站站控层Ⅱ区接收 SNTP 网络对时。充换电站监控系统及其间隔层设备接收变电站对时系统（可配置扩展时钟）的 SNTP 网络对时或 IRIG-B 码对时信号。

15.2.3 通信部分

（1）光纤通道

数据中心站优先利用变电站富余的光纤芯资源，通信出口数量不少于 2 个。

站内随 110 kV 电力线路同步敷设 2 根 96 芯光缆至剧村站，采用管道光缆。

（2）设备配置

配置城市接入网 10 G SDH 设备 2 套。

当数据中心对内服务时，可利用变电站现有电力通信设备承载通信业务；当对外服务时，应按需配置专用通信设备，与电力通信网实现物理隔离。

站内配置2套10 G地网光传输设备，建设站间A平面双网10 G（1+1）光电路。

15.2.4 土建部分

本案例为带局部下沉空间的地下布置：临南侧道路布置下沉庭院，主变可自然通风，主变等大型设备由紧邻南侧市政道路的下沉广场吊装进入站内，地面设置消防车道、小型设备运输通道。110 kV变电站本体及附属功能空间包括数据中心站均设置于地下。

地块内包括能源站、水务站，道路统一规划形成环路，出入口与相邻站址共用，考虑各站的建设时序，站址内道路尽端局部设置临时消防回车场，远期与相邻站址道路环通，沿道路设置3个新能源充电车位。

15.2.5 外观风貌设计

地面建筑形体以最小化为原则，将用地内的其他区域全部贡献给市政绿地，形成小型休憩展示公园；根据各个房间不同的功能要求布置合理层高，同时通过设置连廊将两端的实体建筑联系在一起，为市民提供宜人的廊下休憩空间。

本案例采用不同色调和肌理的真石漆墙面及通透金属格栅，建筑立面利用材质的变化塑造虚实的对比联系，为建筑立面创造了丰富的光影效果。在建筑色彩选择方面，从周边环境特征出发，采用暖色调，与周边建筑建立和谐与平衡的关系，更有机地融合于城市的宜居宜业、自然和谐的优美生态环境。

本案例地面建筑景观化，远离东侧南侧的市政道路隐于整个景观背后。建筑立面的设计为吻合本站城市智慧电力视窗的定位构想，临站址出入口处设置LED大屏，放映电网企业文化及展示电力前沿科技，根据放映内容的不同，可将运动、城市、电力相关主题串联，体现环境融和、社会共享的建设理念，使得南立面具有多种可能性。

建筑屋面及地面景观以绿色能源为主题，屋面设置太阳能板，下沉庭院周边采用光伏栏杆，庭院顶部并采用耐久、绿色、易于维护的金属材料构建，满足电力安全及景观需求。

15.3 数据中心站

15.3.1 设备布置

本案例数据中心位于地下负一层，主机房可部署56面机柜，其中，配电柜4面、列头柜4面、设备柜48面，为小型数据中心。

15.3.2 电气设计

数据中心站配置一体化UPS电源柜，包含市电直供交流配电部分、UPS系统总交流输入、支路交流输出、UPS输出配电部分。分区域摆放，UPS布置在一体式供配电柜中下部，外电接入部分位于一体式供配电柜中上部。蓄电池后备时间按照系统负载不少于15分钟配置。

本案例数据中心电力负荷约为240 kW，不间断电源基本容量为240 kW × 1.2=288 kW。数据机房内系统设备均按2N标准设置静态交流不间断电源系统（UPS）作为系统设备的后备电源，共设置2组300 kVA的UPS电源，两组互为热备用（A/B路电源）。UPS电源的后备电池工作时间按15分钟配置，后备电池采用免维护的铅酸电池，供电质量按B级标准设置，同时UPS系统预留有源谐波设施接口。UPS后备电池采用免维护的铅酸电池，电池采用2 V电池。

15.3.3 网络和布线

变电站新建光缆应为数据中心站预留纤芯资源，出站路由不少于2条。数据中心站至变电站应至少敷设2根联络光缆，分别为对内服务、对外服务提供光缆通道。

本案例数据中心采用强弱电分开走线方式，均采用上走线方式。

15.3.4 智能化系统

数据中心站应设置总控中心、环境和设备监控系统、安全防范系统、火灾自动报警系统、数据中心基础设施管理系统等智能化系统，按《数据中心站设计规范》（GB 50174）的要求执行；各系统的设计应根据机房的等级，按《智能建筑设计标准》（GB 50314）、《安全防范工程技术规范》（GB 50348）、《火灾自动报警系统设计规范》（GB 50116）及《视频显示系统工程技术规范》（GB 50464）的要求执行。

数据中心站的环境和设备监控系统、安全防范系统、火灾自动报警系统宜集成融入变电站智能辅助控制系统中。

变电站与数据中心站安全防范系统应按对内业务与对外业务进行分区分权管理。

根据电力系统对供电电能质量的监测要求，在数据中心站配置电能质量监测装置1套，用于监测电能质量。

15.3.5 建筑与装修

室内装修设计选用材料的燃烧性能应符合《建筑内部装修设计防火规范》（GB 50222）的有关规定，采用A级不燃材料。

主机房室内装修，选用气密性好、不起尘、易清洁、符合环保要求、在温度和湿度变化作用下变形小、具有表面静电耗散性能的材料，不得使用强吸湿性材料及未经表面改性处理的高分子绝缘材料作为面层。

主机房内墙壁和顶棚的装修应满足使用功能要求，表面应平整、光滑、不起尘、避免眩光，并减少凹凸面。

主机房地面设计应满足使用功能要求，当铺设防静电活动地板时，活动地板的高度应根据电缆布线和空调送风要求确定，并应符合下列规定。

当活动地板下的空间只作为电缆布线使用时，地板高度不宜小于250 mm。活动地板下的地面和四壁装饰可采用水泥砂浆抹灰。地面材料平整、耐磨。

当活动地板下的空间既作为电缆布线，又作为空调静压箱时，地板高度不宜小于500 mm。活动地板下的地面和四壁装饰应采用不起尘、不易积灰、易于清洁的材料。楼板或地面应采取保温、防潮措施，一层地面垫层宜配筋，围护结构采取防结露措施。

技术夹层的墙壁和顶棚表面应平整、光滑。当采用轻质构造顶棚做技术夹层时，设置检修通道或检修口。

当主机房内设有用水设备时，应采取防止水漫溢和渗漏措施。

门窗、墙壁、地（楼）面的构造和施工缝隙均采取密闭措施。

当主机房顶板采用碳纤维加固时，采用聚合物砂浆内衬钢丝网对碳纤维进行保护。

15.3.6 采暖与通风

数据中心暖通设计时参照表15-1。

表15-1 数据中心室内环境设计参数标准

房间名称		温度（℃）	相对湿度	备注
主机房	开机时	冷通道 18 ~ 27	≤ 60%	不结露 维持室内10 Pa正压
	停机时	5 ~ 45	8% ~ 80%，露点温度≤ 27	
辅助区	开机时	18 ~ 28	35% ~ 75%	不结露
	停机时	5 ~ 35	20% ~ 80%	
UPS配电间		25 ~ 30	/	不结露
电池室		20 ~ 30	/	

数据中心机房按照满足国家B级机房标准设计。空调制冷系统按照N+X冗余设计。系统设计以高安全性、高可靠性为前提，结合先进性与经济性，具备易维护性和可扩展性。

①冷源：制冷系统按N+X冗余设计，采用风冷直膨式空调系统，外机直接布置在室外，空调设备按极端最高干球温度41.6 ℃选型。

②空调末端：数据中心采用风冷型下送风机房专用空调机组，选用EC风机，按N+X冗余设置。

③气流组织：数据机房的气流组织采用架空地板下送风、上回风的方式。机房空调机组和机架的行列成垂直式排布。

④机房加湿：加湿方式采用独立的湿膜加湿机组。

⑤新风系统：为维持机房与其他房间、走廊的压差≥5 Pa，与室外静压差≥10 Pa正压，保证机房间的洁净度，同时满足人员卫生需求，设置新风系统。新风由新风机组处理后送至机房，房间空调机组不承担新风负荷。新风系统冷、热源采用独立的风冷模块机组，风冷模块机组的冷冻水进、出水温按12/7 ℃设计，热水进、出水温度按40/45 ℃设计。新风系统设置初、中效过滤器外，数据机房设置压差监控系统，压差与新风连锁，压差接入自控系统，压差计设置在机房外。

数据中心机房等设置气体灭火系统的房间，暖通专业配合设置火灾事故后排风系统，房间内设置下排风风口，按照通风换气次数不低于6次/h计算通风量。

15.3.7 消防与安全

（1）室内外消火栓系统

数据中心需设置室内外消火栓系统，考虑与变电站合使用。

（2）气体灭火系统

数据中心机房需设置气体灭火系统，需要布置气体钢瓶间，采用管网气体灭火系统。可考虑与变电站合用气体钢瓶室及钢瓶组。各保护区采用组合分配系统保护。采用全淹灭方式灭火的区域，灭火系统控制器应在灭火设备动作之前，联动控制关闭房间内的风门、风阀，并应停止空调机、排风机，切断非消防电源。设置气体灭火系统的机房，应配置专用空气呼吸器或氧气呼吸器。

（3）移动式灭火器

建筑物内所有电力设备间均配置移动式磷酸铵盐干粉灭火器。配置型号、数量、位置参照《建筑灭火器配置设计规范》（GB 50140—2005）。

15.4 充电站

15.4.1 安装规模与设备选择

15.4.1.1 安装规模

站内充电桩区域规划2.5 m×6 m车位共3个，本期在3个车位上分别布置交流充电桩2台，每台7 kW；直流充电桩1台，60 kW，便于周边居民及电力工程车使用。

15.4.1.2 设备选择

（1）60 kW直流充电桩

1）安装方式

选用60 kW一体式直流充电机，采用落地式安装方式。

2）性能参数

环境温度：–20 ~ 50 ℃；

相对湿度：5% ~ 95%；

充电桩防护等级：IP54；

电源：AC380（±10%）V，50±1 Hz；

输出电压：DC200 ~ 400 V；

输出最大电流：150 A。

功率因数：≥ 0.95。

（2）7 kW 交流充电桩

1）安装方式

选用 7 kW 交流充电机，采用落地式安装方式。

2）性能参数

环境温度：−20 ~ 50 ℃；

相对湿度：5% ~ 95%；

充电桩防护等级：IP54；

电源：单相 AC（220 ± 10%）V，（50 ± 1）Hz；

输出电压：单相 AC（220 ± 10%）V；

输出最大电流：32 A。

功率因数：≥ 0.95。

（3）主要功能

充电机具备控制导引功能。

充电机具有与电池管理系统通信接口，获得电池管理系统的充电参数和充电实时数据。

充电控制器与计费控制单元通过接口通信，通信协议遵循国网公司《计费控制单元与充电控制器通信协议》技术要求。

充电机具有对每个充电接口输出电能进行计量的功能。电能计量装置符合国家计量器具检定相关要求。

充电机配置输入和显示设备。显示信息字符清晰、完整，不依靠环境光源即可辨认。具备运行状态、故障状态显示。

具备刷卡启动、停止功能。

具备充电连接异常时自动切断输出电源的功能。

具有根据电池管理系统（BMS）提供的数据，动态调整充电参数、自动完成充电过程的功能。

具备充电连接异常时自动切断输出电源的功能。

具备输出过压、欠压、过负荷、短路、漏电保护、自检功能。

具有实现外部手动控制的输入设备，可对充电机参数进行设定。

自带 APF 单元，补偿后功率因数应达到 0.95 以上。

15.4.2 设备布置

本期建设 3 个充电工位，配置 1 台一体式直流充电机和 2 台交流充电桩，所有充电桩均布置于公园内。考虑一机一充，即每台充电机可同时为 1 辆电动乘用车进行充电。

15.4.3 供电系统

（1）负荷统计

$$S=K\times\frac{P}{\cos\psi\times\eta}\times n\,, \qquad (15\text{-}1)$$

式中：P—充电机的输出功率，为 60 kW；η—功率因数，根据规程要求，应达到 0.9 以上，取 0.95；$\cos\psi$—充电机工作效率，高频开关整流充电机取 0.92；K—同时系数，取 1；n—充电机数量。

一体式直流充电机负荷容量：S=60 × 1 ÷ 0.95 ÷ 0.92=68.6 kVA。

交流充电桩总容量：S=7 × 2 ÷ 0.95 ÷ 0.92=16 kVA。

$S\sum$=68.6+16=84.6 kVA。

（2）滤波装置

每台一体式直流充电机自带 APF 单元，补偿后功率因数应达到 0.95 以上。

（3）电力电缆选型

0.4 kV 出线至一体式直流充电机采用 ZC-YJV-0.6/1.0-4 × 70 + 1 × 35 mm² 电缆，0.4 kV 出线至交流充电桩采用 ZC-VV22-0.6/1.0-3 × 10 mm² 电缆。

15.4.4 监控与通信

15.4.4.1 控制终端

内嵌在充电桩内，功能包括以下方面。

（1）人机交互功能

显示各状态下的相关信息，包括运行状态、充电电量、计费信息等；显示字符应清晰、完整，没有缺损现象，不依靠环境光源即可辨认。

具有外部手动设置参数和实现手动控制的功能和界面。

（2）计量功能

内部安装电能表，对充电桩输出电能量进行计量。

提供电能表现场检定的接口。

（3）刷卡付费功能

配备IC卡读卡装置，安装于充电桩内部，能够与充电桩内置电能表进行通信，配合IC卡实现充电控制及充电计费，配合国网充电卡实现统一支付功能。

15.4.4.2 监控系统

监控系统主要提供开放、简便的读取和备份数据的方式，存储设备运行的监测数据。本期监控系统监测数据通过桩内TCU无线上传至车联网平台。

15.4.4.3 安防系统

快充站内车位附近设置数字固定定焦摄像机1台，接入变电站安防系统。

15.4.5 计量

使用充电服务时，计量计费可按放电电量或按行驶里程方式进行计量，以充电过程中的电价为基础，综合考虑充电站服务和设施投资，设定放电价格单价（元/kW·h）。车辆每次进行换电结账时，以此次电池向汽车放电电量为基础，以放电单价为依据，对此次消费金额进行确认；交易完成后，将此次电池向车辆放电的计量数字清零，电池释放的总电量累加。

充电机具有对每个充电接口输出电能进行计量的功能。电能计量装置符合国家计量器具检定相关要求。电能计量装置具备RS485接口，通信接入计费控制单元，通信协议遵循《DL/T 645—2007 多功能电能表通信协议》技术要求。

15.4.6 土建

各充电桩做独立基础，基础上表面高于室外地坪200 mm，线缆埋管至变电站内。

15.5 光伏电站

15.5.1 太阳能资源分析

同第13章13.5.1内容。

15.5.2 光伏系统发电量分析及接入系统

结合区域内的建筑美观性，本阶段考虑在屋顶、栏杆建设光伏发电系统。本项目的光伏系统与建筑结构相协调，采用建材型的光伏组件，符合相应建筑材料或构件的技术要求。选用的光伏组件参数如表15-2所示。

表15-2 光伏组件技术参数

序号	太阳电池种类	屋顶光伏	光伏栏杆
1	太阳电池组件型号	320	130
2	峰值参数		
2.1	峰值功率（Wp）	320	130

续表

序号	太阳电池种类	屋顶光伏	光伏栏杆
2.2	开路电压（V）	44.2	108.8
2.3	短路电流（A）	9.31	1.65
2.4	工作电压（V）	36.09	86.8
2.5	工作电流（A）	9.01	1.5
3	组件尺寸（mm）	1645×985×6	1200×800
4	最大耐压（V）	1000	1000
5	太阳能电池组件效率（%）	19.8%	13.5%

根据光伏布置容量、光伏组件布置倾角和朝向不同时，选择具有多路最大功率跟踪功能的组串式逆变设备。接入同一最大功率跟踪回路的光伏组件串的电压、组件朝向、安装倾角、阴影遮挡影响等宜一致。

光伏方阵安装方式分为固定式、倾角可调式和跟踪式3类，根据太阳辐射资源、发电量、气候条件、使用环境、安装容量、安装场地面积和特点、负荷特性和运行管理方式等，经技术经济比较后进行选择固定式。采用固定式安装的优点是支架系统简单，安装方便，布置紧凑，节约场地。光伏组件随屋面平铺。光伏组件安装在建筑屋面，不影响建筑功能，与建筑协调一致，保持建筑统一和谐的外观。

结合本项目范围区域内的建筑分布情况，本阶段考虑在屋顶、护栏建设光伏发电系统。光伏发电系统充分考虑景观与建筑融合，体现绿色建筑和节能减排。

根据屋顶、栏杆情况，考虑采用两种光伏组件：屋顶采用异质结组件进行光伏发电系统布置，该组件单块功率为320 Wp，布置容量为38.4 kWp。屋顶配置2台20 kW DC/DC直流变换器。

栏杆采用汉墙组件进行光伏发电系统布置，该组件单块功率为130 Wp，布置容量为12.76 kWp。栏杆光伏系统配置一台12 kW DC/DC直流变换器。

光伏组件串联数量计算如式（15-2）所示。

$$\mathrm{INT}(V_{DCmin}/V_{mp}) \leqslant N \leqslant \mathrm{INT}(V_{DCmax}/V_{oc}), \quad (15\text{-}2)$$

式中：V DCmax—逆变器输入直流侧最大电压；V DCmin—逆变器输入直流侧最小电压；Voc—光伏组件开路电压；Vmp—光伏组件最佳工作电压；N—光伏组件串联数。

经计算得：在极端温度下，满足逆变器、接线箱等电气设备要求的情况，异质结组件串联数量N为：$7 \leqslant N \leqslant 19$（20 kW逆变器MPPT电压范围：200～1000 V，最大直流输入电压：1000 V DC），汉墙组件串联数量N为：$6 \leqslant N \leqslant 8$（8 kW逆变器MPPT电压范围：140～1000 V，最大直流输入电压最大直流输入电压：1000 V DC）。根据逆变器最佳输入电压及光伏组件工作环境等因素进行修正后，最终确定汉墙组件的串联数为7块/串，异质结组件的串联数为16块/串，根据实际布置可调整接入14块/串。

发电为自发自用型。经过计算得出本工程的理论年发电量和总的综合效率系数，从而计算出光伏电站的年上网电量及年利用小时，如表15-3所示。

表15-3　年平均上网电量及年利用小时数

序号	计算项目	栏杆	屋顶	合计
1	组件类型	汉墙组件	异质结	
2	组件功率（Wp）	130	320	
3	组件数量（块）	98	120	
4	组件使用寿命（年）	25	25	

续表

序号	计算项目	栏杆	屋顶	合计
5	布置方案	立面平铺	平铺	
6	倾角增强系数	-38.8%	-0.07%	
7	组件首年衰减系数	0.80%	2.00%	
8	多年平均衰减系数	89.60%	88.18%	
9	PR	79.6%	80.8%	
10	综合效率系数K	0.487	0.802	/
11	多年平均年太阳能辐射量（$kW \cdot h/m^2$）	1329.4		/
12	平均年利用小时数（h）	647	1066	/
13	可接入容量（kWp）	12.74	38.4	51.14
14	25年平均发电量（kW·h）	7385	360 960	368 345

光伏规划安装容量为51.14 kWp，按终期规模建设。光伏组件主要布置于屋面、栏杆，光伏所发直流电经2回线路接入站内直流微网。

15.5.3 电气一次

15.5.3.1 电气主接线

光伏规划安装容量51.14 kWp，其中汉墙每7块130 Wp串接后，每4串（或5串）分别接入1台12 kW DC/DC直流变换器；光伏组件每14块（或16块）320 Wp组件串接后，每4串接入1台20 kW DC/DC直流变换器；经直流汇流箱集后，接入±375 V直流微网母线。

15.5.3.2 主要电气设备选择

当采用交流并网上，主要电气设备有DC/DC直流变换器、直流汇流箱（表15-4）。

表15-4 主要电气设备

序号	名称	数量（台）	备注
1	DC/DC直流变换器12 kW ±375 V	1	室外布置，含电力载波/无线蓝牙功能
2	DC/DC直流变换器20 kW ±375 V	2	室外布置，含电力载波/无线蓝牙功能
3	直流汇流箱（4进1出）±375 V	1	室内布置，含电力载波/计量功能

（1）直流汇流箱

直流汇流箱用于汇集DC/DC直流变换器所发电能。每个DC/DC直流变换器回路配置单独的断路器保护。本项目中根据DC/DC直流变换器的数量，拟选用4进1出的直流汇流箱。同时，直流汇流箱应具有计量功能，配置电能计量表。

（2）电力电缆

通过热稳定校验、载流量校验、经济电流密度校验等计算，电缆选择如下。

光伏电池板（汉墙）组串之间，以及组串至DC/DC直流变换器之间的直流电缆拟选用的型号为：H1Z2Z2-K-0.6/1.0-1×4 mm^2；

DC/DC直流变换器至直流汇流箱之间的1 kV电力电缆拟选用的型号为：ZC-YJY23 -0.6/1.0- 2×25 mm^2；

直流汇流箱至直流微网母线断路器之间1 kV电力电缆拟选用型号为：ZC-YJY23-0.6/1.0-2×70 mm^2。

15.5.3.3 防雷接地及过电压保护

（1）接地

接地装置及设备接地按《交流电气装置的接地》《十八项电网重

大反事故措施》《建筑物防雷设计规范》（GB 50057—2010）的有关规定进行设计。

光伏组件边框之间采用 BVR-1×4 mm^2 软铜绞线等电位连接，两侧组件边框与檩条亦采用 BVR-1×4 mm^2 软铜绞线等电位连接，檩条边沿两侧采用 BVR-1×4 mm^2 软铜绞线与热镀锌扁钢螺栓连接，热镀锌扁钢再与屋面原有避雷带可靠连接，与原有屋顶防雷接地系统构成一个整体。按照规范，接地电阻 $R \leqslant 4\Omega$。

（2）防雷

考虑侵入雷电波对电气设备的影响，在 DC/DC 直流变换器、直流汇流箱各电气设备内加装了浪涌保护器作为电气设备的保护。对于直击雷，主要通过光伏组件的金属边框、金属支架及沿电缆槽盒的扁钢引至屋顶避雷带。

15.5.3.4 电气设备布置

光伏组件（汉墙）、DC/DC 直流变换器拟安装于屋顶；直流汇流箱拟安装于低压配电室内。

15.5.3.5 电缆敷设方式

电缆主要采用电缆槽盒及穿保护管方式敷设。

屋面光伏组件（汉墙）至 DC/DC 直流变换器的光伏专用电缆拟通过电缆槽盒敷设，DC/DC 直流变换器至直流汇流箱的交流电缆通过穿保护管方式敷设。

15.5.3.6 防火封堵

采用阻燃电缆和电缆构筑物分区封堵相结合的防火原则，并采取以下防火措施：动力电缆与控制电缆分层敷设；电缆构筑物中电缆引至电气盘、柜、箱或控制屏、台的开孔部位，电缆穿管间隙、楼板的孔洞处，均应实施阻火封堵。电缆沟道分支处、进出配电室入口处及所有室外电缆沟进入室内的孔洞、间隙均应实施阻火隔墙封堵。

15.5.4 二次系统

（1）设计依据和原则

本光伏电站工程属电力项目，在设计中将严格按照国家、行业的规程、规范和各种技术规定作为设计依据，同时根据太阳能光伏组件选型和相配套的电气主设备，作为电气二次设计的主要原则。另外，也要求遵循当地电力公司对光伏并网的技术规定和要求。

（2）监控系统

①接入系统要求。按照新能源发电项目的特点，待光伏发电项目报告交付业主单位，同时落实接入系统审批程序，在取得当地电力公司有关对本项目的接入方案意见后，将其意见进一步落实到本工程中。本阶段按照光伏电站工程的常规性进行设计。

②通信方式。本项目拟采用无线通信方式，配置 1 套无线采集终端装置。

③继电保护及安全自动装置。根据相应规程规范，结合本案例电气主接线，各设备保护配置如下。

④ DC-DC 变换器配置直流输入过 / 欠压保护、极性反接保护、输出过压保护、过流和短路保护、接地保护（具有故障检测功能）、绝缘监察、过载保护、过热保护、孤岛检测保护等功能。保护由设备厂家配套提供。

⑤汇流箱配有空气开关，当各光伏发电支路及系统过载或相间短路时，将断开空气开关。

⑥ ±375 V 供电断路器保护功能宜由配置的直流控制保护装置实现，具备电流速断保护、电流变化率保护、低压方向过流保护、过（低）电压保护和过负荷保护等功能。

⑦调度自动化。本项目暂按只需要上传发电量信息，不配置独立的远动系统考虑。具体以电网公司批复意见为准。

15.5.5 计量

本期项目在产权分界点设置计量表，电能计量装置的配置和技术要求应符合 DL/T448 和 DL/T614 的要求。电能表采用静止式多功能电能表，至少应具备双向有功和四象限无功计量功能、事件记录功能，配有标准通信接口，具备本地通信和通过电能信息采集终端远程通信的功能，电能表通信协议应符合 DL/T645 的相关要求。

15.5.6 电能质量

光伏发电系统并网点的低压波动和闪变值满足 GB/T12326、谐波值满足 GB/T14549、间谐波值满足 GB/T24337、三相电压不平衡度满足 GB/T15543 的要求，且并网点频率在 49.5 ~ 50.2Hz 范围内时，光伏发电系统应能正常运行。

15.5.7 土建部分

本案例各类光伏组件均附着于建筑物上，或作为建筑物构件的一部分，应与土建结构和建筑设计做好接口设计。

15.6 5G 基站

15.6.1 设备布置与安装

本案例为地下站方案。5G 基站考虑采用微站，天线布置在变电站地面，机柜采用户外结构就近布置。

15.6.2 外观风貌设计

本案例 5G 天线结合智慧灯杆布置，灯杆采用厂家成品成套设计，满足结构强度要求，设置独立基础布置于站区覆土绿化带内。

15.6.3 电气设计

5G 基站主设备应由通信 48 V 直流电源供电。

15.6.4 防雷与接地

5G 基站天线防雷由设备厂家自行考虑，机柜接地与变电站接地主网相连。

15.6.5 5G 应用

基于 5G 的高清视频监控及机器人巡检，包含变电站巡检机器人、视频监控、移动式现场施工作业管控、应急现场自组网综合应用等场景。

主要针对电力生产管理中的中低速率移动场景，通过现场可移动的视频回传替代人工巡检，避免了人工现场作业带来的不确定性，同时减少人工成本，极大提高运维效率。

例如，站内电力设备状态综合监控、安防巡视等需求，巡检机器人所巡视的视频信息受带宽限制大多保留在站内本地，并未能实时地回传至远程监控中心。利用 5G 技术的变电站巡检机器人可搭载多路高清视频摄像头或环境监控传感器，回传相关检测数据，数据需具备实时回传至远程监控中心的能力。未来可探索巡检机器人进行简单的带电操作，如刀闸开关控制等。

15.7 北斗地基增强站

本案例不设置北斗地基增强站，也不考虑北斗相关应用。

15.8 直流微网

15.8.1 电气一次

本案例直流微网系统包括直流 ±375 V 母线和直流 220 V 母线，直流 ±375 V 母线电能通过 AC/DC 变换器引自充电站交流 380 V 母线，直流 220 V 母线电能通过 DC/DC 变换器引自直流 ±375 V 母线。

本案例建设直流 ±375 V 母线，单母线接线，规划进线 1 回，引自 AC/DC 转换器直流 ±375 V 侧；建设直流母线出线 6 回，包括 2 回至光伏出线，1 回充电桩供电出线，1 回储能出线，1 回直流负荷出线（经 DC/DC 变换器为直流 220 V 母线供电）。

本案例建设直流 220 V 母线，单母线接线，规划进线 1 回，引自 DC/DC 变换器直流 220 V 侧；建设直流母线出线 2 回，包括 1 回至照明直流负荷，1 回至综合能源直流工作负荷。

充电站直流充电桩 1 台，电源引自直流 ±375 V 母线，容量 60 kW。

光伏电站馈出线共 2 路，均接入充电站直流 ±375 V 母线，容量分别为 38.4 kWp、12.76 kWp。

储能系统馈出线共 1 路，接入充电站直流 ±375 V 母线，容量为 50 kW。

照明直流负荷和综合能源直流工作负荷均接入直流 220 V 母线。

直流负荷统计如表 15-5 所示。

表 15-5 直流负荷统计

负荷类型	容量（kW）
直流充电桩（±375 V）	60
光伏系统（±375 V）	0
照明直流负荷（220 V）	20
综合能源直流工作负荷（220 V）	30
汇总	110

注：光伏系统容量为 0，表示正常工作时该回路无须从直流母线消耗电能。

根据上述统计情况，本案例 AC/DC 变换器容量取 110 kW，DC/DC 变换器容量取 60 kW。

通过将光伏、储能、充电桩、直流照明及其他直流负荷接入直流微网系统，形成直流微网“光—储—充”结构，实现了绿色清洁能源的就地生产、就地消纳。

15.8.2 电气二次

（1）直流微网保护系统

直流微网各间隔配置保护和测控装置，具备电流速断保护、电流变化率保护、低压方向过流保护、过（低）电压保护和过负荷保护等功能。

（2）直流微网控制与能量管理系统

①直流微网使用微网协调控制技术，采集微网源网荷储的信息并上传至能量管理系统；对微网内的源网荷储进行遥调遥控；执行上级控制下发的功率命令，进行分配下发。

②直流微网协调控制技术应具备并网和离网运行方式下的不同控制策略。直流微网运行方式切换时，通过通信或开关接点将模式切换指令发送给相关电源或保护测控装置；功率突变时快速控制储能出力，提高稳定性。

③直流微网能量管理系统全面整合能源控制参量及能量信息，实现多种能源协调控制和综合能效管理，实现对接入的光伏、储能、充电桩、低压直流配用电网架等运行监控、功率调控、统计分析等功能，建成多点接入、网络共享、需求感知的能源互联网。

能量管理系统主要功能，包括微网协调优化调度通过建立微网的多目标协调优化模型，利用各光伏的发电功率预测信息、微网负荷预测信息及微网实时运行状态，在考虑微网安全运行和微网设备运行约束条件下，对微网的电源、网络进行时空协调优化调度，给出优化后的储能充放电计划，优化调度计划曲线通过104规约，由通信管理机上送给能量管理系统。

15.9 智能多功能信息杆

本案例配置1套智能多功能信息杆，布置于站区门口。智能多功能信息杆配置5G基站、信息发布大屏幕、监控摄像头、气象传感器、路灯、太阳能电池板、小型风力发电机、储能电池等设备，实现实时发布消息、周边环境监控、气象信息监测、提供无线网络服务、路面照明、清洁能源自发自用等功能。

信息发布大屏幕尺寸推荐不小于460 mm × 960 mm（宽 × 高）；路灯灯具采用LED灯，功率不小于100 W；储能电池容量应满足满容量时可支持灯具工作24 h。

15.10 场景2市区地下主要图纸清单

表15–6 场景2市区地下主要图纸

图号	图纸名称
2–01	总平面布置图
2–02	站用电系统接线图
2–03	多站融合变电站监控系统网络结构图
2–04	多站融合变电站智能辅控系统结构图
2–05	数据中心站平面布置图
2–06	充电站平面布置图
2–07	光伏组件平面布置图

注：以上图纸详见附录。

第 16 章　场景 3 开放公园典型设计方案

16.1　融合设计原则

16.1.1　场地融合

本案例变电站本体采用常规户内地上站建设模式，为使变电站融合于公园整体环境，将整个公园向变电站屋顶方向起坡，使变电站屋顶在大形态上和公园连为一体，变电站本体周边的消防通道上方、主变散热器上方均采用在“绿地”中开孔的方式来解决消防问题、散热问题及采光问题。

多站融合综合楼独立建设，高度为 10 m 左右，控制在站本体高度以下，利用变电站周边公园坡地下的空间实现，布置开关站、配电所、数据中心、充电桩、智慧营业厅、综合能源服务中心、绿能健身体验馆、综合能源供应中心（水蓄冷蓄热、地源热泵）、应急保障及避难中心。

东侧机动车出入口与变电站共享共用，设备运输均通过东侧市政道路及电站消防车道完成，与公园内部道路零交叉。相邻公园为体育类主题公园，为市民健身休闲场所，公园通过堆土形成高低起伏的绿丘形态，建筑空间位于公园覆土之下，屋面绿地与公园整体设计，为内部活动场地的一部分，市民可以通过公园内部道路方便到达地下空间的无人智慧营业厅、绿能健身体验中心等向市民开放的区域。

光伏电站利用变电站最上层建构筑物的顶部布局。5G 基站则利用变电站的屋顶边角处设置天线及配套设备的安装位置。

16.1.2　建筑物融合

本案例由于利用的是公园下方的空间来建设融合站，故与站本体相对独立，但共享屋顶花园及地面消防和运输通道。综合楼高度略低于变电站高度 1 ~ 2 m，一来方便公园地表的起坡；二来防止综合楼喧宾夺主，不能凸显变电站的制高点。但也不宜过矮，以防覆土层太厚，造成综合楼建筑造价过高。

变电站屋顶上设置景观亭、展示厅等 3 个景观建筑小品并以廊连接为一个序列。顶部设置光伏发电用的汉瓦，实现光伏电站的发电功能。

考虑到本案例利用的都是公园下方空间，为保证 5G 基站服务范围的最大化，宜在公园制高点即变电站的屋顶边角处设置 5G 基站的安装位置。

16.1.3　消防系统融合

（1）消防泵房融合

在业主为同一家建设主体的前提下，可统筹考虑设置站内综合泵房，消防系统可按照各栋建筑综合考虑。两座及以上建筑合用消防给水系统时，应按其中一座设计流量最大者确定消防泵房面积和消防泵组数量。

（2）消防水池融合

消防用水分成两块：一块为建筑消防用消火栓系统用水，均可考虑由市政管网统一引接；另一块为主变压器和车库消防用水。由于变电站本体的水池在地下，而车库的消防泵房在地面，故考虑还是分散独立设置为宜，否则车库需专门把消防泵房也设置到地下。

如果两者合用，则所需消防用水的设计流量应由建筑的室外消火栓系统、室内消火栓系统、自动喷水灭火系统、水喷雾灭火系统等需要同时作用的各种水灭火系统的设计流量组成。合用消防水池容积应按需要同时作用的各种水灭火系统最大设计流量之和确定。

16.1.4　供电方式融合

考虑到本案例融合站站用电负荷较大，变压器数量较多，且建筑物为独立建筑，故考虑在综合楼内设置10 kV开关站。由变电站本体10 kV不同母线引接两路电源，同时鉴于A级数据中心供电可靠性的需要，由周边其他电源再引接两路10 kV进线。光伏电站布置在变电站屋顶，直接接入站用电低压380 V母线即可，5G基站分微站和宏站，微站由通信48 V电源供给，宏站由变电站站用电供给。

16.1.5　接地融合

融合站综合楼接地与变电站本体接地共用同一张接地网，采用地下敷设水平主接地网，配以若干垂直接地极，并通过若干接地联络线，将变电站主地网与融合站主地网可靠连接。

为保障设备运行安全可靠，各融合站二次装置、数据中心电子信息设备等均设置等电位铜排，与变电站等电位铜排一点连接，截面积与变电站等电位铜排保持一致。

16.1.6　防雷融合

由于本案例的两栋建筑主体均在公园下方，故只有露出公园地表的景观亭、展馆和长廊需要考虑防雷。

16.1.7　通信融合

①数据中心站对内业务服务时，优先利用变电站富余的光纤芯资源，且保证通信出口数量不少于2个，利用站内数据通信网设备接入电力信息内网。对外业务服务时，视情况可利用变电站富余的光纤芯资源或单独建立至外部通信节点的专用光缆，并按需配置1 ~ 2套专用通信设备，与电力通信网实现物理隔离。

②本案例为开放公园方案，5G天线部署在变电站屋顶，机柜如外用，则采用户外箱式布置在屋顶。如自用，可安装在变电站现有机房内，通过新增光缆作为信号回传线，并满足变电站相关规定；如变电站管廊光缆纤芯资源较为充裕，可利用管廊光缆作为信号回传线。

16.1.8　智能化系统融合

①变电站监控系统与光伏电站、充电站监控系统应具备通信功能，光伏电站调度自动化信息通过变电站数据通信网关机上送调度。

②变电站与融合站设置统一的智能辅助控制系统，集成火灾报警子系统、环境监控子系统、视频监控系统、安全防范子系统等，实现数据融合集成。门禁监控系统统一设置，分区分权管理。

③融合站消防系统主机应以硬接线方式接入变电站火灾报警主机，并与门禁系统统一联动。发生火情时，消防系统应同步告警，启动消防广播。

④根据电力系统对供电电能质量的监测要求，设置1套电能质量监测装置，用于监测变电站、数据中心站、光伏电站和充电站相关支路的电能质量。

⑤变电站设置1套时间同步系统，可接收北斗地基增强站的精确授时信号，可同时为数据中心站、光伏电站和充电站提供时钟同步信号。

16.2　变电站融合设计方案

16.2.1　电气一次

（1）供电负载需求

本案例中数据中心站为A类，需要至少3路电源，5G基站、北斗地基增强站需要稳定可靠的供电电源，宜由双重电源供电。光伏电站规模较小，通过1路接入变电站交流系统。融合站其他部分包括综合能源供应中心和充电站负荷都较大，需从10 kV开关站引出专用回路。变电站交流380 V母线负荷统计如表16–1所示。

表16–1　变电站交流380 V母线负荷统计

单元	负荷类型	容量（kW）	分支电源
数据中心用电	数据中心IT柜负荷	2300	按2N配置4路2000 kVA电源
	数据中心IT柜空调负荷	1000	
其他融合站用电	充电负荷	460	2路1000 kVA电源
	综合能源供应中心	550	
	综合能源服务中心	150	
	应急保障及避难中心	40	
	智慧营业厅	30	
	游泳健身馆	45	
	空调风盘及新风机组	200	
	汇总	4775	

（2）供电方案

变电站10 kV侧远景共有8段母线，本期4段，根据融合站综合楼的用电需求，供电电源等级应为10 kV。考虑由变电站10 kV Ⅰ段和Ⅲ段母线分别引一路电源至综合楼10 kV开关站。光伏电站接入和5G基站用电均由变电站站用电380 V母线供给。

（3）防雷

变电站屋顶光伏系统、5G基站、北斗地基增强站户外天线部分防雷由厂家自行考虑。综合楼为单独建筑，在公园覆土下方，上部空调室外机防雷由厂家自行考虑。两套系统仅在地下接地网处相连。

（4）接地

数据中心和充电站综合楼接地与变电站本体接地共用同一张接地网，两者通过若干接地联络线可靠连接。为保障设备运行安全可靠，各融合站二次装置、数据中心电子信息设备等均设置等电位铜排，与变电站等电位铜排一点连接，截面积与变电站等电位铜排保持一致。

16.2.2　电气二次

（1）监控系统

变电站一体化监控系统由站控层、间隔层、过程层设备，以及网络和安全防护设备组成。

光伏电站监控系统、充电站监控系统、数据中心站（自用）总控中心分别经防火墙接入变电站监控系统站控层安全Ⅱ区通信。光伏电站、充换电站后台遥信信息可通过变电站Ⅱ区数据通信网关机上送调度。自用的数据中心站总控中心信息通过变电站Ⅲ / Ⅳ区网关机和数据通信网上送至数据中心主站。

融合站的10 kV开关柜相关保护测控装置宜作为变电站间隔层设备，接入变电站间隔层网。

（2）辅控系统

总体上变电站与各融合站统一配置一套智能辅助控制系统，作为全站辅助设备的集中管控平台。数据中心及充电站综合楼配置的基础设施管理系统作为辅控系统的就地管理子系统。

总辅控系统下属需接入环境监测子系统、灯光控制子系统、火灾报警子系统、SF6监测子系统、安全防范子系统、在线监测子系统、风机控制子系统、水泵控制子系统、空调控制子系统等，实现对站内所有辅助设备的监视与控制。

变电站智能辅助控制系统与各辅助设备进行通信，采集信息后经过分析和处理后进行可视化展示，并将数据存入辅控后台。Ⅱ区数据通信网关机从辅控后台获取Ⅱ区数据和模型等信息，与主站进行信息交互，提供信息查询和远程浏览服务。

环境监测子系统、灯光控制子系统、火灾报警子系统、SF6 监测子系统、安全防范子系统、风机控制子系统、水泵控制子系统、空调控制子系统数据汇集到变电站智能辅助控制系统后，通过Ⅱ区通信网关机接入调度数据专网将信息上送到集控主站。

由于有人值班的变电站需设置消控室，考虑将消控室设置在融合站综合楼一层，内设整个融合站的消防主机，变电站本体的消防系统作为区域报警系统，两者通过通信线连接，并与门禁系统统一联动。发生火情时，消防系统应同步告警，启动消防广播。

视频数据接入综合数据网，信息上传至安全Ⅳ区的主站系统。

（3）电能质量监测

根据电力系统对供电电能质量的监测要求，变电站内设置 1 套电能质量监测装置，数据中心站、光伏电站和充电站内相关需要电能质量监测的支路均通过控缆将电流、电压信号接入变电站内电能质量监测装置，监测信息经综合数据网上传接入相关电能质量监测管理系统。

（4）关口计量

变电站主变高中低压侧，设置精度为 0.2S 级的关口计量表，双重化配置。220 kV 线路及 110 kV 线路配置独立的 0.5S 级电能表；10 kV 线路、电容器、站用变等均配置独立的电能表。所有电能表均模拟量采样。

变电站设电能量采集终端 1 台，负责采集电量信息，并通过电力调度数据网方式直接将采集的各电能计量表信息，发送至河北省调主站系统。

数据中心站、光伏电站和充换电站应配置具有通信功能的电能计量装置，电能量信息由变电站电能量采集终端统一采集。

（5）二次线缆通道

变电站与光伏电站、充换电站、数据中心站的监控系统、电能质量监测、电能量采集、对时等系统（设备）间的通信联系采用网线或光缆。按传输带宽速率需要，采用五类或超五类屏蔽双绞线、阻燃多模铠装光缆。网线、光缆宜穿管敷设于电缆桥架。

（6）时钟同步

综合楼开关站、充换电站、光伏电站的监控系统和数据中心站的总控中心通过变电站站控层Ⅱ区接收 SNTP 网络对时，其他间隔层设备接收变电站对时系统（可配置扩展时钟）的 SNTP 网络对时或 IRIG-B 码对时信号。

16.2.3 通信部分

（1）光纤通道

本变电站至对侧变电站建有 2 根 48 芯 /96 芯光缆，且满足 2 个不同通信出口，具备电力数据通信网设备。

数据中心与变电站融合，当对内业务服务时，利用变电站富余的光纤芯资源（2×2 芯）；对外业务服务时，视情况利用变电站富余的光纤芯资源（2×2 芯）或单独建立至外部通信节点的专用光缆（2 根不同路由的通信专用光缆）。

北斗基站的数据传输可使用站内 SDH 光传输设备转发至省级北斗卫星服务器。

5G 天线可通过新增光缆作为信号回传线，并满足变电站相关规定；如变电站管廊光缆纤芯资源较为充裕，可利用管廊光缆作为信号回传线。

（2）设备配置

本变电站已配置 2 套省网 10 G SDH 设备、2 套地网 10 G SDH 设备、1 套 OTN 设备及 1 套数据通信网设备，接入河北电力通信网及信息内网。

数据中心站对内提供服务时，以 GE 光接口方式接入数据通信网设备，从而接入电力信息内网，数据通信网设备应满足数据中心站接入需求。

数据中心站对外提供服务时，根据用户需求应在数据中心站配置1套或2套专用通信设备。

16.2.4 土建部分

（1）总平面布置

本案例总体分为两大块：220 kV 变电站本体及融合站综合楼（包括数据开关站、配电所、数据中心、充电桩、智慧营业厅、综合能源服务中心、绿能健身体验馆、能源供应站及应急保障及避难中心），光伏电站、5G 基站布置在变电站屋顶。

220 kV 变电站本体位于地块中心，西、南、北三侧消防道路环绕，东侧面向外部城市道路，也是变电站的出入口方向。

综合楼位于变电站北侧的坡地下，为两层布置，内部功能分区相对独立，并通过内部通道连接。综合楼向变电站站区内开设主要出入口，经由变电站内部道路系统与外部城市交通连接。其中，充换电站同时作为停车库使用，布置于一层，与东侧城市道路直连，方便车辆进出，避免与游览公园的人行流线产生交叉影响。

（2）站内道路

变电站本体与综合楼之间的运输及消防通道同时作为综合楼的疏散和消防通道。

（3）建筑及外观风貌

变电站本体及综合楼建筑均形体规整，根据各个房间不同的功能要求布置合理层高，同时通过合理的平面布局形成不同高度的建筑屋面，为设置屋顶休憩平台创造条件。

除被土坡覆盖的区域外，外墙大量采用不同色调和肌理的金属实墙板，利用材质的变化塑造虚实的相互穿插，为建筑立面创造了丰富的光影效果。实体体块响应了公众对电力企业安全、可靠、科技三方面的诉求；虚体体块则采用镂空砖花格，体现河北地方特色。在建筑色彩选择方面，从周边环境特征出发，采用暖色调，与周边建筑建立和谐与平衡的关系，更有机地融合于城市宜居宜业、自然和谐的优美生态环境。

（4）构筑物

变电站与融合站共用进站大门，宽度为6 m，大门处设电动遥控升降桩。变电站的地下污水处理设施均与综合楼合用。

（5）给排水

给水部分分为消防给水和生活给水，两者原则上均采用合用方式。由市政引入后分设水表，分别供变电站及综合楼用水。

综合楼的污、废水排至变电站污水排水系统，一并排至市政污水系统。雨水排水系统统一考虑。

（6）消防

变电站消防设施有两套系统：一套为室内外消火栓系统，和综合楼合用；另一套为主变水喷雾系统，无法实现大面积的覆盖，故无法取代综合楼的车库水喷淋。同时，考虑到综合楼的水喷淋泵房在地面布置，而变电站水池在地下布置，建议两者还是互相独立设置为宜。

两者的火灾报警系统主机合用，分系统各自独立。消防控制室设置在有人值班的融合站综合楼内。

16.3 数据中心站

16.3.1 设备布置

本案例为开放公园方案，利用的是公园覆土下方的空间，为提高资源利用率，数据中心和充电站合建一楼综合楼。数据中心所有设备均放在覆土下方一层。其中机柜间分成3间，共布置460面机柜。其余房间分别布置有两间配电室、两间UPS及蓄电池室、一间配线间、一间监控室、一间传输机房、一间气体钢瓶室及进排风机房等辅助房间。

综合楼内10 kV开关站和配电室布置在覆土下方二层。

16.3.2 电气设计

16.3.2.1 电气主接线

本期数据中心考虑与充电站及综合楼的自用电系统联合设置一座10 kV开关站，采用单母分段接线形式。根据A类数据中心的用电需求，配置4路进线，两路进线接于一段母线，另外两路进线接于二段母线，以保证供电可靠性。

根据工艺专业提资，本案例数据中心机柜设备用电负荷约2300 kW（5 kW/柜，共460面），冷却负荷约1000 kW，功率因数按补偿到0.95。即负载为3473 kVA左右。

按照A级数据中心2N配置原则，设置两组配电设备，各供230台机柜及其配套冷却设施。机柜负载与冷却负载共命运，每间配电间各需设置两台10/0.4 kV 2000 kVA干式变压器，分别接于两段10 kV母线上。每台干式变压器低压侧各带一段380 V交流母线，共4段380 V交流母线，两两互为备用。每段380 V交流母线均配置四路数据中心UPS电源、两路旁路电源及两路备用。

IT机柜空调负荷采用UPS系统供电，UPS供电采用2N容错系统，两组UPS互为备用，每组UPS均能承担100%负荷，平时承担50%的负荷。

UPS输出端采用TN–S系统。由UPS输出的双路电源需经两个分开的路径供电，双电源的IT设备采用双总线系统（2N）方式供电。

UPS蓄电池选用阀控式全密闭免维护铅酸蓄电池，单套系统后备时间按A级机房15分钟考虑。

IT机柜本体采用分布式锂电电源DPS系统供电，每列双路进线。

16.3.2.2 短路电流控制水平

10 kV、380 V短路电流水平分别按25 kA、63 kA考虑。

16.3.2.3 主要设备选型

数据中心配电变压器选用干式变压器，容量2000 kVA，接线组别采用Dyn11，阻抗电压6%，变比10（+2，−2）×2.5%/0.4 kV，10 kV开关柜采用中置式开关柜，内配真空断路器，10 kV进出线断路器额定电流均选择1250 A。开关柜具有充裕的电缆连接空间、完善可靠的五防连锁机构及短路关合能力和快速合闸接地开关。

站内0.4 kV侧采用单母线接线方式，设0.4 kV进线柜、0.4 kV馈线柜、0.4 kV分段柜。0.4 kV低压开关柜选用金属封闭抽出式开关柜，开关柜型号为MNS。柜内空气开关额定电流根据不同负荷功率进行选择，本期部分开关备用。低压电容器按每台主变600 kvar配置，柜式安装。

16.3.2.4 电气二次

（1）控制和监视方式

10 kV断路器的控制接线均采用模拟显示监视回路。

10 kV断路器采用就地控制，保护继电器安装在开关柜二次小室内。

10 kV电压互感器二次回路N相接地。

（2）自动化

开关站作为变电站10 kV系统的延伸部分，设就地自动化屏，遥测、遥信、遥控、遥调原则均与变电站保持一致。

1）自动化系统功能和配置原则

每个间隔保护测控装置分散布置于10 kV开关柜上。自动化屏配置间隔层4光20电交换机1台，用于变电站监控系统与保护测控装置通信。

2）自动化信息内容

模拟量：10 kV配电装置，楼用电400 V侧相关模拟量。

数字量：各类保护控制设备及机构动作、状态数字量（中断量、非中断量）。

开关量输出：10 kV 配电装置断路器、自切投退等。

（3）主要元件保护配置原则及设备选型

1）10 kV 进线保护

设有定时限过电流保护、光纤纵差保护。

2）10 kV 分段保护

设有定时限过电流保护、定时限零序过电流保护、备用电源自切装置。

3）10 kV 电缆线路

设有反时限过电流保护、定时限零序过电流保护、间隙性接地保护。

4）自动装置——10 kV 分段自动投切装置

在正常情况下，10 kV 四路进线电源分别供 7 路出线独立运行，分段断路器处于分闸位置。当一段母线上两路进线电源均出故障时，10 kV 分段开关自动投切。

（4）电能计量装置及电能量远方终端

10 kV 进出线电度表、分段电度表安装在 10 kV 开关室的电度表屏上，电度表信息通过 485 口接入电能量采集终端。根据电力系统对供电电能质量的监测要求，配置电能质量监测装置 1 套，用于监测电能质量。

（5）交直流电源系统

1）交流电源

开关站设置了 1 台楼用变，容量为 100 kVA，主要供全楼照明、风机、空调及消防等负荷的用电。

2）直流系统

开关站直流电源由变电站两段直流母线各引接一路电源。

16.3.3 网络和布线

（1）光纤通道

数据中心站至变电站应至少敷设 2 根联络光缆，分别为对内服务、对外服务提供光缆通道。

（2）设备配置

数据中心站对内提供服务时，以 GE 光接口方式接入数据通信网设备，从而接入电力信息内网，数据通信网设备应满足数据中心站接入需求。

数据中心站对外提供服务时，根据用户需求应在数据中心站配置 1 套或 2 套专用通信设备。

16.3.4 智能化系统

数据中心站设置总控中心和数据中心基础设施管理系统，总控中心根据具体需求可设置大屏显示系统、信号调度系统、话务调度系统、扩声系统、会议系统、对讲系统、中控系统等。数据基础设施管理系统下设设备监控系统、能效监管系统、机房动力与环境监控系统等智能化系统。另外，还需配置安全防范系统和火灾报警系统，其中安全防范系统和火灾报警系统经综合楼就地辅控分屏集成后接入变电站智能辅助控制系统。火灾报警系统设置在有人值班的消防控制室，和变电站火灾报警系统属于主从关系。

16.3.4.1 数据中心基础设施管理（DCIM）系统

数据中心基础设施管理（DCIM）系统通过统一的操作平台和统一的通信平台，完成对动力系统、环境系统等各子系统无缝数据集成，实时获取各子系统监控数据，通过对各子系统监控数据处理、分析及逻辑判断，实现上述各子系统的集中视图、集中监控、集中告警、集中数据分析和统一运维管理。对于各子系统集成，采用分布式部署、分散控制原则通过分布式部署系统采集网关，完成各子系统数据采集和分散控制交互，从而达到子系统之间的数据无阻塞交互、各子系统之间实现互通互联。

数据中心基础设施管理（DCIM）系统平台在总控中心机房监控。经防火墙接入变电站监控系统站控层安全Ⅱ区通信。信息通过变电站Ⅲ / Ⅳ区网关机和数据通信网上送至数据中心主站。

（1）DCIM 系统组成

DCIM 系统的网络结构分为 3 层，即数据采集处理层（对动环子系统、冷机群控子系统、低压配电设备、冷水机组、冷却塔、水泵、UPS、蓄电池、空调等进行数据采集）、综合管理层（数据库、存储设备和服务器等）和展示层（用户界面、监控大屏）。在数据采集层，通常采用 Modbus 协议或 RS-485 总线通过轮巡的方式对总线上的所有末端智能设备进行数据采集，并将轮询结果按照标准协议上报给数据库。

1）数据采集处理层

数据采集处理层设计为系统的数据入口，是系统管理所需基础设施数据的来源，其通过提供标准接口及协议。

2）综合管理层

综合管理层可提供以下服务：基础设施监控服务、能效管理服务、资产管理服务、容量管理服务、告警告知服务、移动巡检管理服务。通过对采集数据进行二次计算，形成上层管理所需的数据。随着数据中心管理成熟度的提高，增加功能模块扩展方式拓展运维管理功能，易满足数据中心管理需要，系统支持拓展增加工单管理等模块。

综合管理层相当于发布各种监视和管理的核心层，作为数据采集层和展示层之间的关键环节，DCIM 系统是发布上述服务功能的核心。

3）展示层

展示层提供丰富的展示媒介，包括移动终端、PC 浏览器等；提供 2D/3D 展示效果；提供友好的用户界面。随着应用设备的发展，根据应用需要，在应用层增加展示应用模块。

（2）DCIM 系统功能

1）统一监测

DCIM 系统将底层监控采集到的所有设备运行状态及运行参数展示在统一风格的页面上，通过电子地图对空间逻辑进行导航，可以查看到每一层级（数据中心、楼宇、楼层、机房、机柜列、机柜、设备）的运行监测情况；也可以通过子系统（电力子系统、环境子系统、安防子系统等）逻辑让对应的值守人员查看自己管辖范围内的设备运行情况。

2）能效管理

DCIM 系统通过精细化的能效管理，配合前端的能耗采集，能够监控每台耗电设备的能耗，并通过内置的能效分析工具，把 IT 设备与其他设备的能耗对比分析。

DCIM 系统可以对历史数据进行分析和处理，并给运维提出更合理的运行方式和运行参数建议，从而让运维变得更主动、更有效，大大提高数据中心的可靠性和运营效率。

3）能效展示

PUE（电源使用效率）值已成为国际上比较通行的数据中心电力使用效率的衡量指标。PUE 值是指数据中心消耗的所有能源与 IT 负载消耗的能源之比。PUE 值越接近于 1，表示一个数据中心的绿色化程度越高。PUE 是衡量一个机房是否节能的关键指标之一。

4）3D 展示

在系统中可动态地展示机房内重要设备的关键参数，展示方式有 2D 和 3D 展示模式。

5）警告功能

系统提供灵活多变的告警管理功能。

16.3.4.2　设备监控系统

系统监控范围包括：冷源系统（冷冻站）；空气调节系统；新风处理系统；送/排风系统（送/排风机和排烟/排风机）；给/排水系统（水箱、水池、水泵）；变/配电系统（高/低压柜）；智能照明系统；电梯系统（客梯、货梯、消防梯）。

系统采用互为备份的网络系统；系统单元交叉分配在互为备份的网络系统中，提高了系统的可靠性及安全性。后台配置双服务器，配置3列2行60寸液晶显示屏。

16.3.4.3　能效监管系统

本系统通过能源计量获得必要的能耗信息，并通过和其他系统的接口对设备设施运行状况、运行能效等相关参数进行收集、显示、报警等，供运行人员在设备设施运行时监视。通过能源管理系统软件的自控或人工操作实现调节控制功能，以及采取适当的维护维修措施，保证设备实施优化运行、可维护性与可用性；管理层通过定性和定量分析了解能源消耗状况及相关的报表图表；决策层根据能源分析报告调整中心运营策略。

能源计量主要采集电气仪表、水量表、热/冷量表等能耗数据，自动远程计量。

16.3.4.4　机房动力与环境监控系统

机房动力环境监测系统设计对机房内的重要设备状态和机房环境进行集中监测和管理。监控系统必须能全天24小时运行，自动故障报警监测。通过TCP/IP协议对机房专用设备进行实时监测。建立可扩充的整体平台，在满足现有需求的同时，满足以后不断增长的需求，实现方便的新设备、新系统在线接入。

机房动力与环境监控系统分为采集层、传输层、管理层。通过各种采集通信设备对机房环境参数和设备参数进行采集监控，监控对象包括UPS及电池、配电柜、精密配电柜、防雷监控、精密空调、漏水检测、温湿度监控、氢气检测、机柜微环境系统等。

系统显示建筑的基本信息、能耗监测情况、能耗分类分项情况。

系统可提供各监测支路的逐时原始读数列表。

系统可提供各监测支路的逐时、逐日、逐月、逐年能耗值（列表和图）。

系统可提供各类能耗报表、能耗分布图及各类图表展示方式。

系统可通过对PUE趋势报表（高峰时段与低谷时段、按不同季节）的分析，及时发现问题或能耗上升趋势，产生预/告警信息。

系统可提供异常报警及趋势预警、低能效预警等趋势分析预警功能。

系统可提供对标分析功能，根据需求设定行业标杆及预算指标等，进行对比分析，并结合系统监测数据，找出差距和原因。

系统可提供3D形式在控制室展示各楼层机房的3D效果，并结合设备监控查看到设备的具体位置及其运行状态等。

16.3.4.5　安全防范系统

安全防范系统主要包括以下子系统：视频安防监控系统、出入口控制系统、入侵报警系统。

（1）安全等级定义

针对机房区的不同功能区域，本项目安全保障定义为3个安全保障等级区域。

一级安全保障等级区，即每个数据机房。

二级安全保障等级区，即数据机房机电设备区、动力保障区。

三安全保障等级区，即楼层出入口。

对于不同安全级别的区域选择不同的安全防范技术手段。

1）一级安全保障等级区

数据机房所有模块机房门：

安装人脸识别机、摄像监控设备、双鉴报警设备。

所有出入口设防，门禁及红外报警系统联动。红外报警系统与摄像监控系统联动。按照设备机柜的排列方位，安装摄像监控设备，设备间通道设防。

2）二级安全保障等级区

机电设备区安装内外双向读卡器的电子门禁锁。

安保系统与消防报警系统联动。在紧急疏散时，为防止人员滞留在危险环境中，所有电子门锁在消防报警系统联动信号的触发下解锁。为了保密管理，机房内的摄像监控录像资料放置在调度大厅，由管理人员安全管理存放。

3）三级安全保障等级区

楼层出入口安装读卡器、摄像监控设备、双鉴报警设备。

在消防疏散楼梯安装单向门禁锁。设置在楼梯间内侧。

（2）视频监控系统

系统采用全数字化的网络视频监控系统，即从前端设备到末端设备均采用数字化设备的视频监控系统。具体配置为 IP 摄像机 + 传输网络 + 网络存储服务器 +IP 管理平台（包括操作、管理等）+ 数字电视墙。

视频监控系统根据数据中心的使用功能和安全防范要求，对数据中心内外的主要出入口、通道、电梯厅区域进行实时有效的视频探测，视频监视，图像显示、记录和回放。

一楼二次设备室设置服务器、存储设备、工作站等。

对于前端设备摄像机宜采用 1080P 高清摄像机。局部采用面部识别摄像机。

存储系统采用 IPSAN 形式，存储时间为 90 天。

（3）出入口控制系统

系统采用 TCP\IP 结构，要求能满足多门互锁逻辑判断、定时自动开门、刷卡防尾随、双卡开门、卡加密码开门、门状态电子地图监测、输入输出组合、反胁迫等功能需求。

出入口控制系统对进出数据机房各重要区域和各重要房间的人员进行识别、记录、控制和管理的功能。

本项目门禁系统门禁点位依据安防等级进行设计。数据机房的所有出入通道门，均安装电子门禁系统管理。在消防疏散楼梯安装单向门禁锁。设置在楼梯间内侧。在重要机房、消防保安控制室等处设置生物识别读卡器。

（4）入侵报警系统

系统采用总线型，报警主机设置在消防安防控制室内。在数据机房出入口、设备房间设置红外和微波双鉴探测器。

在设防状态下，当探测器探测到有入侵发生或触动紧急报警装置时，报警控制设备显示出报警发生的区域或地址。

对探测器进行时间段设定，在晚上下班时间、楼内工作人员休息时间及节假日设防，并与视频安防监控系统进行联动，有人出入时联动监视画面弹出，监测人员出入情况，及时发现问题防止不正常侵入，同时声光告警器告警。

在设防状态下，当多路探测器同时报警（含紧急报警装置报警）时，报警控制设备依次显示出报警发生的区域或地址。在撤防状态下，系统不对探测器的报警状态做出响应。

16.3.4.6　火灾自动报警及联动控制系统

综合楼设置消防控制室，管理综合楼域内的火灾报警信号和联动控制状态信号，所有风机、消防泵、快速排气阀启发联动控制硬线、消防电话线、消防广播线均引至消防主机。

消防控制室内设置火灾自动报警主机、联动控制盘、消防控制室图形显示装置、防火门监控器、消防电话主机、消防广播机柜、极早期烟雾报警主机及电源设备等。

除常规区域外，数据机房区域设置气体灭火系统及极早期烟雾报警系统。

所有设备布置及联动原则均满足《火灾自动报警系统设计规范》（GB 50116—2013）及《建筑设计防火规范》（GB 50016—2014）的要求。

16.3.5　建筑与装修

数据中心设于建筑二层，为一个防火分区，设置 4 部疏散楼梯。建筑平面和空间布局灵活，满足数据中心的工艺要求。建筑层高 4.5 ~ 4.9 m，主机房净高根据机柜高度、管线安装及通风要求确定。

①室内装修设计选用材料的燃烧性能应符合《建筑内部装修设计防火规范》（GB 50222）的有关规定。

②主机房室内装修，选用气密性好、不起尘、易清洁、符合环保要求、在温度和湿度变化作用下变形小、具有表面静电耗散性能的材料，不得使用强吸湿性材料及未经表面改性处理的高分子绝缘材料作为面层。

③主机房内墙壁和顶棚的装修应满足使用功能要求，表面应平整、光滑、不起尘、避免眩光，并减少凹凸面。

④地面采用防静电活动地板，高度 300 mm。活动地板下的地面和四壁装饰采用水泥砂浆抹灰，不起尘、不易积灰、易于清洁。

⑤门窗、墙壁、地（楼）面的构造和施工缝隙均采用密封胶封堵。

⑥顶棚采用普通涂料，简单装修。表面平整、不起尘。

16.3.6　采暖与通风

数据中心暖通设计时参照表 16-2 中室内参数标准。

表 16-2　数据中心室内设计参数

<table>
<tr><th colspan="2">房间名称</th><th>温度（℃）</th><th>相对湿度</th><th>备注</th></tr>
<tr><td rowspan="2">主机房</td><td>开机时</td><td>冷通道
18 ~ 27</td><td>≤ 60%</td><td rowspan="2">不结露
维持室内
10 Pa 正压</td></tr>
<tr><td>停机时</td><td>5 ~ 45</td><td>8% ~ 80%，露点温度≤ 27 ℃</td></tr>
<tr><td rowspan="2">辅助区</td><td>开机时</td><td>18 ~ 28</td><td>35% ~ 75%</td><td rowspan="2">不结露</td></tr>
<tr><td>停机时</td><td>5 ~ 35</td><td>20% ~ 80%</td></tr>
<tr><td colspan="2">UPS 配电间</td><td>25 ~ 30</td><td>/</td><td rowspan="2">不结露</td></tr>
<tr><td colspan="2">电池室</td><td>20 ~ 30</td><td>/</td></tr>
</table>

数据中心机房按照满足国家 A 级机房标准设计。空调制冷系统按照 N+X 冗余设计。系统设计以高安全性、高可靠性为前提，结合先进性与经济性，具备易维护性和可扩展性。

制冷系统：外机按 N+X 冗余设计，采用氟泵风冷直膨式空调系统，直接布置在室外，空调设备按极端最高干球温度 41.6 ℃选型。数据机房内部采用行间空调制冷形式，机柜内的设备为前进风、后出风方式冷却，机柜采用面对面、背对背的布置方式。机柜面对面布置形成冷风通道，做冷通道封闭，背对背布置形成热风通道，取得合理气流组织，提高空调设备的使用效率，降低空调设备的功耗。末端空调按 N+X 冗余设置。

新风系统：为维持机房与其他房间和室外正压，保证机房间的洁净度，同时满足人员卫生需求，设置新风系统。新风由新风机组处理后送至各机房，房间列间空调机组不承担新风负荷。新风系统冷、热源采用独立的风冷模块机组。新风系统设置过滤器，满足房间洁净要求。数据机房设置压差监控系统，压差与新风连锁，压差接入自控系统，压差计设置在机房外。

数据中心机房等设置气体灭火系统的房间，暖通专业配合设置火灾事故后排风系统，房间内设置下排风风口，按照通风换气次数不低于 6 次 /h 计算通风量。

电池间设置分体商用防爆空调，平时房间利用空调降温，维持设备房间的正常运行；房间同时设置事故排风系统，按照不低于 12 次 /h 的换气次数计算通风量。每个电池室安装氢气泄露检测系统，与暖通设备连锁，氢气泄露时开启通风风机强制排风并同时切断空调电源。

16.3.7 消防与安全

（1）室内外消火栓系统

数据中心需设置室内外消火栓系统，考虑与变电站合用。

（2）气体灭火系统

数据中心机房需设置气体灭火系统，布置专用气体钢瓶间，采用管网气体灭火系统。本工程设置 2 套气体灭火系统，各保护区采用组合分配系统保护。采用全淹灭方式灭火的区域，灭火系统控制器应在灭火设备动作之前，联动控制关闭房间内的风门、风阀，并应停止空调机、排风机，切断非消防电源。设置气体灭火系统的机房，应配置专用空气呼吸器或氧气呼吸器。

（3）移动式灭火器

建筑物内所有电力设备间均配置移动式磷酸铵盐干粉灭火器。配置型号、数量、位置参照《建筑灭火器配置设计规范》（GB 50140—2005）。

16.4 充电站

16.4.1 安装规模与设备选择

16.4.1.1 安装规模

充电桩区域规划 2.5 m × 6.0 m 车位共 39 个，配置 17 个充电桩，布置 60 kW 直流充电桩 9 台及 7 kW 交流充电桩 8 台。

16.4.1.2 设备选择

（1）60 kW 直流充电桩

1）安装方式

选用 60 kW 一体式直流充电机，采用落地式安装方式。

2）性能参数

环境温度：–20 ~ 50 ℃；

相对湿度：5% ~ 95%；

充电桩防护等级：IP54；

电源：AC（380 ± 10%）V，（50 ± 1）Hz；

输出电压：DC200 ~ 400 V；

输出最大电流：150 A。

功率因数：≥ 0.95

（2）7 kW 交流充电桩

1）安装方式

选用 7 kW 交流充电机，采用落地式安装方式。

2）性能参数

环境温度：–20 ~ 50 ℃；

相对湿度：5% ~ 95%；

充电桩防护等级：IP54；

电源：单相 AC（220 ± 10%）V，（50 ± 1）Hz；

输出电压：单相 AC（220 ± 10%）V；

输出最大电流：32 A。

功率因数：≥ 0.95

（3）主要功能

充电机具备控制导引功能。

充电机具有与电池管理系统通信接口，获得电池管理系统的充电参数和充电实时数据。

充电控制器与计费控制单元通过接口通信，通信协议遵循国网公司《计费控制单元与充电控制器通信协议》技术要求。

充电机具有对每个充电接口输出电能进行计量的功能。电能计量装置符合国家计量器具检定相关要求。

充电机配置输入和显示设备。显示信息字符清晰、完整，不依靠环境光源即可辨认。具备运行状态、故障状态显示。

具备刷卡启动、停止功能。

具备充电连接异常时自动切断输出电源的功能。

具有根据电池管理系统（BMS）提供的数据，动态调整充电参数、自动完成充电过程的功能。

具备充电连接异常时自动切断输出电源的功能。

具备输出过压、欠压、过负荷、短路、漏电保护、自检功能。

具有实现外部手动控制的输入设备，可对充电机参数进行设定。

自带 APF 单元，补偿后功率因数应达到 0.95 以上。

16.4.2 设备布置

本期建设 17 个乘用车充电工位，配置 9 台一体式直流充电机和 8 台交流充电桩，所有充电桩均布置于车库内。考虑一机一充，即每台充电机可同时为 1 辆电动乘用车进行充电。

16.4.3 供电系统

本期配置 2 台容量为 1000 kVA 的干式变压器分别向充电站和综合楼除数据中心以外的负荷供电，上级电源来自综合楼 10 kV 开关站。

16.4.3.1 负荷统计

（1）一体式直流充电机总容量

$$S=K\times\frac{P}{\cos\psi\times\eta}\times n\text{ ,}\qquad(16\text{–}1)$$

式中：P—充电机的输出功率，为 60 kW；$\cos\psi$—功率因数，根据规程要求，应达到 0.9 以上，取 0.95；η—充电机工作效率，高频开关整流充电机取 0.92；K—同时系数，取 0.65。

S=0.65 × 60 × 9 ÷ 0.95 ÷ 0.92=401.6 kVA。

（2）交流充电桩总容量

$$S=K\times\frac{P}{\cos\psi\times\eta}\times n\text{ ,}\qquad(16\text{–}2)$$

式中：P—充电机的输出功率，为 7 kW；$\cos\psi$—功率因数，根据规程要求，应达到 0.9 以上，取 0.95；η—充电机工作效率，高频开关整流充电机取 0.92；K—同时系数，取 0.65。

S=0.65 × 7 × 8 ÷ 0.95 ÷ 0.92=41.6 kVA。

（3）其他设施负荷（除充电机外）

安防系统等其他设备负荷约 20 kW，配置系数取 0.8 计算。

S=0.8 × 20 ÷ 0.95=16.8 kVA。

（4）总负荷

S $\sum$ =401.6+41.6+16.8=460 kVA。

（5）滤波装置

每台一体式直流充电机自带 APF 单元，补偿后功率因数应达到 0.95 以上。

16.4.3.2 短路电流控制水平

10 kV、380 V 短路电流水平分别按 25 kA、50 kA 考虑。

16.4.3.3 电力电缆选型

0.4 kV 出线至一体式直流充电机采用 ZC–YJV–0.6/1.0–4 × 70 +

1 × 35 mm² 电缆，至交流充电桩总配电箱采用ZC–YJV–0.6/1.0–4 × 70 + 1 × 35 mm² 电缆；交流充电桩总配电箱至交流充电桩采用ZC–VV22–0.6/1.0–3 × 10 mm² 电缆。

16.4.4 监控与通信

16.4.4.1 控制终端

内嵌在充电桩内，功能包括以下方面。

（1）人机交互功能

显示各状态下的相关信息，包括运行状态、充电电量、计费信息等；显示字符应清晰、完整，没有缺损现象，不依靠环境光源即可辨认。具有外部手动设置参数和实现手动控制的功能和界面。

（2）计量功能

内部安装电能表，对充电桩输出电能量进行计量。提供电能表现场检定的接口。

（3）刷卡付费功能

配备IC卡读卡装置，安装于充电桩内部，能够与充电桩内置电能表进行通信，配合IC卡实现充电控制及充电计费，配合国网充电卡实现统一支付功能。

16.4.4.2 监控系统

监控系统主要提供开放、简便的读取和备份数据的方式，存储设备运行的监测数据。本期监控系统监测数据通过桩内TCU无线上传至车联网平台。

16.4.4.3 安防系统

快充站内需配置一套视频监视及技防系统，视频监视及技防系统由摄像机、连接电缆、监控屏柜、嵌入式硬盘录像机、液晶显示器、报警主机、综合电源、网路交换机、监控终端等设备组成。以达到以下目标：

①监视充换电站室外区域内场景情况；

②监视充电站室内充电桩场景情况；

③实现电动汽车充电站防盗自动监控。

本期充电柱配置4台数字固定定焦摄像机和1台硬盘录像机，用以对充电区域设备和车辆的监视。摄像头选用固定枪机，安装于车库顶部构件上；硬盘录像机等终端设备安装于配电间内。

16.4.5 计量

使用充电服务时，计量计费可按放电电量或按行驶里程方式进行计量，以充电过程中的电价为基础，综合考虑充电站服务和设施投资，设定放电价格单价（元/kW · h）。车辆每次进行换电结账时，以此次电池向汽车放电电量为基础，以放电单价为依据，对此次消费金额进行确认；交易完成后，将此次电池向车辆放电的计量数字清零，电池释放的总电量累加。

充电机具有对每个充电接口输出电能进行计量的功能。电能计量装置符合国家计量器具检定相关要求。电能计量装置具备RS485接口，通信接入计费控制单元，通信协议遵循《DL/T 645—2007 多功能电能表通信协议》技术要求。

16.4.6 土建

（1）建筑

①汽车库总停车数为43辆，设置于地面一层，建筑面积1896 ㎡，按《建筑设计防火规范》（GB 50016）和《 汽车库、修车库、停车场设计防火规范》（GB 50067）的有关规定，本项目车库定性为Ⅳ类车库。

②新建汽车库内配建的分散充电设施在同一防火分区内集中布置，设置独立的防火单元，充电车位防火单元的建筑面积不超过1500 m²。

③防火单元应采用耐火极限不小于2.0 h的防火隔墙及防火卷帘与汽车库其他部位分隔。

④防火隔墙上开设相互连通的门，采用耐火等级不低于乙级的防

火门。

（2）消防

①停车库设置在数据中心正下方，需设置自动喷水灭火系统。净空高度不大于8 m，按中危Ⅱ级考虑，设计流量为30 L/s。在消防泵房内设置水喷淋加压系统，包括两台喷淋主泵（一主一备）、两台稳压泵（一主一备）和一台气压罐。喷淋主泵的参数为：Q=30 L/s，H=40 m，N=22 kW；喷淋稳压泵的参数为：Q=1 L/s，H=45 m，N=1.1 kW；气压罐系统有效容积为2 m^3。消防水池容量按一次灭火用水量108 m^3考虑。

②室内外消火栓系统由变电站统一考虑，分别从室内外消火栓管网引接。

停车库设置室内消火栓箱，箱内配置室内消火栓、消防水枪、消防龙带消防水泵的启动按钮，消火栓栓口直径为65 mm，消防龙带长度为25 m。室内消火栓系统宜配置消防软管卷盘。

停车库内配置移动式磷酸铵盐干粉灭火器。配置型号、数量、位置参照《建筑灭火器配置设计规范》（GB 50140—2005）。

③火灾报警。车库及泵房区域设置常规点型感烟探测器。所有设备布置及联动原则均满足《火灾自动报警系统设计规范》（GB 50116—2013）及《建筑设计防火规范》（GB 50016—2014）的要求。

（3）暖通

地下车库采用自然进风、机械排风的通风方式，进风考虑依靠车库直通室外的入口负压吸入考虑；在车库层内设置排风机房，排风量按照排除CO的稀释浓度法与车库全面通风换气所需的换气次数两者计算值中较大值确定。同时车库设置机械排烟系统，与正常通风系统合用，车库层高约5 m，根据《汽车库、修车库、停车场设计防火规范》（GB 50067—2014）的相关要求，车库排烟量不小于33 000 m^3/h。设计时考虑在机房内设置一套双速离心风机，高速作为排烟，低速作为正常通风用，通过管道将房间内烟气（或废气）排至室外，排烟补风同样考虑由车库入口自然补风。

16.5 光伏电站

16.5.1 太阳能资源分析

同第13章13.5.1内容。

16.5.2 光伏系统发电量分析及接入系统

结合本项目范围区域内的建筑美观性，本阶段考虑在屋顶、连廊建设光伏发电系统。本项目的光伏系统与建筑结构相协调，采用建材型的光伏组件，符合相应建筑材料或构件的技术要求。选用的光伏组件参数如表16–3所示。

表16–3 光伏组件技术参数

序号	太阳电池种类	光伏瓦组件	透光组件
1	太阳电池组件型号	30	76
2	峰值参数		
2.1	峰值功率（Wp）	30	76
2.2	开路电压（V）	10.16	121
2.3	短路电流（A）	4.45	1.01
2.4	工作电压（V）	7.79	97
2.5	工作电流（A）	3.87	0.79
3	组件尺寸（mm）	700×500×35	1300×1100×10.34
4	最大耐压（V）	1000	1000
5	太阳能电池组件效率（%）	8.57	8.98

根据光伏布置容量、光伏组件布置倾角和朝向不同时，选择具有

多路最大功率跟踪功能的组串式逆变设备。接入同一最大功率跟踪回路的光伏组件串的电压、组件朝向、安装倾角、阴影遮挡影响等宜一致。

逆变器根据型式、额定功率、相数、频率、冷却方式、功率因数、过载能力、温升、效率、输入输出电压、最大功率跟踪、保护和监测功能、通信接口、防护等级等技术条件进行选择。光伏逆变器的性能符合《光伏发电并网逆变器技术要求》（GB/T 37408—2019）的规定。

光伏方阵安装方式分为固定式、倾角可调式和跟踪式 3 类，根据太阳辐射资源、发电量、气候条件、使用环境、安装容量、安装场地面积和特点、负荷特性和运行管理方式等，经技术经济比较后选择固定式。采用固定式安装的优点是支架系统简单，安装方便，布置紧凑，节约场地。光伏组件随屋面平铺。光伏组件安装在建筑屋面，不影响建筑功能，与建筑协调一致，保持建筑统一和谐的外观。

结合本项目范围区域内的建筑分布情况，本阶段考虑在屋顶、护栏建设光伏发电系统。光伏发电系统充分考虑景观和与建筑融合，体现绿色建筑和节能减排。

根据展馆屋顶、连廊的屋面情况，考虑采用两种光伏组件：屋顶采用光伏瓦组件进行光伏发电系统布置，该组件单块功率为 30 Wp，布置容量为 6.08 kWp。展馆屋顶北侧、南侧各配置一台 10 kW 组串式逆变器。展馆东侧、西侧屋顶各配置一台 5 kW 组串式逆变器。

连廊采用欧瑞康 20% 透光组件进行光伏发电系统布置，该组件单块功率为 76 Wp，布置容量为 36.54 kWp。连廊光伏系统配置一台 6 kW 组串式逆变器。

光伏组件串联数量按式（16–3）计算。

$$\mathrm{INT}(V\,DCmin/Vmp) \leqslant N \leqslant \mathrm{INT}(V\,DCmax/Voc) \quad (16\text{–}3)$$

式中：V DCmax—逆变器输入直流侧最大电压；V DCmin—逆变器输入直流侧最小电压；Voc—光伏组件开路电压；Vmp—光伏组件最佳工作电压；N—光伏组件串联数。

经计算得：在极端温度下，满足逆变器、接线箱等电气设备要求的情况，欧瑞康组件串联数量 N 为：$2 \leqslant N \leqslant 4$（5 kW 逆变器 MPPT 电压范围：100 ~ 500 V，最大直流输入电压：580 V DC），光伏瓦组件串联数量 N 为：$20 \leqslant N \leqslant 49$（10 kW 逆变器 MPPT 电压范围：140 ~ 1000 V，最大直流输入电压：1000 V DC）。根据逆变器最佳输入电压及光伏组件工作环境等因素进行修正后，最终确定欧瑞康组件的串联数为 4 块 / 串，光伏瓦组件的串联数为 49 块 / 串，根据实际布置可调整接入 42 块 / 串。

本项目发电为自发自用型。经过计算得出本工程的理论年发电量和总的综合效率系数，从而计算出光伏电站的年上网电量及年利用小时数，如表 16–4 所示。

表 16–4　年平均上网电量及年利用小时数

序号	计算项目	连廊	展馆屋顶	合计
1	组件类型	欧瑞康组件	光伏瓦	
2	组件功率（Wp）	76	30	
3	组件数量（块）	80	1218	
4	组件使用寿命（年）	25	25	
5	布置方案	平铺	平铺	
6	倾角增强系数	–4.3%	–0.07%	
7	组件首年衰减系数	2.00%	0.80%	/
8	多年平均衰减系数	88.18%	89.60%	
9	PR	81.2%	80.8%	
10	综合效率系数 K	0.777	0.802	/
11	多年平均年太阳能辐射量（$kW \cdot h/m^2$）	1329.4		/

续表

序号	计算项目	连廊	展馆屋顶	合计
12	平均年利用小时数（h）	1033	1066	/
13	可接入容量（kWp）	6.08	36.54	42.6
14	25 年平均发电量（kW·h）	5538	34 900	40 438

本项目光伏规划安装容量为 42.6 kWp，按终期规模建设。光伏组件（瓦片）主要布置于展馆及连廊上方，光伏所发直流电经组串式逆变器逆变为与电网同频率、同相位的正弦波交流电后，就近接至变电站站用 380 V 母线。

16.5.3 电气一次

16.5.3.1 电气主接线

太阳能通过光伏组件（瓦片）转化为直流电力，再通过逆变器将直流电能转化为与电网同频率、同相位的正弦波电流后，最终以 380 V 电压等级并入变电站站用电系统。

本项目光伏规划安装容量为 42.6 kWp，其中瓦片光伏每 42 块（或 49 块）30 Wp 瓦片光伏串接后，每 4 串（或 9 串）分别接入 1 台 5 kW（或 10 kW）组串式逆变器；光伏组件每 4 块 76 Wp 组件串接后，每 20 串接入 1 台 6 kW 组串式逆变器；经交流汇流箱汇集后，接入站用 380 V 低压母线。

16.5.3.2 主要电气设备选择

本项目主要电气设备有组串式逆变器、交流汇流箱。

主要电气设备如表 16-5 所示。

表 16-5 主要电气设备

序号	名称	数量（台）	备注
1	组串逆变器 5 kW 380 V	2	室外布置
2	组串逆变器 6 kW 380 V	1	室外布置
3	组串逆变器 10 kW 380 V	2	室外布置
4	交流汇流箱（6 进 1 出）380 V	1	室内布置，含计量功能

（1）组串式逆变器

本项目中，各屋面距离并网点较近。考虑到组串配置灵活性及不同光照条件下适应性，同时考虑施工安装、运行维护的便捷性，推荐采用单台容量较小的组串式逆变器，组串式逆变器具有多路 MPPT 功能，可提高弱光条件下的发电效率。因此，根据组串配置，本项目采用容量为 5 kW、6 kW、10 kW 的组串式逆变器，出口电压等级均为 0.38 kV。

（2）交流汇流箱

汇流箱用于汇集组串式逆变器所发电能。交流汇流箱具有对光伏组串进行电流监测及报警功能，每个逆变器回路配置单独的断路器保护。本项目中根据组串式逆变器的数量，拟选用 6 进 1 出的交流汇流箱。同时，汇流箱应具有计量功能，配置电能计量表。

（3）电力电缆

通过热稳定校验、载流量校验、经济电流密度校验等计算，电缆选择如下。

光伏电池板（瓦片）组串之间，以及组串至组串式逆变器之间的直流电缆拟选用的型号为：H1Z2Z2-K-0.6/1.0-1 × 4 mm^2；

组串式逆变器至交流汇流箱之间的 1 kV 电力电缆拟选用的型号为：ZC-YJY23 -0.6/1.0- 4 × 16 mm^2；

交流汇流箱至低压母线断路器之间 1 kV 电力电缆拟选用型号为：ZC-YJY23-0.6/1.0-3 × 25+1 × 16 mm^2。

16.5.4 二次系统

本案例光伏发电为低压并网，且为自发自用，无专用二次设备。并网断路器具备短路瞬时、长延时保护功能和分励脱口、欠压脱口功能。逆变器具备极性反接保护、短路保护、孤岛效应保护、过热保护、过载保护、接地保护、低电压穿越、高电压穿越等，装置异常时自动脱离系统。

16.5.5 土建部分

本案例采用的是建筑一体化光伏发电设备，故无土建工作。

16.6 5G基站

16.6.1 设备布置与安装

本案例为开放公园方案，变电站本体及综合楼都在公园下方。5G基站考虑采用微站，天线布置在变电站屋顶边沿部分，机柜采用户外结构就近布置在天线附近。

16.6.2 外观风貌设计

5G天线的塔桅结构由厂家成套设计，要求与建筑设计、公共设计、景观设计融合统一。在保障建（构）筑物安全的前提下力求美观，符合城市景观及市容市貌要求，并与建筑物和周边环境相协调。

16.6.3 电气设计

本案例5G基站为微站，功率仅几百瓦，电源由通信48 V电源供电。

16.6.4 防雷接地

5G基站天线防雷由设备厂家自行考虑，机柜接地与变电站接地主网相连。

16.6.5 5G应用

基于5G的高清视频监控及机器人巡检：包含变电站巡检机器人、视频监控、移动式现场施工作业管控、应急现场自组网综合应用等场景。

主要针对电力生产管理中的中低速率移动场景，通过现场可移动的视频回传替代人工巡检，避免了人工现场作业带来的不确定性，同时减少人工成本，极大提高运维效率。

例如，站内电力设备状态综合监控、安防巡视等需求，巡检机器人所巡视的视频信息受带宽限制大多保留在站内本地，并未能实时地回传至远程监控中心。利用5G技术的变电站巡检机器人可搭载多路高清视频摄像头或环境监控传感器，回传相关监测数据，数据需具备实时回传至远程监控中心的能力。未来可探索巡检机器人进行简单的带电操作，如刀闸开关控制等。

16.7 北斗地基增强站

本案例不设置北斗地基增强站，也不考虑北斗相关应用。

16.8 冷热能源应用

本案例以运行降低初投资、运行费用，提高系统稳定性及维护的方便性为原则，给出合理、经济的系统设计方案和运行调节方案。空调冷热源选择地埋管形式的地源热泵系统，夏季供冷冬季供热。采用水蓄冷（热）空调既可减少主机的装机容量和地埋管数量，降低项目初投资；通过双蓄机组的储能方式，可以节约运行费用及配合电网侧的移峰填谷政策。地源热泵机组供冷的同时可以回收部分比例的冷凝热，能够为泳池等需要热水的场所提供热量，凸显一机多用的同时，又能实现绿色环保的设计理念。

系统设计供回水温度（泳池冬季补热部分由电锅炉实现）：

水蓄冷系统供回水温：7/12 ℃，蓄冷温差：ΔT=5 ℃；

水蓄热系统供回水温：45/40 ℃，蓄热温差：ΔT=5 ℃；

地源热泵运行模式主要分为以下几种工况：①地源热泵蓄冷，夏季模式；②地源热泵供冷，夏季模式，蓄冷支路关闭；③地源热泵蓄热，冬季模式；④地源热泵供热，冬季模式，蓄热支路关闭；⑤联合供冷，夏季模式，蓄冷支路阀门调节；⑥联合供热，冬季模式，蓄热支路阀门调节；⑦热回收模式：通过蓄热水箱内的温度变化要求，调节进入热回收水箱的冷凝热。

剧村站附属设施工程空调系统采用地源热泵空调系统。根据负荷计算夏季冷负荷约为 650 kW，冬季热负荷约为 600 kW；设计采用 2 台地源热泵机组用于冬季制热和夏季制冷，机房主要设备如表 16–6 所示。

表 16–6　机房主要设备

名称	规格型号	单位	数量
热回收型地源热泵机组	制冷量：247 KW，制热量 / 热回收：264 KW；制冷输入功率 43 kW，制热输入功率 56 kW	台	2
地源水泵	L=50 m^3/h，H=32 m，N=7 kW	台	3
末端水泵	L=60 m^3/h，H=36 m，N=11 kW	台	3
热回收水泵	L=60 m^3/h，H=32 m，N=9 kW	台	3
释冷水泵	L=60 m^3/h，H=36 m，N=11 kW	台	3
释热水泵	L=60 m^3/h，H=36 m，N=11 kW	台	3
蓄能水槽	有效容积 250 m^3	座	1
地能井	120 深双 U 地能井	口	120

空调水系统设置全自动软水器和定压补水装置，用于地源热泵空调系统补水，由气压罐定压，根据定压信号补水和定压。

地源热采用地埋管地源热泵系统形式，通过对工程场地浅层地热能资源及工程场内区岩土体地质条件进行勘察设置地能井，地能井设置时应考虑结构形式及以便于排管和保证有效换热为原则。地源侧管道为高密度聚乙烯管 HDPE（材料等级为 PE100），承压不应小于 1.7 MPa。

设置地源热泵优化控制系统，实现对整个机房内的供回水压力、温度等数据的实时采集和处理，并根据相应的优化算法实现对地源热泵主机、热源水循环泵、系统水循环泵、热回收水泵等设备进行智能控制，在维持系统室温合理的同时实现系统节能运行，保证夏季制冷、冬季制热和泳池补热均运行在较高能效水平。

地源热泵优化控制系统应实现水泵变频控制、蓄水罐内水温变化、冷量变化，以及机组运行侧率、水泵自动投切、定时启停控制、热泵机组群控、设备运行参数优化和能效分析及监视功能。

16.9　城市智慧能源管控系统（CIEMS）

同第 13 章第 13.10 节内容。

16.10　公园市政配套服务设施

16.10.1　无人智慧营业厅

营业厅位于地下二层，建筑面积 369 m^2，通过入口大堂直通公园地面，利用先进的物联网、5G 技术、智能机器人为市民提供便捷的电力全过程服务。

16.10.2　绿能健身体验馆

体验馆位于地下二层，建筑面积 1072 m^2，包含游泳馆及健身两块区域，建设 12.5 m × 25 m 的游泳馆，本功能作为体育公园功能定位的延伸，完善体育类别选项，作为公园配套附属设施，补充丰富了周边居民的业余生活，利用覆土建筑的优势达到节能减排、服务公众的目标。

泳池包括水处理系统、五集一体恒温除湿系统、淋雨热水系统。

16.10.3 综合能源服务中心

本功能区建筑面积 1366 m^2，位于地下二层，本着“创新、协调、绿色、开放、共享”的五大发展理念要求，通过大屏和电子模型相结合的方式展示智慧城市，全面展示能源互联网建设成果，展示 5G 与车联网、充电桩、智慧灯杆等先进技术；感受能源服务带来的便捷，为周边居民提供健身、休闲娱乐、参观体验等配套服务，同时为周边居民提供便捷的业务办理和应急医疗救助等便民服务。

16.10.4 应急保障及避难中心

为了更有效、更便捷地保障服务人民正常生活、服务社会用能，考虑以周围安居房为主，配套建设应急保障中心，建筑面积约 361 m^2。充分利用先进的能源互联网技术，最大限度地发挥应急中心的保障功能，同时配备部分应急物资，准确、高效地处理抢险、抢修事件。

16.11 场景 3 开放公园主要图纸清单

表 16–7 场景 3 开放公园主要图纸

图号	图纸名称
3–01	总平面布置图
3–02	多站融合变电站一层平面布置图
3–03	多站融合变电站二层平面布置图
3–04	多站融合变电站屋顶平面布置图
3–05	多站融合变电站立面图
3–06	多站融合变电站配电系统接线图
3–07	变电站站用电接线图
3–08	光伏发电系统电气接线图
3–09	光伏组件平面布置图
3–10	多站融合变电站监控系统网络结构图
3–11	多站融合变电站智能辅控系统结构图

注：以上图纸详见附录。

第 17 章　场景 4 市郊小镇典型设计方案

17.1　融合设计原则

17.1.1　场地融合

本案例场地融合综合考虑变电站和各功能站的规划和需求，在 220 kV 配电楼内设置数据中心房间，5G 基站天线塔结合避雷针设置，布置在变电站围墙内西南角，光伏电站设置于 220 kV 配电楼屋顶，提高了场地利率。

17.1.2　建筑物融合

本案例数据中心处于 220 kV 配电楼一层，对内运营，数据中心站门开在建筑物内部，方便运维。

光伏电站设置在 220 kV 配电楼屋顶，保证建筑立面不受其影响，达到与建筑物的整体协调。

5G 基站天线塔结合避雷针设置，布置在变电站围墙内一角，实现变电站避雷针与天线塔的联合共享，专网与公网基础设施的开放共享。

17.1.3　消防系统融合

本案例变电站与数据中心站采用联合布置时，变电站与数据中心站消防给水统一设置。共用站内的消防通道、消防水池、消防泵房等设施。

17.1.4　供电方式融合

数据中心站、5G 基站和光伏电站均为双回路供电，两路电源分别取自变电站的 380 V 两段母线段上。北斗地基增强站负荷电源引自变电站内通信电源。

17.1.5　接地融合

接地融合方案宜采用联合接地网方案，变电站和各融合站接地网采用地下敷设水平主接地网，配以若干垂直接地极，并通过若干接地联络线，将变电站主地网与各融合站主地网可靠连接。

17.1.6　防雷融合

防雷融合方案宜采用总体防雷方案，防雷设施布置方案宜将所有融合设施和建（构）筑物合并考虑。防雷设施可采用屋顶避雷带等方式。

17.1.7　通信融合

采用“统一规划、统一设计、特色化建设”的模式，根据变电站基础设施资源情况，统筹各种需求，对数据中心站、5G 基站、北斗地基增强站等在电力基础设施上的空间布局、配套供电系统等进行统一规划和设计。

17.1.8　智能化系统融合

变电站监控系统与光伏电站监控系统应具备通信功能，光伏电站调度自动化信息通过变电站数据通信网关机上送调度。

变电站与各融合站设置统一的智能辅助控制系统，集成火灾报警子系统、环境监控子系统、视频监控子系统、安全防范子系统等，实现数据融合集成。

根据电力系统对供电电能质量的监测要求，设置 1 套电能质量监测装置，用于监测变电站、数据中心站、光伏电站相关支路的电能质量。

变电站设置1套时间同步系统，可接收北斗地基增强站的精确授时信号，可同时为数据中心站、光伏电站、充电站提供时钟同步信号。

17.2 变电站融合设计方案

17.2.1 电气一次

17.2.1.1 供电方案

（1）供电负载需求

数据中心站、5G 基站需要稳定可靠的供电电源，宜由双重电源供电。光伏电站通过2路接入变电站交流系统。

（2）推荐供电方案

数据中心站供电电源采用2路，从变电站站用电交流母线Ⅰ段和Ⅱ段各引出1路交流380 V电源，每路电源容量按不少于200 kW考虑。

5G 基站供电电源采用2路，从变电站站用电交流母线Ⅰ段和Ⅱ段各引出1路交流220 V电源，每路电源容量按不少于3.5 kW考虑。

光伏电站馈出线共2路，分别接入变电站站用电交流母线Ⅰ段和Ⅱ段，容量均为60 kWp。

变电站交流380 V母线负荷统计如表17-1所示。

表17-1 交流负荷统计

负荷类型	容量（kW）
变电站负荷	1120
数据中心 IT 柜负荷	133
数据中心 IT 柜空调负荷	80
数据中心 UPS 充电负荷	21
数据中心空调风机负荷	20
数据中心其他负荷	4
5G 基站负荷	10
汇总	1388

根据负荷统计情况，本案例站用变容量选择1600 kVA。

17.2.1.2 防雷

（1）防雷需求

根据《交流电气装置的过电压保护和绝缘配合设计规范》（GB/T 50064—2014）、《建筑物防雷设计规范》（GB 50057—2010）的相关要求，数据中心站、5G 基站、北斗地基增强站、光伏电站、充电站等的站内设备必须进行防雷保护。

数据中心站、5G 基站、北斗地基增强站的户内部分防雷保护纳入建筑物防雷考虑范围。5G 基站、北斗地基增强站户外天线部分及光伏电站等设备需进行防直击雷保护。

（2）防雷推荐方案

本案例为半户内站，数据中心站、5G 基站、北斗地基增强站的户内部分采用屋顶避雷带进行全站防直击雷保护。该避雷带采用 ϕ12 热镀锌圆钢，并在屋面上装设不大于 10 m×10 m 或 12 m×8 m 的网格，每隔 10 ~ 18 m 设引下线接地。上述接地引下线应与主接地网连接，并在连接处加装集中接地装置。屋顶上的设备金属外壳、电缆金属外皮和建筑物金属构件均应接地。

5G 基站、北斗地基增强站户外天线部分及光伏电站等设备防直击雷保护可采用避雷针进行保护。

17.2.1.3　接地

（1）接地需求

数据中心应同时满足《交流电气装置的接地设计规范》（GB/T 50065—2011）、《集装箱式数据中心机房通用规范》（GB/T 36448—2018）和《通信局（站）防雷与接地工程设计规范》（GB 50689—2011）的相关要求。数据中心站接地电阻一般控制在 1Ω 以下。

5G 基站接地电阻应同时满足《交流电气装置的接地设计规范》（GB/T 50065—2011）和《通信局（站）防雷与接地工程设计规范》（GB 50689—2011）的相关要求。5G 基站接地电阻一般控制在 10Ω 以下。

北斗地基增强站接地电阻应满足《交流电气装置的接地设计规范》（GB/T 50065—2011）的相关要求。北斗地基增强站接地电阻一般控制在 10Ω 以下。

光伏电站接地电阻应同时满足《交流电气装置的接地设计规范》（GB/T 50065—2011）和《光伏发电站设计规范》（GB 50797—2012）的相关要求。光伏电站接地电阻一般控制在 4Ω 以下。

（2）接地推荐方案

考虑到变电站接地电阻需满足接触电势和跨步电势允许值要求，结合数据中心站的接地电阻要求，宜采用联合接地网。

户内布置的设备均与建筑物主地网可靠连接，户外布置的设备均与变电站主地网可靠连接，接地引下线截面与变电站设备保持一致。

17.2.2　电气二次

（1）监控系统

多站融合变电站设置一体化监控系统，站内信息分为安全Ⅰ区、安全Ⅱ区、安全Ⅲ/Ⅳ区。直接采集站内电网运行信息和二次设备运行状态信息，通过标准化接口与数据中心站、光伏电站等监控系统进行信息交互，获取融合站设备运行状态等其他信息，实现变电站与融合站全景信息采集、处理、监视、控制、运行管理等功能。

一体化监控系统采用开放式分层分布式网络结构，由站控层、间隔层、过程层及网络设备构成。站控层设备按变电站远景规模配置，间隔层设备按工程实际规模配置。

数据中心站总控中心接入基础设施运行信息、业务运行信息、办公管理信息等信息，并将相关信息经变电站综合业务数据网上送至数据中心主站。

光伏电站配置独立的监控后台，并具备与变电站监控系统的通信功能；光伏电站不设置专用调度自动化设备，后台遥信信息应经防火墙上送到变电站内Ⅱ区辅助设备监控系统后台，并经站内Ⅱ区数据通信网关机上送调度。

（2）辅控系统

多站融合变电站辅控系统按照“一体设计、精简层级、数字传输、标准接口、远方控制、智能联动、方便运维”等要求进行设计，统一部署一套智能辅助控制系统，集成变电站内安防、环境监测、照明控制、SF6 监测、智能锁控、在线监测、消防、视频监控、巡检机器人等子系统。

数据中心站辅助系统包括环境和设备监控系统、安全防范系统、火灾报警系统，并与变电站智能辅助控制系统集成。

数据中心消防系统应采用火灾自动报警和气体灭火系统组合方式，包括气体灭火控制盘、烟感、温感、声光报警、放气指示灯、紧急启动按钮和气体灭火装置。气体灭火系统具备自动、手动应急操作两种启动方式。数据中心机房内应设置两组独立的火灾探测器，火灾报警系统应与灭火系统和视频监控系统联动。

数据中心站辅助系统包括环境和设备监控系统、安全防范系统、火灾报警系统，并与变电站智能辅助控制系统集成。

（3）电能质量监测

根据电力系统对供电电能质量的监测要求，变电站配置电能质量监测装置1套，可同时用于监测数据中心站、光伏电站和充电站相关支路的电能质量信息。变电站电能质量监测装置相关数据可通过一体化监控系统与数据中心站、光伏电站和充电站监控系统通信。

（4）关口计量

在变电站与融合站接入点处应设置关口计量装置。

（5）二次线缆通道

变电站与融合站共用线缆通道，敷设变电站内及变电站与融合站间的光缆及控制电缆。

（6）时钟同步

变电站设置1套时间同步系统，可接收北斗地基增强站的精确授时信号，可同时为数据中心站、光伏电站提供时钟同步信号。

17.2.3 通信部分

（1）光纤通道

变电站新建光缆应为数据中心站预留纤芯资源，出站路由不少于2条。

数据中心站至变电站应至少敷设2根联络光缆，分别为对内服务、对外服务提供光缆通道。

北斗基站的数据传输可使用站内SDH光传输设备转发至省级北斗卫星服务器。

5G天线可通过新增光缆作为信号回传线，并满足变电站相关规定；如变电站管廊光缆纤芯资源较为充裕，可利用管廊光缆作为信号回传线。

（2）设备配置

数据中心站对内提供服务时，以GE光接口方式接入数据通信网设备，从而接入电力信息内网，数据通信网设备应满足数据中心站接入需求。

数据中心站对外提供服务时，根据用户需求应在数据中心站配置1套或2套专用通信设备。

17.2.4 土建部分

17.2.4.1 总平面布置

本案例变电站总平面布置为规则形状，东西向238.5 m，南北向138.5 m，有利于土地的征用，站内不设置独立站前区。

站区场地布置结合了变电站和数据中心站的总体规划及工艺要求，在满足自然条件和工程特点的前提下，充分考虑了安全、防火、卫生、运行检修、交通运输、环境保护等各方面的因素，根据周围环境、系统规划，并考虑到进站道路等因素，与工艺专业配合布置如下。

全站设主控通信楼、500 kV配电楼、220 kV配电楼各一座。500 kV配电楼布置于站区北侧，220 kV配电楼布置于站区南侧，主变设置于站区中间，主控通信楼设置于主变西侧。警卫室单独设置于站区西南角，紧邻进站大门。站区空余场地设置泵房及消防水池、事故油池、污水处理装置等建（构）筑物。220 kV配电楼内留设数据中心房间，5G基站天线塔结合避雷针设置，布置在变电站围墙内西南角，光伏电站设置于220 kV配电楼屋顶，提高场地利用率。

17.2.4.2 站内道路

站区围绕建筑物设置环形道路，变电站站内道路采用城市型道路，钢筋混凝土路面。站内主变运输道路路面宽度为5.5 m，转弯半径15 m，其余道路路面宽度4 m，转弯半径12 m，站区出口设置在西北侧。

17.2.4.3 建筑风貌及“表皮”功能化

本案例位于城市郊区小镇，地理位置距离城市较远，周边均为农田和树林。为了使建筑物能够更好地融入周边环境，外观设计取意“蓬勃之树”，以“树”为原型，并与国网元素结合起来，整个建筑物呈现一种生长的姿态，体现了蓬勃向上的企业文化。

本案例“建筑表皮”功能化设计主要包括以下几个方面。

①主体建筑通过真石漆方案以实现建筑效果，通过外保温层厚度的调整来实现外墙的凹凸感，树叶的形象则利用建筑主体的国网绿涂料来实现美学功能。

②外墙采用挤塑聚苯板实现保温隔热功能。

③镀锌钢板网实现电磁屏蔽功能。

④实体墙及中空玻璃窗实现隔声降噪功能。

17.2.4.4　构筑物

（1）围墙

变电站与数据中心站共用站区围墙，采用装配式围墙，高度 2.3 m。

（2）大门

变电站与数据中心站共用进站大门，宽度为 6 m，大门高度为 2 m。

（3）其他

本案例设消防水池、事故油池及污水处理装置等地下构筑物各一座，钢筋混凝土结构。

17.2.4.5　暖通

本案例空调系统采用 VRV 多联机中央空调系统，10 kV 配电室、二次设备室等设备房间设置风机盘管满足设备运行要求；资料室等辅助房间设置空调装置满足房间舒适性要求。根据规范要求，数据中心空调系统宜单独设置，具体方案详见 17-3 数据中心站部分。

本案例消防泵房等房间设置电暖气采暖，保证冬季泵房室内温度不低于 5 ℃；数据中心机房散热量较大，需要全年制冷，无须设置供暖设施（表 17-2）。

表 17-2　暖通负荷

夏季冷负荷					
房间名称	室内设计温度（℃）	冷负荷（kW）	房间名称	室内设计温度（℃）	冷负荷（kW）
办公室（2 个）	18	7.8	值班室（4 个）	18	13.4
会议室（1 个）	18	6.5	警卫室	18	2.8
蓄电池室（2 个）	28	14.2	通信机房	18	38.5
储能配电室	26	13.5	二次设备间	26	44.5
冬季热负荷					
房间名称	室内设计温度（℃）	热负荷（kW）	房间名称	室内设计温度（℃）	热负荷（kW）
消防泵房	5	3.5	雨淋阀间	5	2.0
办公室（2 个）	18	9.8	值班室（4 个）	18	18.5
会议室（1 个）	18	7.8	警卫室	18	3.5

电容器室、电抗器室等设备房间采用自然进风、机械排风的通风方式，通过设在墙上的百叶风口自然进风，通过设在屋顶上的轴流风机进行排风，实现设备房间通风散热要求。GIS 配电室采用自然进风、机械排风的通风方式，通过设在墙上的百叶风口自然进风，通过设在外墙底部及屋顶上的轴流风机进行上下排风，换气次数平时通风按 4 次 /h 计算，事故通风按 6 次 /h 计算。数据中心采用自然进风、机械排风通风方式，满足灾后通风要求，换气次数为 6 次 /h。

17.2.4.6　给排水

（1）给水

①生活给水：水源接自市政给水管网。变电站最大生活用水量融

合考虑数据中心站生活用水。

②消防给水：变电站消防给水量应按火灾时一次最大消防用水量，即室内和室外消防用水量之和计算。

（2）排水

本案例场地排水采用分流制排水，站区雨水采用散排与集中排放相结合的排水方式，通过站区雨水系统收集后在站外道路两侧设置明沟，溢流至站外。

变电站与数据中心设有空调、消火栓系统的房间需设置排水设施，生活污水经化粪池初级处理后定期清掏外运。

17.2.4.7　消防

（1）站区总平面布置

1）各建（构）筑物之间的防火间距

站内建（构）筑物及设备的防火间距满足《火力发电厂与变电站设计防火标准》（GB 50229—2019）的规定。

2）消防车道布置

站区围绕建筑物设置环形道路，主变运输道路路面宽度为 5.5 m，其余道路路面宽度为 4 m，转弯半径均不小于 9 m，消防道路路边至建筑物外墙的距离为 5 m，满足《建筑设计防火规范》（GB 50016—2014）（2018 年版）的规定。

（2）消防给水系统

根据《数据中心设计规范》（GB 50174—2017）与《消防给水及消火栓系统技术规范》（GB 50974—2014）的相关要求，本案例变电站需设置室内外消火栓，数据中心机房需设置室内消火栓，数据中心消火栓室外管网、泵房、消防水池等与变电站共用，消防给水系统与生活给水系统分开设置。

根据《建筑设计防火规范》（GB 50016—2014）及《火力发电厂与变电站设计防火标准》（GB 50229—2019）的规定，综合变电站与数据中心消防水量要求，室内消防用水量为 20 L/s，室外消防用水量为 40 L/s，火灾延续时间按 3 h 计算。

本案例设专用消防水池一座，消防水池有效容积为 648 m^3，消防泵为流量 60 L/s。消防泵为自灌式水泵，不带储水罐启动。消防泵、稳压泵均为一用一备，电源均为一级负荷，主泵与备用泵均可实现互投，并采用就地启动及远程启动两种启泵方式。

17.3　数据中心站

本案例数据中心按照 C 级进行设计。

17.3.1　设备布置

本案例数据中心布置于 220 kV 配电楼一层，机房可部署 26 面机柜，其中 UPS 柜 1 面、设备柜 19 面、空调柜 6 面，为小型数据中心。自用数据中心设备利用站内数据通信网设备接入电力信息网，对外应用设备视情况可利用变电站富余光纤芯资源或单独建立至外部通信节点的专用光缆，并按需配置 1 ~ 2 套专用通信设备，与电力通信网实现物理隔离。

17.3.2　电气设计

（1）供电方案

本案例数据中心站供电电源采用 2 路，从变电站站用电交流母线Ⅰ段和Ⅱ段各引出 1 路交流 380 V 电源，每路电源容量按不少于 200 kW 考虑。

数据中心站设备采用 UPS 方式集中供电，蓄电池与 IT 设备隔离布置。屏柜宜采用模块化设计，配置风冷行级空调，IT 柜负载按 7 kW × 19 考虑，空调柜负载按 15 kW × 6 考虑，总共约 223 kW。

根据计算配置1套UPS柜，容量按400 kVA考虑，配置1套蓄电池，容量按480 V/250 AH考虑。

（2）防雷

本案例为半户内站，数据中心站的户内部分采用屋顶避雷带进行全站防直击雷保护。该避雷带采用 ϕ12 热镀锌圆钢，并在屋面装设不大于10 m×10 m或12 m×8 m的网格，每隔10 ~ 18 m设引下线接地。上述接地引下线应与主接地网连接，并在连接处加装集中接地装置。屋顶上的设备金属外壳、电缆金属外皮和建筑物金属构件均应接地。

（3）接地

数据中心站接地网与变电站建筑物内主接地网多点可靠连接，接地体材质与变电站建筑物主接地网保持一致。本案例建筑物内主地网采用80 mm×6 mm的镀锌扁钢，设备接地引下线采用80 mm×6 mm的镀锌扁钢。室外主接地网采用40 mm×5 mm的铜排，敷设在距地面以下0.8 m，在避雷带引下线附近设置必要的垂直接地极，以保证冲击电位时散流，垂直接地极采用长2500 mm直径20 mm的铜棒。

17.3.3 网络和布线

（1）光纤通道

数据中心站至变电站应至少敷设2根联络光缆，分别为对内服务、对外服务提供光缆通道。

（2）设备配置

数据中心站对内提供服务时，以GE光接口方式接入数据通信网设备，从而接入电力信息内网，数据通信网设备应满足数据中心站接入需求。

数据中心站对外提供服务时，根据用户需求应在数据中心站配置1套或2套专用通信设备。

17.3.4 智能化系统

（1）总体要求

智能化系统由总控中心、环境和设备监控系统、安全防范系统、火灾报警系统、数据中心基础设备管理系统等组成，供电电源宜采用独立不间断电源系统供电，当采用集中不间断电源系统供电时，各系统应单独回路配电。

环境和设备监控系统、安全防范系统、火灾报警系统应集成在变电站智能辅助控制系统中。

数据中心站的电能质量监测功能由变电站统一配置的电能质量监测装置实现。

（2）总控中心

本案例总控中心宜设置在数据中心机房内，接入基础设施运行信息、业务运行信息、管理信息等，并将相关信息经变电站综合业务数据网上送至数据中心主站。

（3）综合管理平台

数据中心站需配置1套综合管理平台，将IT（信息技术）和设备管理结合起来对数据中心关键设备进行集中监控、容量规划等集中管理。

本案例综合管理平台宜布置在数据中心机房内。

（4）环境和设备监控系统

应实时监控机房专用空调设备、不间断电源系统等设备状态参数。

应实时监控机房内温湿度、露点湿度、漏水状态等环境状态参数。

应实时监测电源及精密配电柜进线电源的三相电压、三相电流、三相电能等参数，实时监测各支路的电流、功率因数、有功功率、电能等参数，以及各支路的开关状态；应实时监测电源整流器、逆变器、电池、旁路、负载等各部分的运行状态与参数。

环境和设备状态异常时产生报警事件进行记录存储，并有相应的处理提示。

（5）安全防范系统

安全防范系统宜由视频监控系统、入侵报警系统和出入口控制系统组成，各系统之间应具备联动控制功能。

视频监控系统应灵活设置录像方式，包括 24 小时录像、预设时间段录像、报警预录像、移动侦测录像及联动触发录像等多种方式。

门禁系统应实时监控各道门人员进出的情况，并进行记录。

变电站与数据中心站安全防范系统应按对内业务与对外业务进行分区分权管理。

（6）火灾报警系统

数据中心站可采用火灾自动报警和七氟丙烷气体灭火方式组合，包括气体灭火控制盘、烟感、温感、声光报警器、放气指示灯、紧急启停按钮和一套悬挂式七氟丙烷系统。系统具有自动、手动应急操作两种启动方式。

数据中心机房内应设置两组独立的火灾探测器，以提高火灾自动报警系统联动灭火系统的可靠性。

全站火灾报警系统应与灭火系统和视频监控系统联动。

17.3.5 建筑与装修

本案例数据中心与装修设计执行《变电站建筑结构设计技术规程》（DL/T5457）的要求，遵循经济、适用、美观为基本原则。

①外墙材料为 250 mm 厚加气混凝土砌块，外墙设 60 mm 厚挤塑板保温层，保证围护结构内表面温度不应低于室内空气露点温度。

②内隔墙采用 250 mm 厚加气混凝土砌块，内墙壁装修采用乳胶漆，表面平整、光滑、不起尘、避免眩光，无凹凸面。

③地面采用防静电活动地板，高度 300 mm。活动地板下的地面和四壁装饰采用水泥砂浆抹灰，不起尘、不易积灰、易于清洁。

④外门采用密闭门，墙壁、地（楼）面的构造和施工缝隙均采用密封胶封堵，保证数据中心站气密性。

⑤顶棚采用普通涂料，简单装修。表面平整、不起尘。

17.3.6 采暖与通风

（1）空气调节

根据《数据中心设计规范》（GB 50174—2017）相关要求：数据中心与其他功能用房共建于同一建筑内时，宜设置独立的空调系统。空调负荷计算包括热负荷与湿负荷两部分，通过负荷计算确定单台空调制冷功率。空调系统夏季冷负荷应包括下列内容：数据中心内设设备的散热、建筑围护结构得热、通过外窗进入的太阳辐射热、人体散热、照明装置散热、新风负荷、伴随各种散湿过程产生的潜热。空调系统湿负荷应包括下列内容：人体散湿、新风湿负荷、渗漏空气湿负荷、围护结构散湿。

通过负荷计算，数据中心设备散热量约 182 kW，湿负荷为 1.98 kg/h，本案例数据中心屏柜配备集成空调系统，单台空调屏柜制冷量为 46 kW，并设置冷热通道隔离，满足屏柜内温湿度环境要求（详见通信部分）。数据中心房间内冷负荷为 38 kW（除设备散热），通过在房间内设置 2 台制冷量为 20.5 kW 的恒温恒湿精密空调满足数据中心的室内温湿度要求（表 17–3）。

表 17–3　空调负荷

夏季冷负荷			
房间名称	室内设计温度（℃）	冷负荷（kW）	湿负荷（kg/h）
数据中心	冷通道：18 ~ 37（不得结露）	220	1.98

空调系统具有变频、自动控制等技术，根据房间内的负荷变化情况，自动调节设备的运行工况。空调系统应根据送风温度自动调节运行工

况，送风温度应高于室内空气露点温度，避免因送风温度太低引起设备结露。

数据中心空调机应带有通信接口，通信协议应满足数据中心监控系统的要求，监控的主要参数应接入数据中心监控系统，并应记录、显示和报警。

（2）通风

数据中心机房设有气体灭火系统，根据《火力发电厂与变电站设计防火标准》（GB 50229）的要求，数据中心机房需配备灭火后机械通风装置，通风系统采用自然进风、机械排风形式，进风风口为电动百叶风口；风机与消防控制系统联锁，当发生火灾时，在消防系统喷放灭火气体前，通风空调设备的防火阀、防火风口、电动风阀及百叶窗应能自动关闭。排风口设在防护区的下部并应直通室外，通风换气次数为 6 次 /h。

17.3.7 消防与安全

根据《数据中心设计规范》（GB 50174—2017）的要求，本案例数据中心机房需设置室内消火栓，数据中心消火栓系统的室外管网、泵房、消防水池等与变电站共用，消防给水系统与生活给水系统分开设置。

根据《数据中心设计规范》（GB 50174—2017）的要求，数据中心机房设置气体灭火系统；考虑将气瓶直接设置在数据中心室中，不再单独设置气瓶室。此外，数据中心还配置有救援专用空气呼吸器或氧气呼吸器。

根据《建筑灭火器配置设计规范》（GB 50140—2005）的要求数据中心机房设有 MF/ABC5 型手提式干粉灭火器。

17.4 光伏电站

17.4.1 太阳能资源分析

同第 13 章 13.5.1 内容。

17.4.2 光伏系统发电量分析及接入系统

本案例屋顶光伏系统采用 20° 倾角设计，总安装容量为 132 kWp。通过 PVsyst 软件计算，同时考虑统效率和组件衰减系数，25 年平均发电量为 140 631.7 kW · h，25 年平均等效利用小时数为 1065.4 h。

本案例的光伏发电系统分成两回路分别接入 0.4 kV 工作母线Ⅰ段和Ⅱ段上；通过 380 V 电压等级接入电网的光伏发电站的防孤岛及继电保护装置应符合《光伏发电系统接入配电网技术规定》（GB/T 29319）的要求；自动化设备可根据当地电网实际情况进行适当简化；通信设计应符合《光伏发电站接入电力系统技术规定》（GB/T 19964）和《光伏发电系统接入配电网技术规定》（GB/T 29319）的规定，并满足《电力通信运行管理规程》（DL/T 544）规定。

17.4.3 电气一次

17.4.3.1 光伏发电系统设计方案

本案例拟在配电楼屋顶上建设 132 kWp 光伏发电系统，采用峰值功率为 275 Wp 的多晶硅光伏组件，共布置 480 块光伏组件，实际安装容量为 132 kWp。每 20 块组件串联为一个光伏组件串，共 24 串，每 12 串接入一台 60 kW 组串式逆变器，共 2 台组串逆变器，2 台逆变器各接入低压配电柜工作母线Ⅰ段和Ⅱ段。

17.4.3.2 主要设备选型

（1）光伏组件

本案例从侧重初始投资角度，拟采用价格相对低廉的、市场主流的 275 Wp 多晶硅光伏组件。拟选多晶光伏组件主要技术参数如表 17–4 所示。

表 17–4　光伏组件主要技术参数

电池排列	60（6 × 10）
接线盒	分体接线盒，IP67，3 个二极管
输出线	4 mm^2 1000 mm 光伏专业电缆
连接器	MC4
组件重量	18 kg
组件尺寸	1650 mm × 991 mm × 35 mm
电性能参数	
测试条件	STC
最大功率（Wp）	275
开路电压（V）	38.18
短路电流（A）	9.36
工作电压（V）	30.94
工作电流（A）	8.89
组件效率（%）	16.7

（2）光伏并网逆变器

根据本案例光伏容量及屋顶布置条件，故选取 60 kW 组串式逆变器，具体技术参数如表 17–5 所示。

表 17–5　光伏并网逆变器主要技术参数

最大输入电压	1100 V DC
最大输入路数	12 路
中国效率	不低于 98.3%
额定输出功率	60 kW
额定输出电压	220/380 Vac
额定交流频率	50 Hz
最大总谐波失真	＜ 3%
防护等级	IP65

（3）电力电缆

光伏组串至组串式逆变器采用光伏专用电缆，型号为 PV1–F–0.9/1.8 kV–1 × 4 mm^2；

组串式逆变器至并网端采用阻燃 C 型铜芯交联聚乙烯绝缘电缆，型号为 ZRC–YJV–0.6/1 kV，截面为 4 × 35 mm^2。

17.4.3.3　电气设备布置

光伏组件布置在综合配电楼屋顶光伏支架上；组串式逆变器、交流防雷汇流箱户外安装在光伏支架上。

17.4.3.4　防雷接地

本案例利用建筑物避雷带作为光伏发电系统的防直击雷和接地的主网，光伏支架通过热镀锌扁钢与主网可靠连接，光伏组件金属边框专用接地孔通过 BVR–4 mm^2 黄绿绝缘导线相连，通过 BVR–6 mm^2 黄绿绝缘导线与光伏支架可靠连接，组串式逆变器金属外壳的专用接地端子通过 BVR–25 mm^2 黄绿绝缘导线与主网可靠相连。为防侵入雷，在逆变器内交直流侧均装设了浪涌保护器。

17.4.3.5　电缆敷设与防火

电缆采用热镀锌槽盒、穿管方式敷设。

墙洞、盘柜箱底部开孔处、电缆管两端等进行防火封堵和涂刷防火涂料。

17.4.4 二次系统

17.4.4.1 分布式光伏发电系统的控制及运行

分布式光伏发电系统采用并网运行方式，逆变器从电网得到电压和频率做参考，自动控制其有功功率和无功功率的输出。

逆变器采用显示屏幕、触摸式键盘方式进行人机对话，可就地对逆变器进行参数设定、控制等功能；集中监控设置在变电站主控室。

17.4.4.2 分布式光伏发电系统的保护

根据相应规程规范，结合本案例电气主接线，各设备保护配置如下。

①逆变器配置直流输入过/欠压保护、极性反接保护、输出过压保护、过流和短路保护、接地保护（具有故障检测功能）、绝缘监察、过载保护、过热保护、孤岛检测保护等功能。保护由设备厂家配套提供。

②交流汇流箱配有空气开关，当各光伏发电支路及系统过载或相间短路时，将断开空气开关。

③ 380 V 并网断路器应具备短路瞬时、长延时保护功能和分励脱扣等功能，按实际需求配置失压跳闸及低压闭锁合闸功能，同时应配置剩余电流保护装置。

④ 380 V 电压等级不配置母线保护。

⑤ 380 V 电压等级不配置防孤岛监测及安全自动装置，采用具备防孤岛能力的逆变器。逆变器必须具备快速监测孤岛且监测到孤岛后立即断开与电网连接的能力。

17.4.4.3 分布式光伏发电系统的监控

①考虑配置 1 套光伏区监控系统，以便于对光伏区设备的集中监控管理，系统采用光纤环网组网方式，并可与变电站计算机监控系统通信，信息传输应满足相关安全防护要求。

②根据相关设计规范，本案例不设独立的直流电源电源、UPS 电源、远动及调度自动化设备，不参与调度部门的控制。设备所需直流电源及 UPS 电源由变电站内统一考虑。

③设置 1 台 A 类电能质量监测装置，监测每回 380 V 光伏并网点三相电流及电压。电能质量监测装置由变电站统一配置。

④监控系统主机放置于主控室监控台；光伏单元数据采集装置、光纤环网交换机及微型纵向加密认证装置安装于就地设备箱；光伏监控系统测控装置、光纤环网交换机、电能质量监测装置、规约转换装置、光伏监控防火墙及纵向加密认证装置等，组屏安装于变电站综合保护室。

⑤系统对时，由变电站统一考虑，并预留对时接口。

17.4.4.4 系统调度自动化

（1）调度关系及调度管理

光伏发电模式为自发自用、余电上网模式。结合接入变电站的调度关系，暂考虑调度关系与变电站相同，具体由接入系统设计确定。

（2）远动系统

本案例需上传电流、电压和发电量信息，并送至相关调度部门。并网点电流、电压信息由光伏监控系统采集，通过变电站内的远动主机上送调度。

（3）电能量计量

根据相关要求，考虑在每个并网点装设 1 块 0.2S 级并网计量表，安装于计量箱内，计量箱内配置 0.2S 级计量电流互感器。

电能表采用静止式多功能电能表，至少应具备双向有功和四象限无功计量功能、事件记录功能，应具备电流、电压、电量等信息采集和三相电流不平衡监测功能，配有标准通信接口，具备本地通信和通过电能信息采集终端远程通信的功能，电能表通信协议符合 DL/T 645。计量表采集信息应接入电网管理部门电能信息采集系统，作为电能量计量和电价补贴依据。

每个并网点装设的 1 块电度表，接入变电站内电能量采集终端，将相关电量系统上送调度部门。

（4）二次系统安装防护

本案例光伏发电系统按照部署于变电站安全Ⅱ区考虑。光伏发电监控系统主机等关键应用系统使用安全操作系统，并对主机操作系统进行安全加固；新能源场站须加强户外就地采集终端的物理防护，强化就地采集终端的通信安全，站控系统与光伏发电电源终端之间网络通信应部署加密认证装置，实现身份认证、数据加密、访问控制等安全措施，光伏发电单元就地部署微型纵向加密认证装置，经站控层纵向加密认证装置接入光伏监控系统主机，光伏监控系统主机经防火墙接入变电站计算机监控系统，可根据需要将光伏发电信息经远动装置及调度数据网信息上送调度。

14.4.4.5 光伏区视频监控系统

暂不考虑配置光伏区视频监控系统，如需配置可由变电站视频监控系统统一配置。

17.4.5 土建部分

17.4.5.1 光伏组件平面布置

本案例为屋顶光伏，光伏组件倾角采用20°，支架采用纵四布置形式，共布置480块275 Wp光伏组件，实际装机容量为132 kWp。

17.4.5.2 土建设计

（1）设计安全标准

主要建（构）筑物的等级如表17–6所示。

表17–6 主要建（构）筑物的等级

序号	名称	设计使用年限	建筑结构安全等级	抗震设防类别	抗震设防烈度	
					地震作用	抗震措施
1	支架基础	50	二	丙类或乙类	8度	8度
2	光伏支架	50	二	丙类或乙类	8度	8度

（2）建筑结构承载力核算

新增光伏组件的荷载在建筑物设计时已经考虑。

（3）支架及基础

1）主要设计参数

基本风压（50年一遇）：0.40 kN/ ㎡；

基本雪压（50年一遇）：0.35 kN/ ㎡；

抗震设防烈度：8度（0.2 g）；

光伏组件规格：多晶硅1650 mm × 991 mm × 35 mm；

光伏组件重量：多晶硅19 kg；

光伏阵列支架倾角：钢筋混凝土屋面：20°。

2）主要材料

钢材：Q235–B钢，均应采用热浸镀锌防锈处理，镀锌层平均厚度不小于85μm；

焊条：E43；

螺栓：不锈钢材质，螺栓等级不小于A2–70级。

3）光伏支架设计

在各种荷载组合下，支架应满足规范对强度、刚度、稳定等各项指标的要求。设计时采用25年一遇10分钟平均最大风速作为设计依据，确保支架系统安全、稳定。

采用以概率理论为基础的极限状态设计方法，用分项系数设计表达式进行计算。

设计主要控制参数：

受压构件容许长细比：180；

梁的挠度：1/250。

通过计算支架、导轨的强度、稳定性均满足规范要求，无超限，可作为下阶段设计依据。

4）屋面与光伏支架的连接

光伏支架基础与屋面没有任何连接，光伏支架基础采用配重式，前柱配重块尺寸 0.35 m×0.35 m×0.35 m（长 × 宽 × 高）；后柱配重块尺寸 0.50 m×0.50 m×0.35 m（长 × 宽 × 高），混凝土强度采用 C25。

光伏阵列支架的连接件，包括组件和支架的连接件、支架与螺栓的连接件以及螺栓与方阵场的连接件，均应用不锈钢钢材制造。

5）屋面防水

光伏支架基础采用独立基础，直接放置在屋面上，不存在破坏原有屋面防水问题，光伏电站运行期间，屋面防水若有破坏，需及时修补。

6）安全及维护

为方便电站运营维护，在每个屋顶均预留部分检修通道，通道宽 1000 mm。

17.5 5G 基站

17.5.1 设备布置与安装

本案例 5G 基站为宏站，宏基站发射功率大、天线挂高较高、覆盖面广，可支持多载波、多扇区、扩容方便，5G 设备布置于综合保护室。

5G 室内分布系统用于覆盖变电站室内、地下管廊、地下空间等场景，采用有源室内分布系统覆盖。变电站应预留室分系统所需的空间资源，保证室内分布系统电源、光缆、天线和设备等都具备安装条件。

本案例 5G 天线安装于变电站独立避雷针上，采用特殊设计的共享避雷针。

变电站应预留 2 条独立市政管网通道。

17.5.2 外观风貌设计

5G 基站天线塔结合避雷针设置，采用格构式钢管结构，在避雷针塔上设置爬梯及平台，满足对 5G 通信天线的安装与维护，重力式基础，节点采用高强螺栓连接。

17.5.3 电气设计

本案例设备总功耗按≤ 10 kW 考虑，电源由一次专业提供双路交流 220 V 电源为 5G 设备供电。

17.5.4 防雷与接地

本案例为半户内站，5G 基站的户内部分采用屋顶避雷带进行全站防直击雷保护。该避雷带采用 ϕ12 热镀锌圆钢，并在屋面上装设不大于 10 m×10 m 或 12 m×8 m 的网格，每隔 10 ～ 18 m 设引下线接地。上述接地引下线应与主接地网连接，并在连接处加装集中接地装置。屋顶上的设备金属外壳、电缆金属外皮和建筑物金属构件均应接地。

5G 基站户外天线部分等设备防直击雷可采用避雷针保护。

5G 基站设备接地引下线采用 80 mm×6 mm 的镀锌扁钢，等电位铜排采用 30 mm×4 mm 铜排。

17.5.5 5G 应用

基于 5G 的高清视频监控及机器人巡检，包含变电站巡检机器人、视频监控、移动式现场施工作业管控、应急现场自组网综合应用等场景。主要针对电力生产管理中的中低速率移动场景，通过现场可移动的视频回传替代人工巡检，避免了人工现场作业带来的不确定性，同时减少人工成本，极大提高运维效率。

针对站内电力设备状态综合监控、安防巡视等需求，巡检机器人所巡视的视频信息受带宽限制大多保留在站内本地，并未能实时地回传至远程监控中心。利用 5G 技术的变电站巡检机器人可搭载多路高清视频摄像头或环境监控传感器，回传相关监测数据，数据需具备实时回传至远程监控中心的能力。未来可探索巡检机器人进行简单的带电操作，如刀闸开关控制等。

17.6　北斗地基增强站

17.6.1　站点布置及系统方案

国网公司统一考虑北斗地基增强站系统建设，全国建设1200个点，覆盖国家电网27个网省的全部经营区域。本方案所在地区已建设3座北斗地基增强站，本站仅考虑北斗应用场景。北斗地基增强站设备系统如图17–1所示。

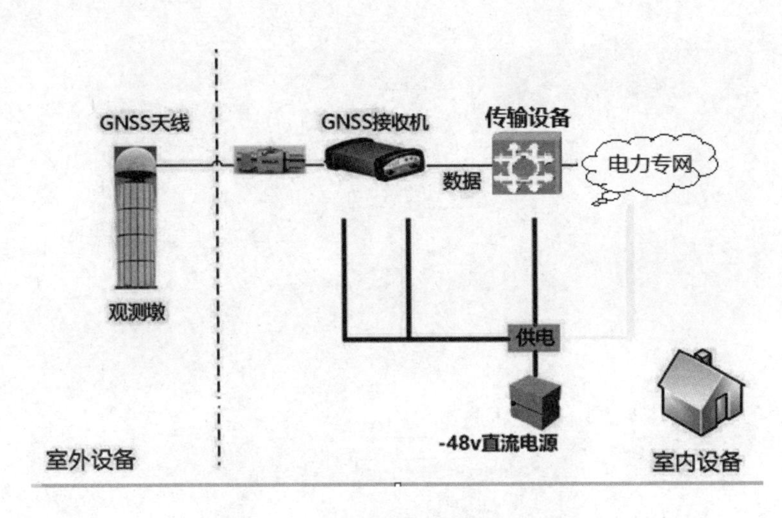

图17–1　北斗地基增强站设备系统

17.6.2　北斗应用场景

同第13章13.7.2内容。

17.7　城市智慧能源管控系统（CIEMS）

本案例基于CIEMS实现能源智能化、打造能源云网，形成“综合能源大脑”的能源区块，采用“集中＋分散”的分层逻辑，建设综合能源云端处理＋本地展示。

本案例建设光伏等智能化基础设施，通过CIEMS实现对站内综合能源项目的综合管理。

数据接入整体分为“本地”和“云端”两部分，云端为CIEMS主站系统，实现综合能源项目监测、分析等功能。在本地布置“边缘智能终端”实现对站内各系统的数据采集汇集及远程通信传输，“边缘智能终端”通过有线或无线的方式将采集的信息上传至云端CIEMS主站。

CIEMS云端系统设置在互联网大区，站内采集信息部分为内网数据，站内数据与外网之间设置正向隔离装置。对于采集端采用无线方式接入的设备，应在接入点安装无线接入安全通信模块，确保站内信息安全。

17.8　场景4市郊小镇主要图纸清单

表17–7　场景4市郊小镇主要图纸

图号	图纸名称
4–01	总平面布置图
4–02	站用电系统接线图
4–03	多站融合变电站监控系统网络结构图
4–04	多站融合变电站智能辅控系统结构图
4–05	数据中心站供电系统图
4–06	数据中心站建筑平面布置图
4–07	数据中心站屏位布置图
4–08	光伏发电系统电气接线图
4–09	屋顶光伏组件平面布置图
4–10	5G基站安装示意图

注：以上图纸详见附录。

附录　各场景主要图纸

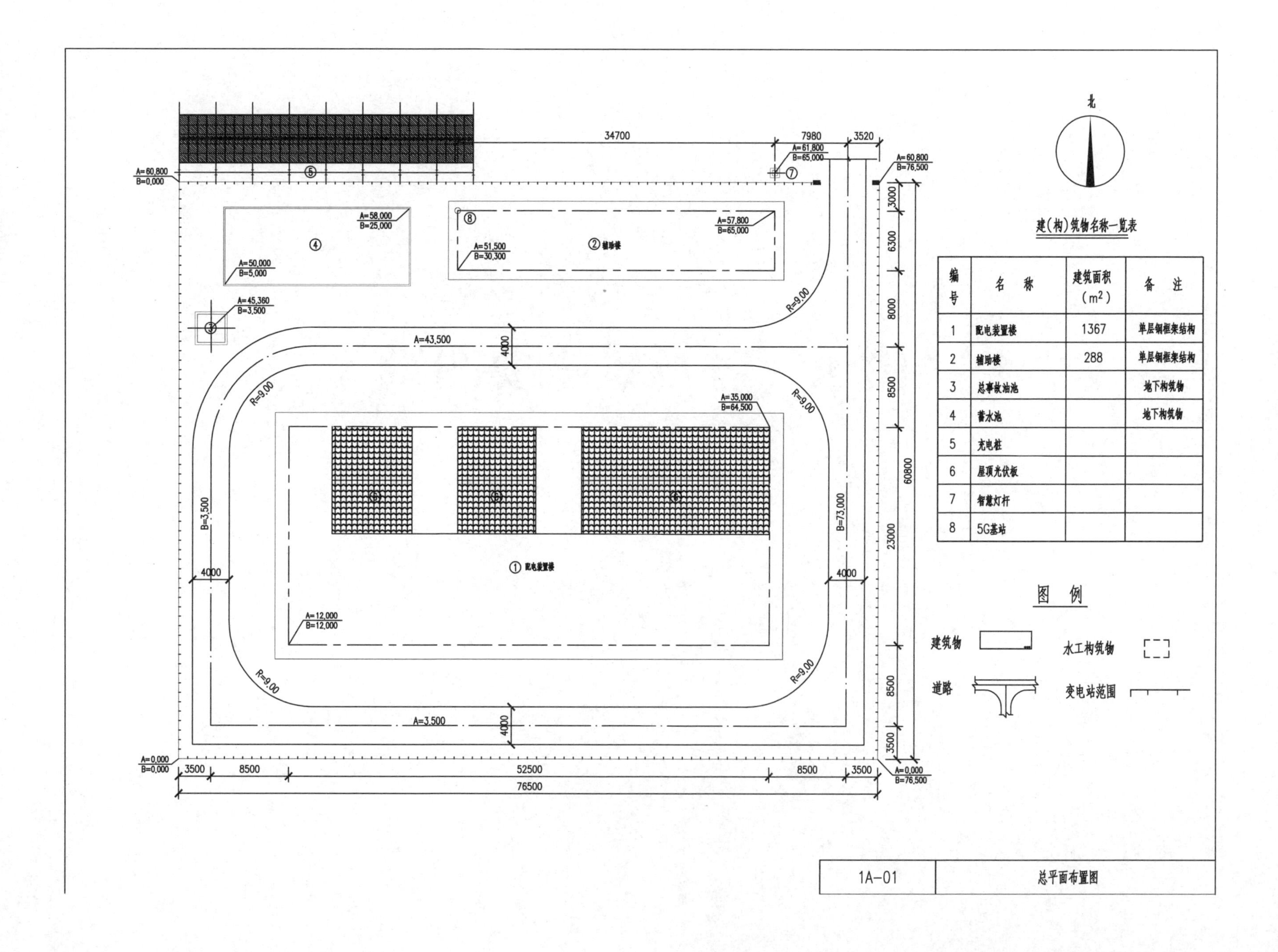

建(构)筑物名称一览表

编号	名　称	建筑面积（m^2）	备　注
1	配电装置楼	1367	单层钢框架结构
2	辅助楼	288	单层钢框架结构
3	总事故油池		地下构筑物
4	蓄水池		地下构筑物
5	充电桩		
6	屋顶光伏板		
7	智慧灯杆		
8	5G基站		

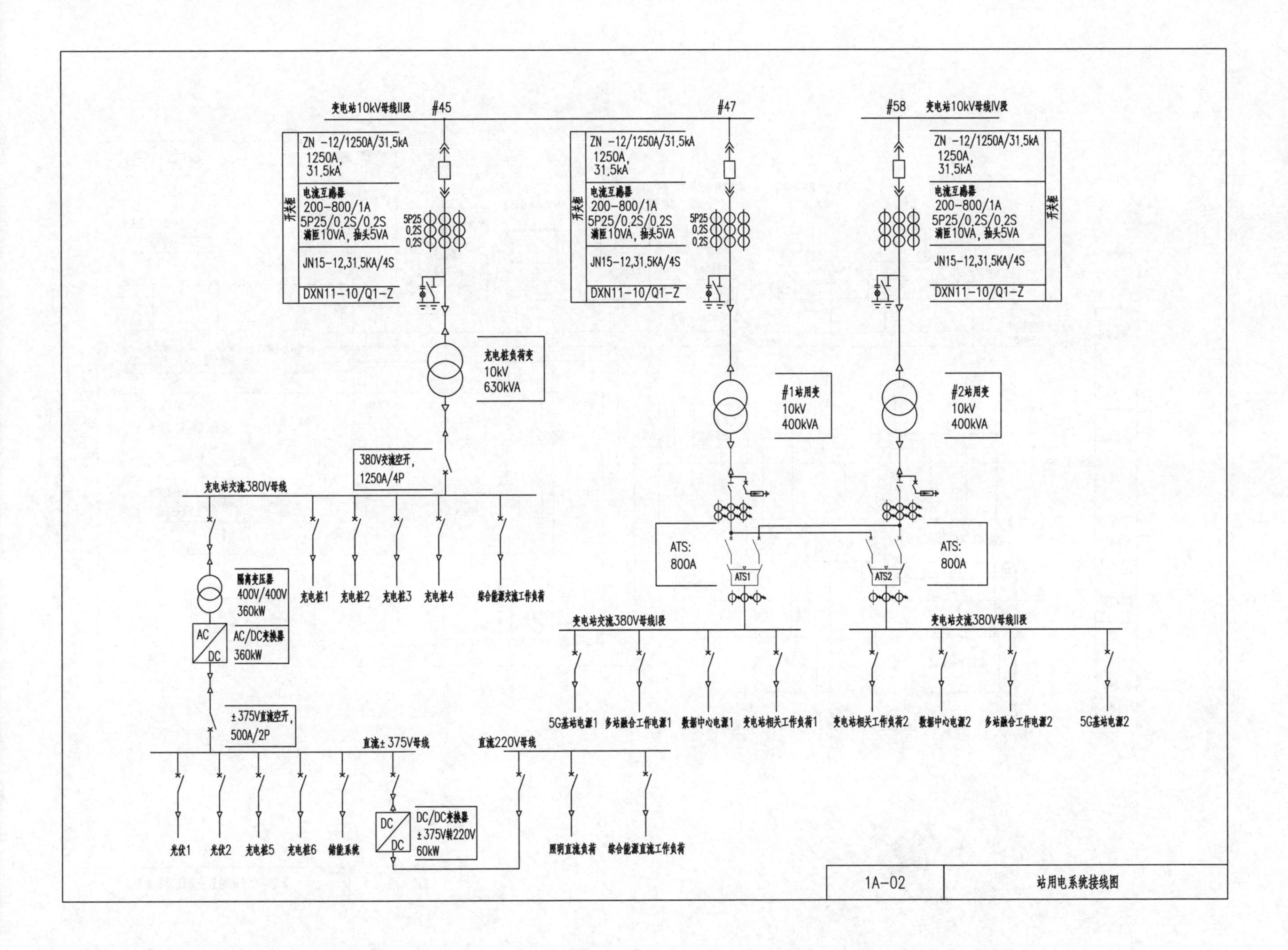
变电站10kV母线II段
#45
#47
#58
变电站10kV母线IV段
ZN -12/1250A/31.5kA
1250A,
31.5kA
电流互感器
200-800/1A
5P25/0.2S/0.2S
满匝10VA，抽头5VA
JN15-12,31.5KA/4S
DXN11-10/Q1-Z
开关柜
5P25
0.2S
0.2S
充电桩负荷变
10kV
630kVA
#1站用变
10kV
400kVA
#2站用变
10kV
400kVA
380V交流空开，
1250A/4P
充电站交流380V母线
充电桩1
充电桩2
充电桩3
充电桩4
综合能源交流工作负荷
ATS:
800A
ATS1
ATS2
隔离变压器
400V/400V
360kW
AC
DC
AC/DC变换器
360kW
变电站交流380V母线I段
变电站交流380V母线II段
5G基站电源1
多站融合工作电源1
数据中心电源1
变电站相关工作负荷1
变电站相关工作负荷2
数据中心电源2
多站融合工作电源2
5G基站电源2
±375V直流空开，
500A/2P
直流±375V母线
直流220V母线
DC/DC变换器
±375V转220V
60kW
光伏1
光伏2
充电桩5
充电桩6
储能系统
照明直流负荷
综合能源直流工作负荷
1A-02
站用电系统接线图

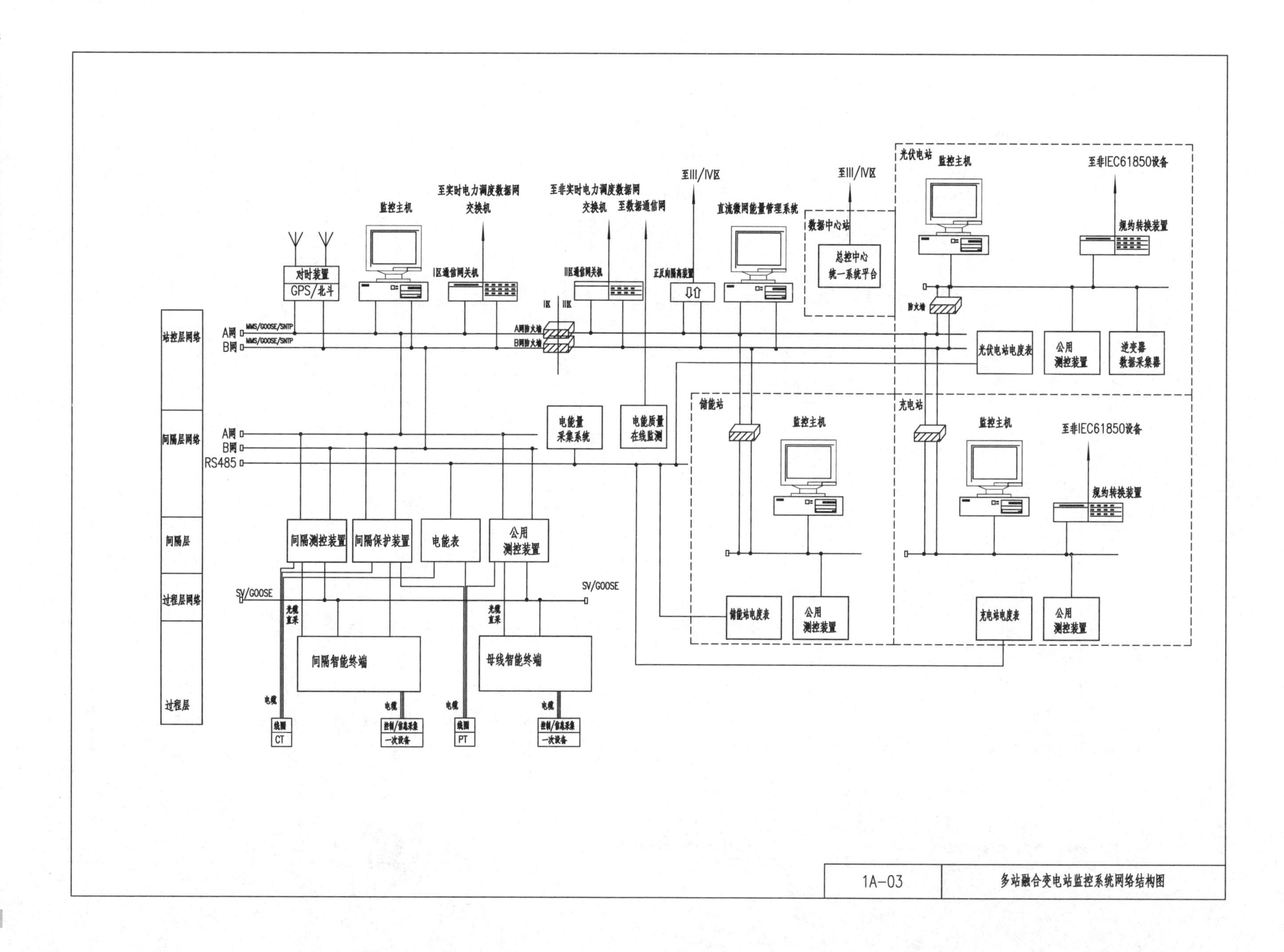
站控层网络
间隔层网络
间隔层
过程层网络
过程层
A网
B网
RS485
MMS/GOOSE/SNTP
对时装置
GPS/北斗
监控主机
至实时电力调度数据网交换机
I区通信网关机
至非实时电力调度数据网交换机
至数据通信网
II区通信网关机
I区
II区
A网防火墙
B网防火墙
至III/IV区
正反向隔离装置
直流微网能量管理系统
数据中心站
总控中心统一系统平台
光伏电站
至非IEC61850设备
规约转换装置
防火墙
光伏电站电度表
公用测控装置
逆变器数据采集器
电能量采集系统
电能质量在线监测
储能站
充电站
间隔测控装置
间隔保护装置
电能表
SV/GOOSE
光缆直采
间隔智能终端
母线智能终端
电缆
线圈
CT
PT
控制/信息采集
一次设备
储能站电度表
充电站电度表
1A-03
多站融合变电站监控系统网络结构图

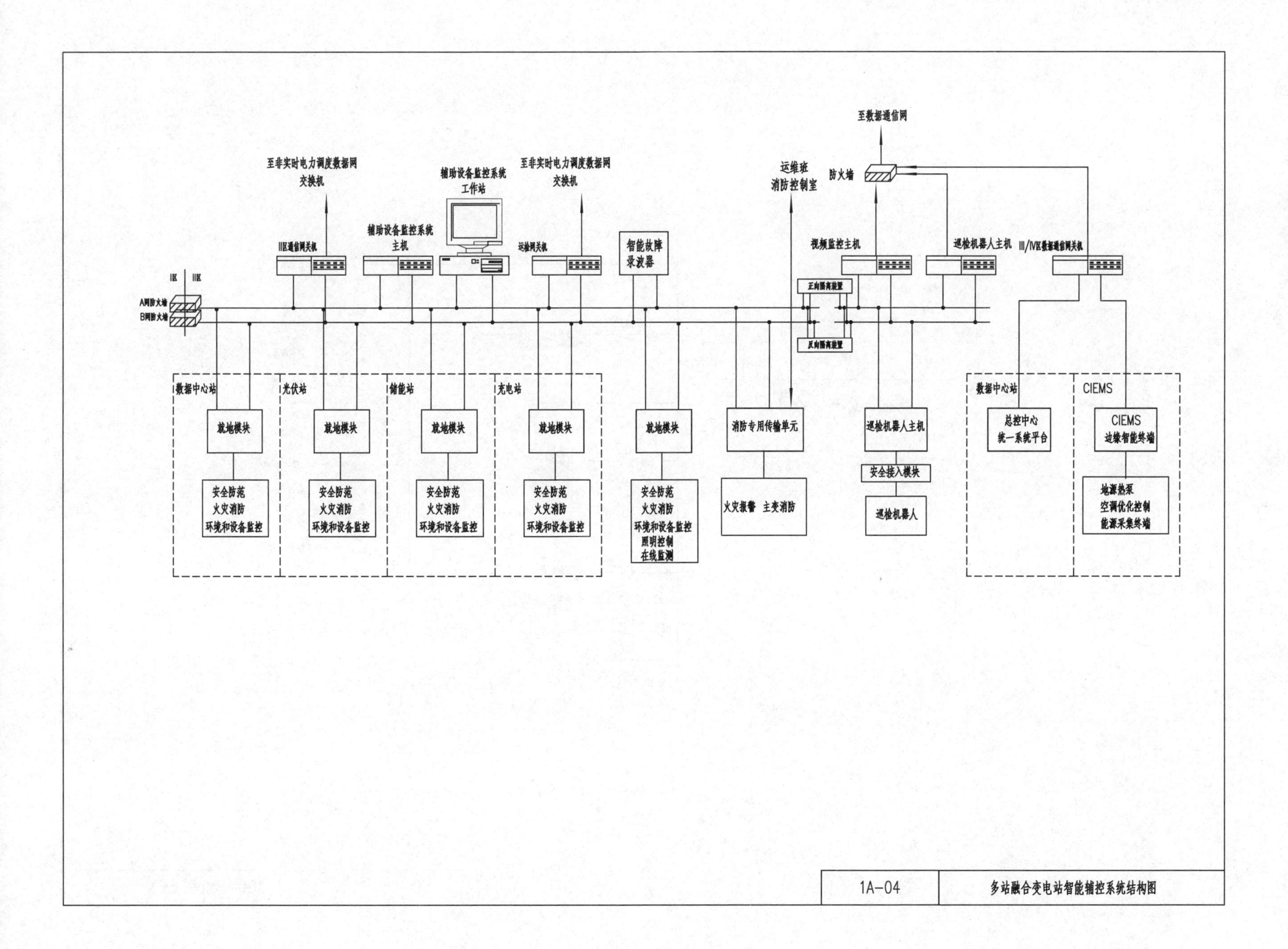

至非实时电力调度数据网
交换机
辅助设备监控系统
工作站
至非实时电力调度数据网
交换机
运维班
消防控制室
至数据通信网
防火墙
II区通信网关机
辅助设备监控系统
主机
运检网关机
智能故障
录波器
视频监控主机
巡检机器人主机
III/IV区数据通信网关机
I区
II区
A网防火墙
B网防火墙
正向隔离装置
反向隔离装置
数据中心站
光伏站
储能站
充电站
就地模块
就地模块
就地模块
就地模块
就地模块
安全防范
火灾消防
环境和设备监控
安全防范
火灾消防
环境和设备监控
安全防范
火灾消防
环境和设备监控
安全防范
火灾消防
环境和设备监控
安全防范
火灾消防
环境和设备监控
照明控制
在线监测
消防专用传输单元
火灾报警 主变消防
巡检机器人主机
安全接入模块
巡检机器人
数据中心站
总控中心
统一系统平台
CIEMS
CIEMS
边缘智能终端
地源热泵
空调优化控制
能源采集终端
1A-04
多站融合变电站智能辅控系统结构图

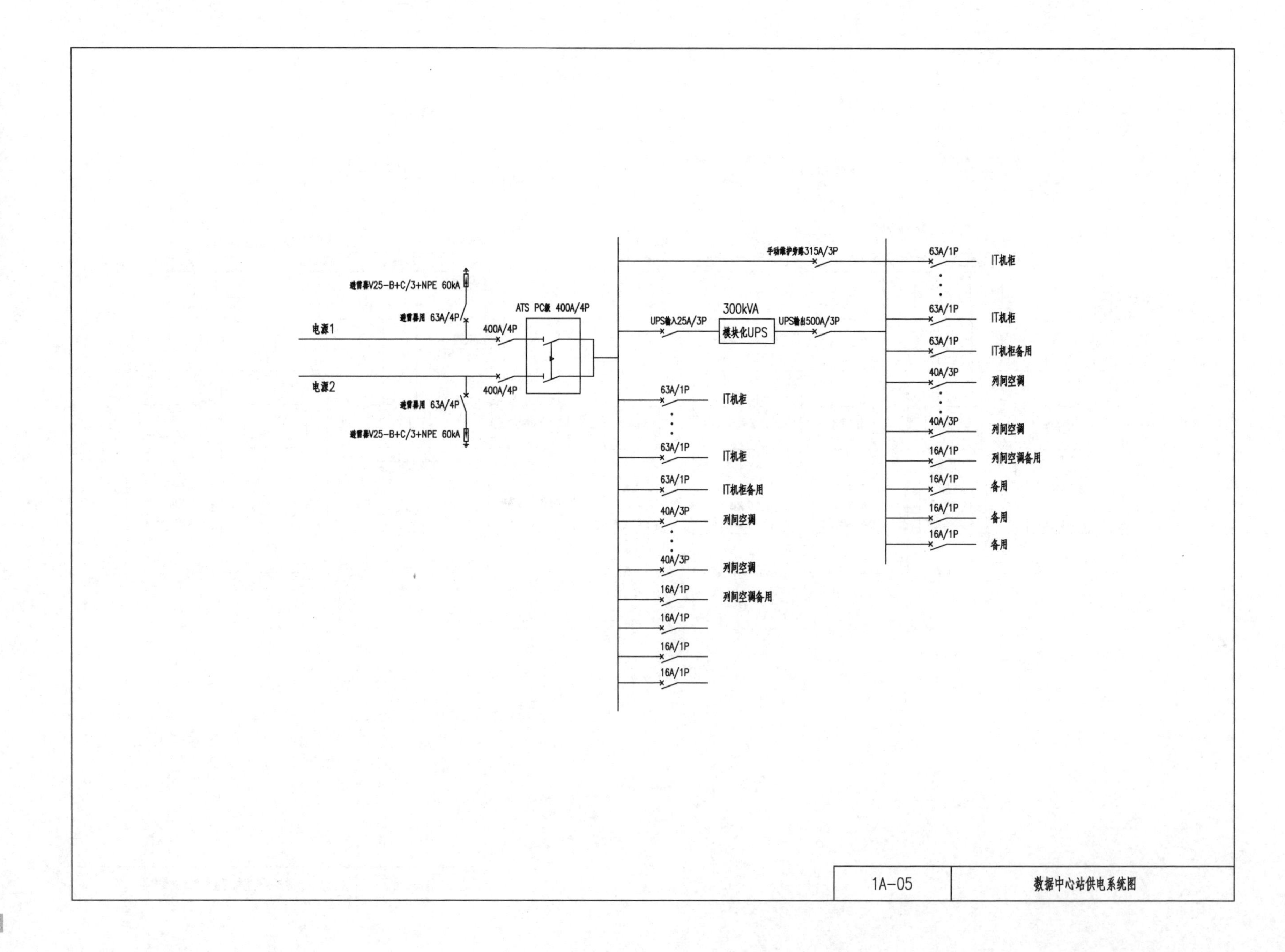
避雷器V25-B+C/3+NPE 60kA
避雷器用 63A/4P
电源1
400A/4P
ATS PC级 400A/4P
电源2
400A/4P
避雷器用 63A/4P
避雷器V25-B+C/3+NPE 60kA
手动维护旁路315A/3P
UPS输入25A/3P
300kVA
模块化UPS
UPS输出500A/3P
63A/1P
IT机柜
63A/1P
IT机柜
63A/1P
IT机柜备用
40A/3P
列间空调
40A/3P
列间空调
16A/1P
列间空调备用
16A/1P
16A/1P
16A/1P
63A/1P
IT机柜
63A/1P
IT机柜
63A/1P
IT机柜备用
40A/3P
列间空调
40A/3P
列间空调
16A/1P
列间空调备用
16A/1P
备用
16A/1P
备用
16A/1P
备用
1A-05
数据中心站供电系统图

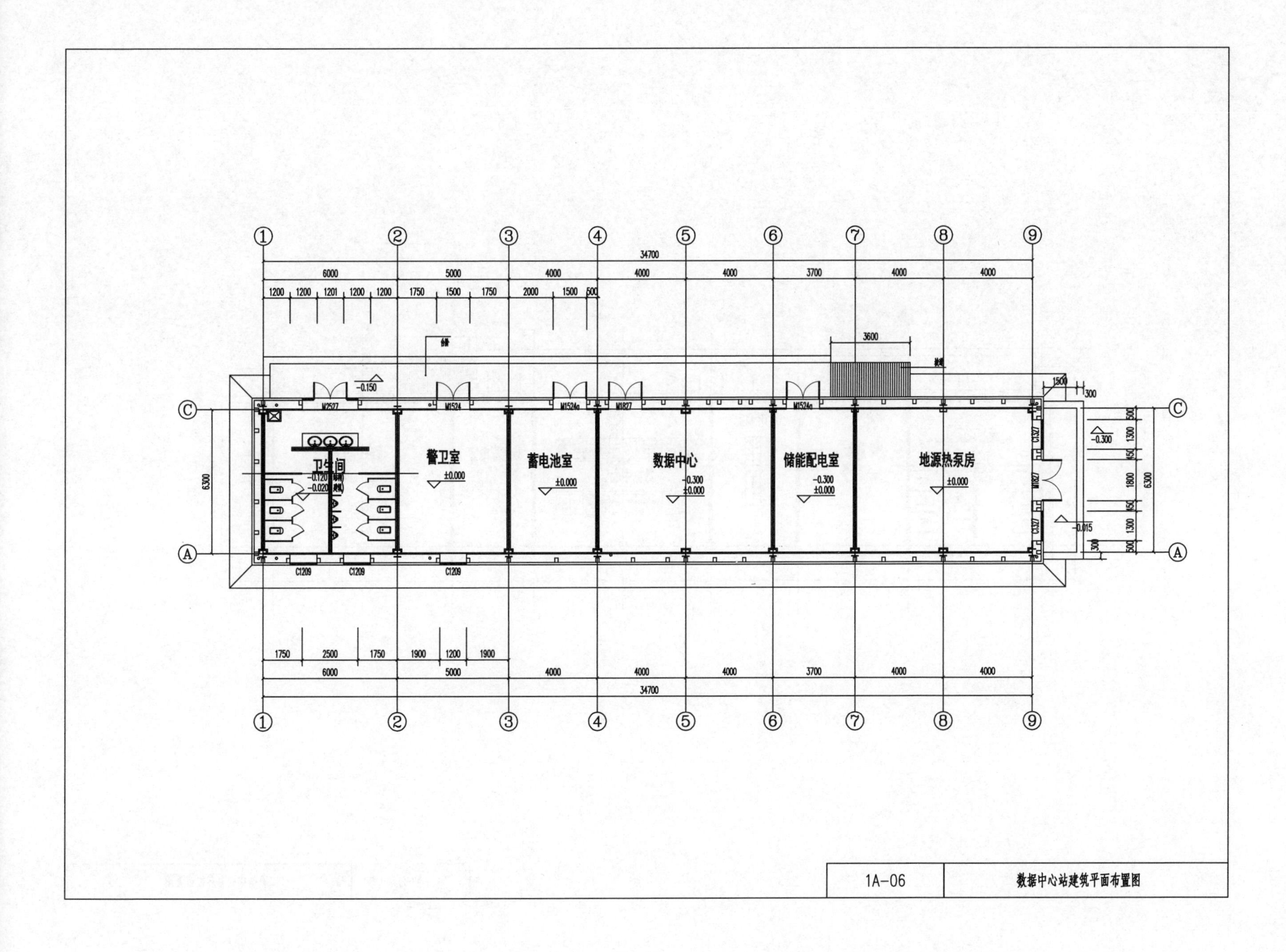
卫生间
警卫室
蓄电池室
数据中心
储能配电室
地源热泵房
1A-06
数据中心站建筑平面布置图

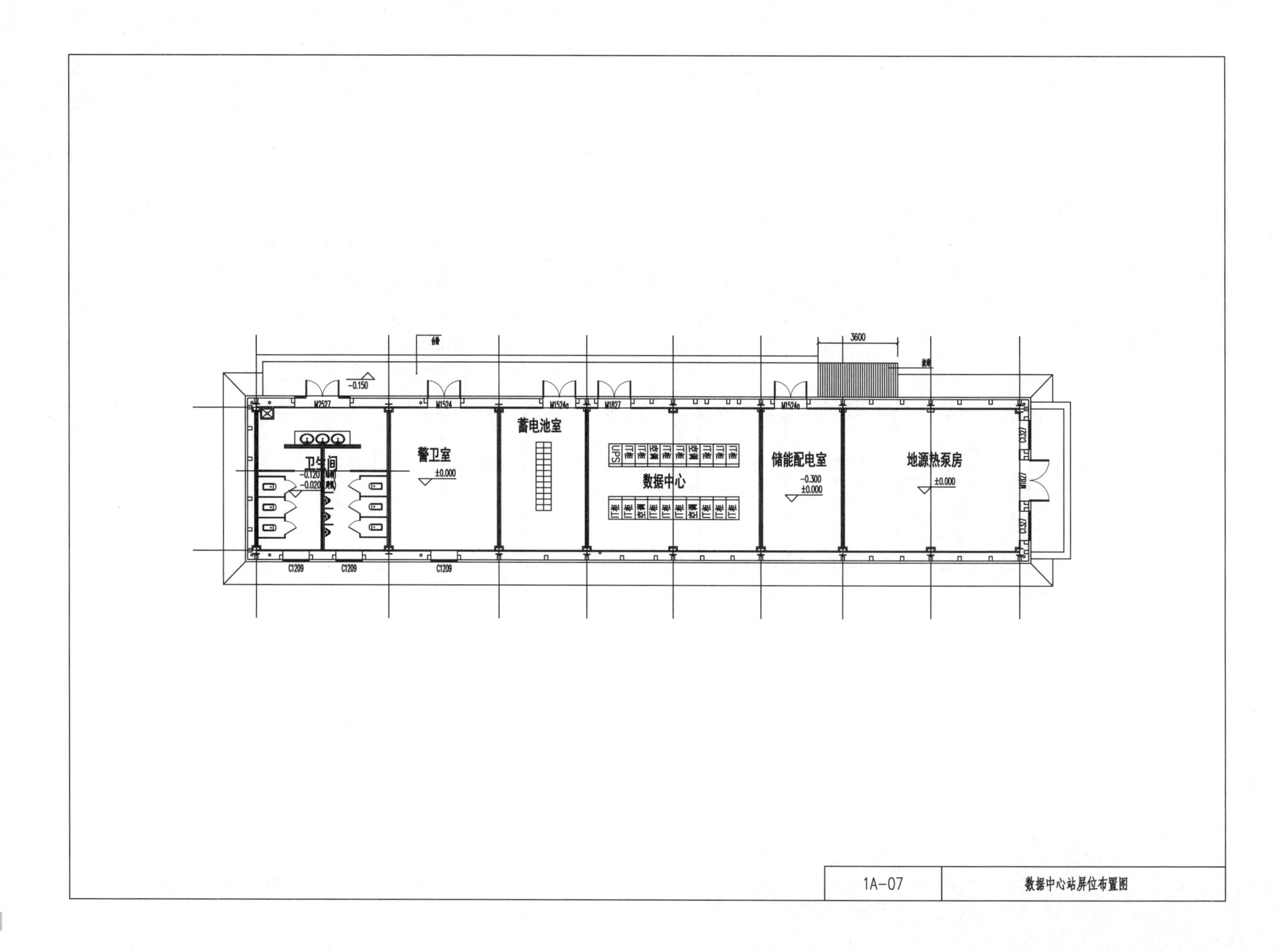

卫生间
警卫室
蓄电池室
数据中心
储能配电室
地源热泵房
±0.000
-0.150
-0.300
3600
UPS
M2527
M1524
M1524a
M1827
C1209
C1327
1A-07
数据中心站屏位布置图

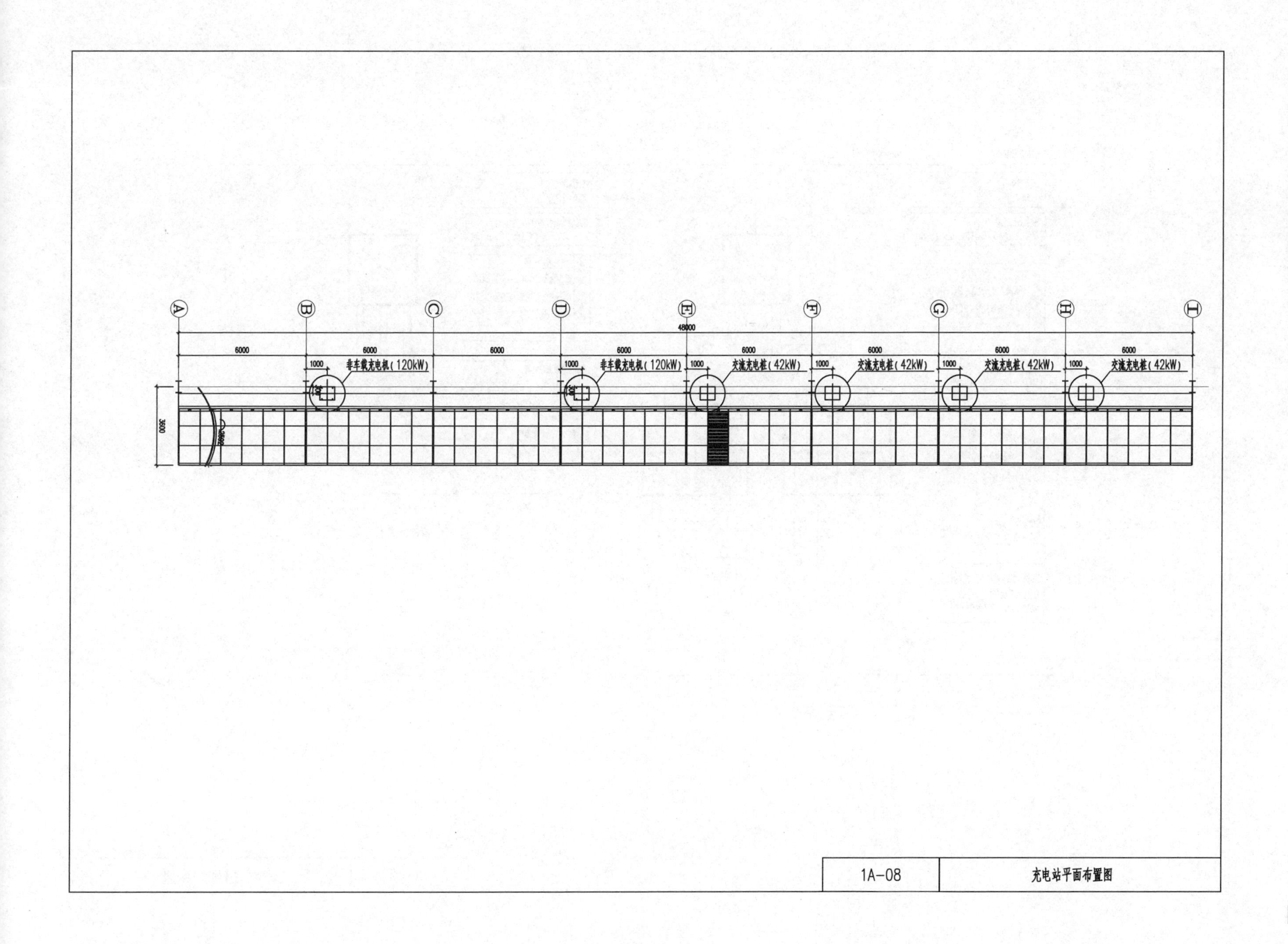

1A-08	充电站平面布置图

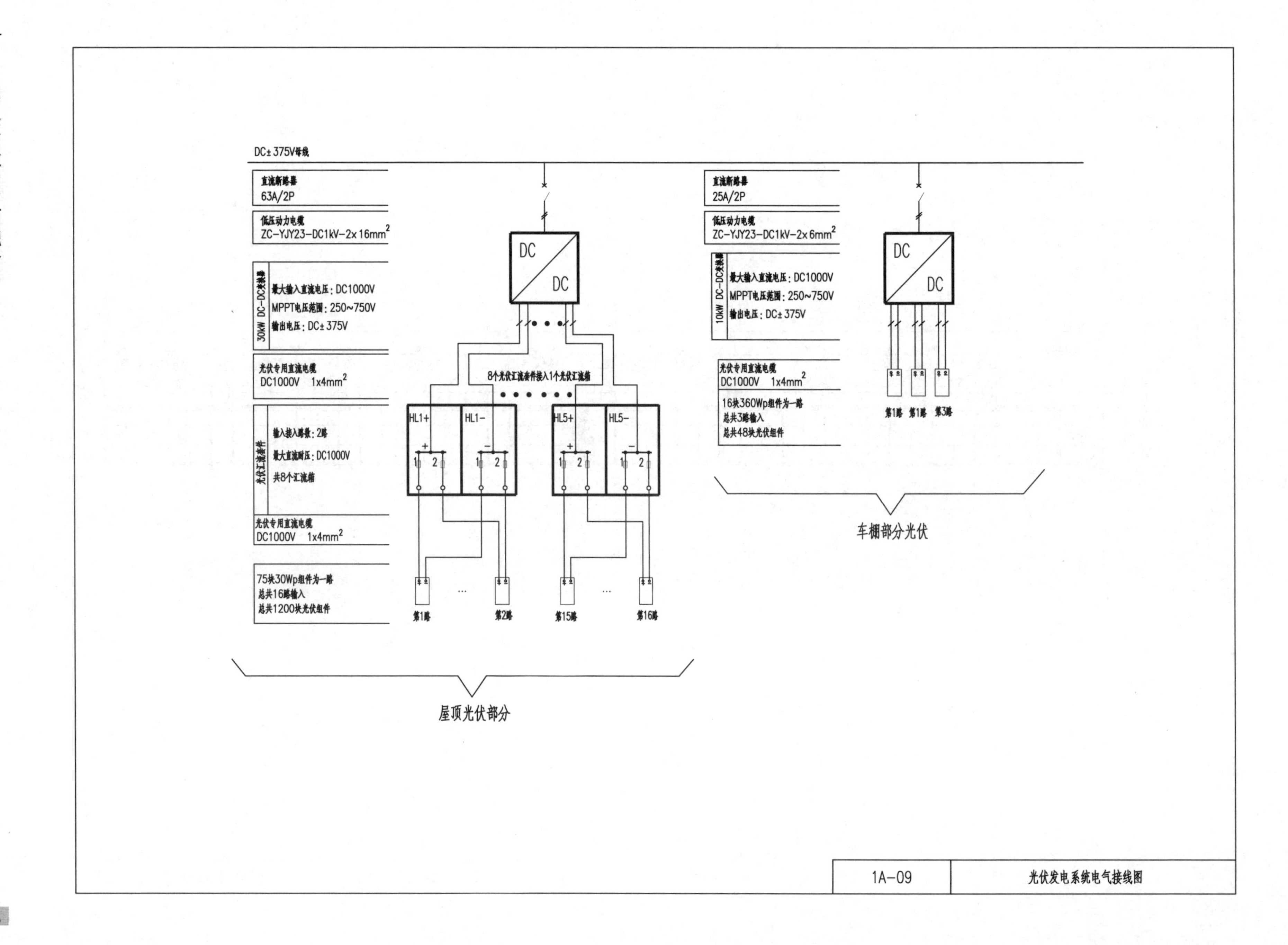
DC± 375V母线
直流断路器
63A/2P
低压动力电缆
ZC-YJY23-DC1kV-2x16mm2
30KW DC-DC变换器
最大输入直流电压：DC1000V
MPPT电压范围：250~750V
输出电压：DC± 375V
光伏专用直流电缆
DC1000V 1x4mm2
光伏汇流设备
输入接入路数：2路
最大直流耐压：DC1000V
共8个汇流箱
光伏专用直流电缆
DC1000V 1x4mm2
75块30Wp组件为一路
总共16路输入
总共1200块光伏组件
DC
DC
8个光伏汇流套件接入1个光伏汇流箱
HL1+
HL1-
HL5+
HL5-
第1路
第2路
第15路
第16路
屋顶光伏部分
直流断路器
25A/2P
低压动力电缆
ZC-YJY23-DC1kV-2x6mm2
10kW DC-DC变换器
最大输入直流电压：DC1000V
MPPT电压范围：250~750V
输出电压：DC± 375V
光伏专用直流电缆
DC1000V 1x4mm2
16块360Wp组件为一路
总共3路输入
总共48块光伏组件
第1路
第1路
第3路
车棚部分光伏
1A-09
光伏发电系统电气接线图

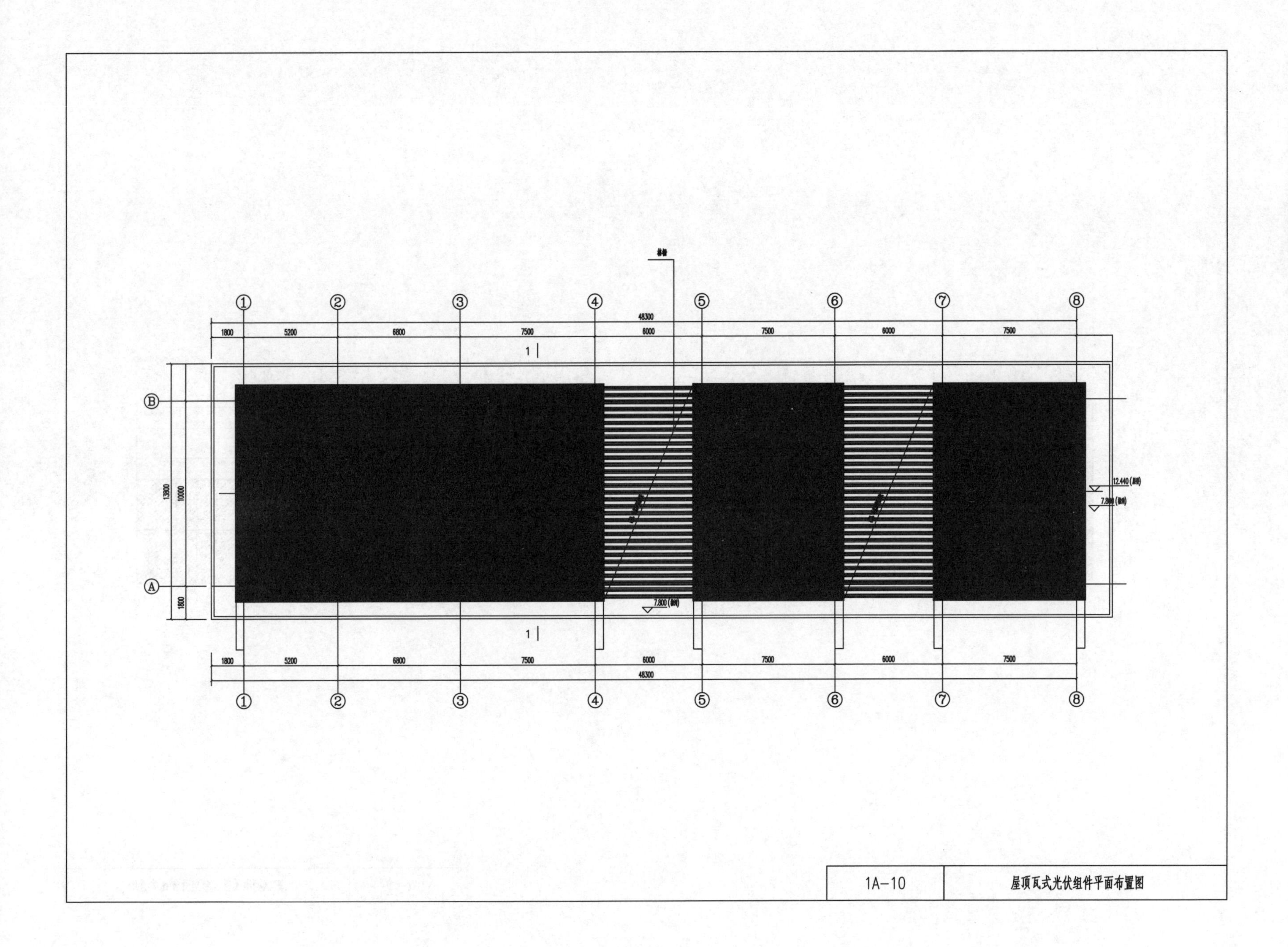

①
②
③
④
⑤
⑥
⑦
⑧
48300
1800
5200
6800
7500
6000
7500
6000
7500
1
Ⓑ
Ⓐ
13800
10000
1800
12.440
7.800
7.800
1A-10
屋顶瓦式光伏组件平面布置图

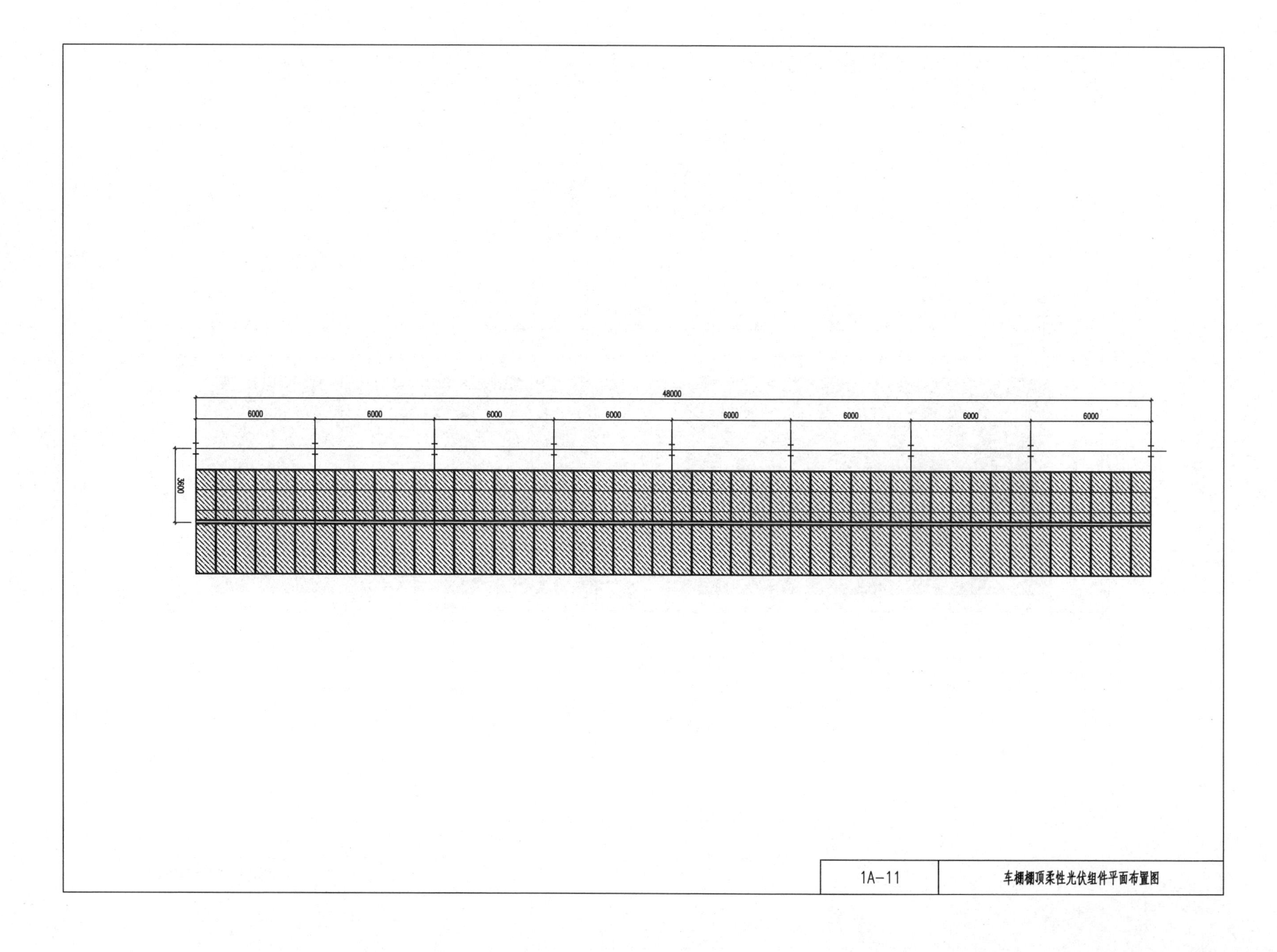
48000
6000
6000
6000
6000
6000
6000
6000
6000
3600
1A-11
车棚棚顶柔性光伏组件平面布置图

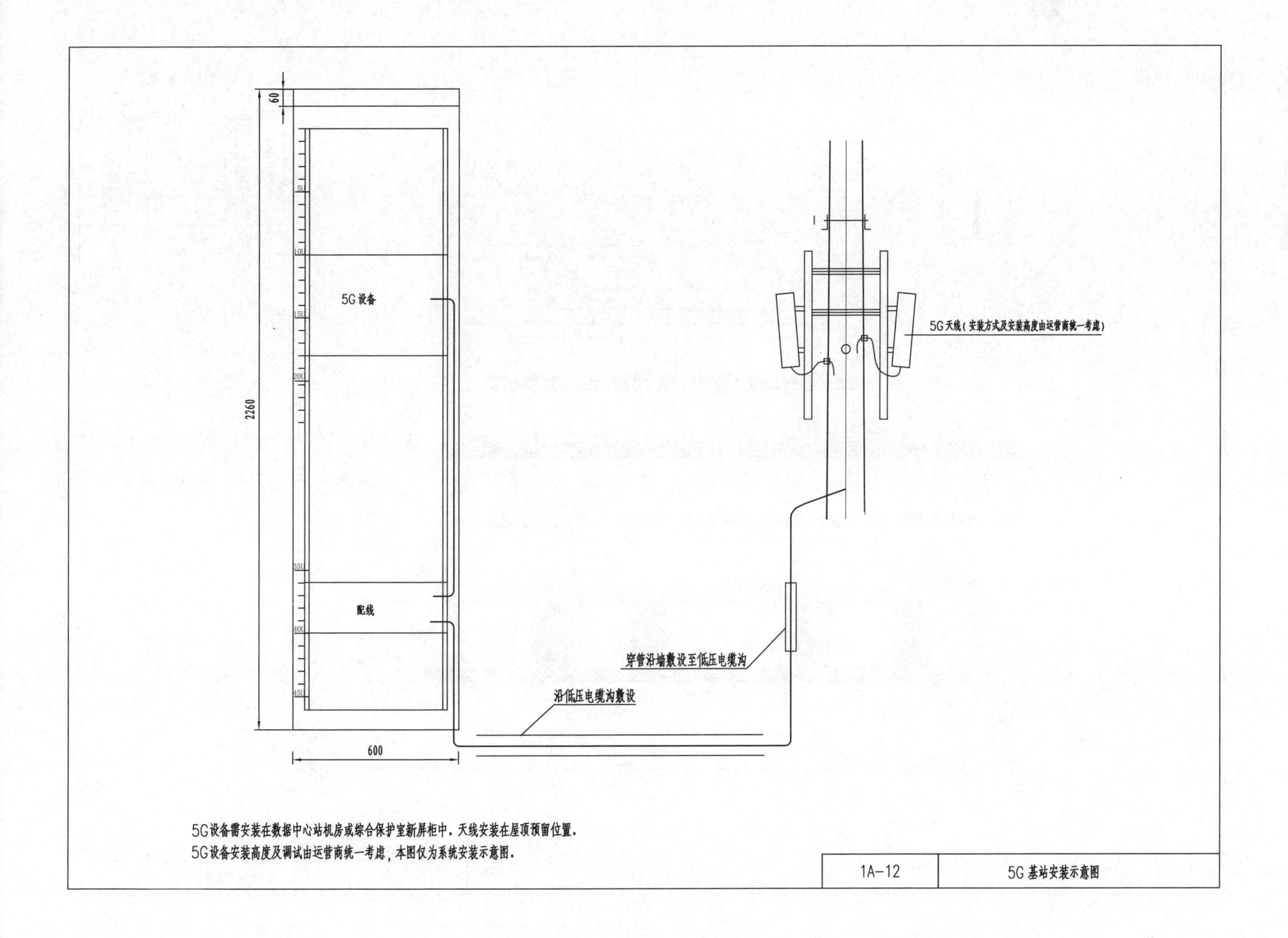
60
2260
600
5G设备
配线
5G天线（安装方式及安装高度由运营商统一考虑）
穿管沿墙敷设至低压电缆沟
沿低压电缆沟敷设
5G设备需安装在数据中心站机房或综合保护室新屏柜中。天线安装在屋顶预留位置。
5G设备安装高度及调试由运营商统一考虑，本图仅为系统安装示意图。
1A-12
5G基站安装示意图

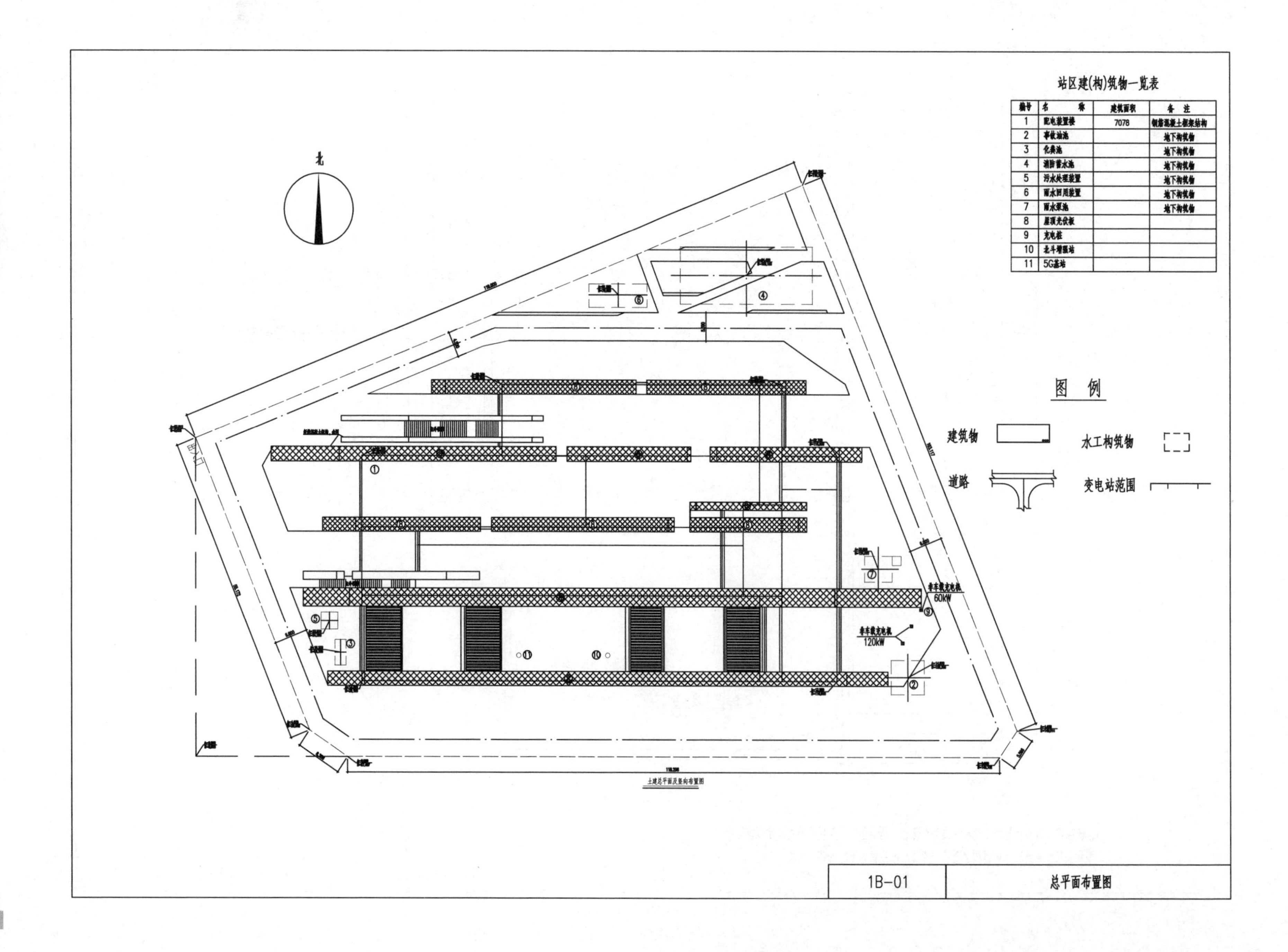

站区建(构)筑物一览表

编号	名称	建筑面积	备注
1	配电装置楼	7078	钢筋混凝土框架结构
2	事故油池		地下构筑物
3	化粪池		地下构筑物
4	消防蓄水池		地下构筑物
5	污水处理装置		地下构筑物
6	雨水回用装置		地下构筑物
7	雨水泵池		地下构筑物
8	屋顶光伏板		
9	充电桩		
10	北斗增强站		
11	5G基站		

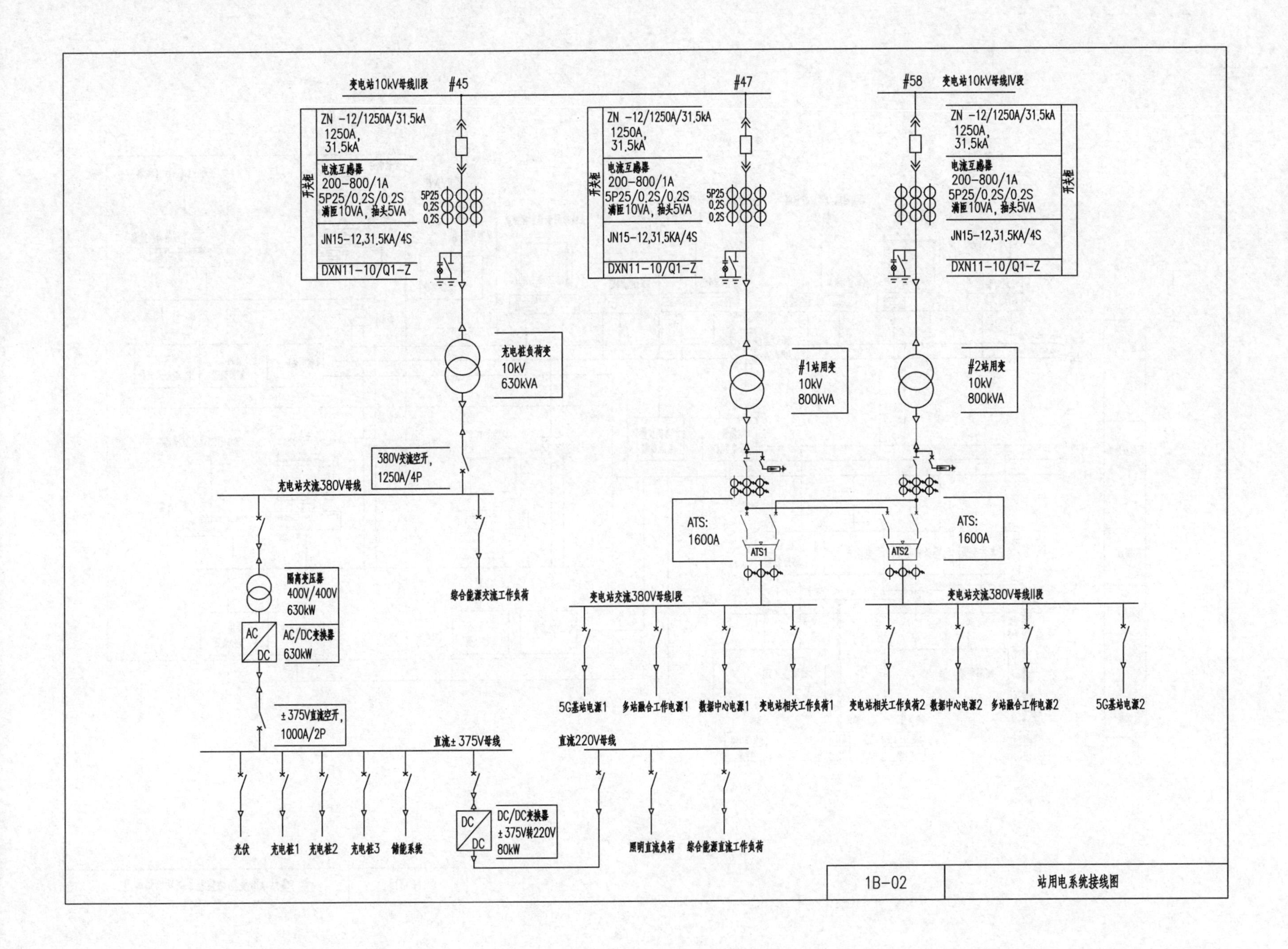
变电站10kV母线II段
#45
#47
#58
变电站10kV母线IV段
ZN -12/1250A/31.5kA
1250A,
31.5kA
电流互感器
200-800/1A
5P25/0.2S/0.2S
满匝10VA，抽头5VA
JN15-12,31.5KA/4S
DXN11-10/Q1-Z
开关柜
5P25
0.2S
0.2S
充电桩负荷变
10kV
630kVA
#1站用变
10kV
800kVA
#2站用变
10kV
800kVA
380V交流空开，
1250A/4P
充电站交流380V母线
综合能源交流工作负荷
ATS:
1600A
ATS1
ATS2
隔离变压器
400V/400V
630kW
AC
DC
AC/DC变换器
630kW
变电站交流380V母线I段
变电站交流380V母线II段
5G基站电源1
多站融合工作电源1
数据中心电源1
变电站相关工作负荷1
变电站相关工作负荷2
数据中心电源2
多站融合工作电源2
5G基站电源2
±375V直流空开，
1000A/2P
直流±375V母线
直流220V母线
光伏
充电桩1
充电桩2
充电桩3
储能系统
DC/DC变换器
±375V转220V
80kW
照明直流负荷
综合能源直流工作负荷
1B-02
站用电系统接线图

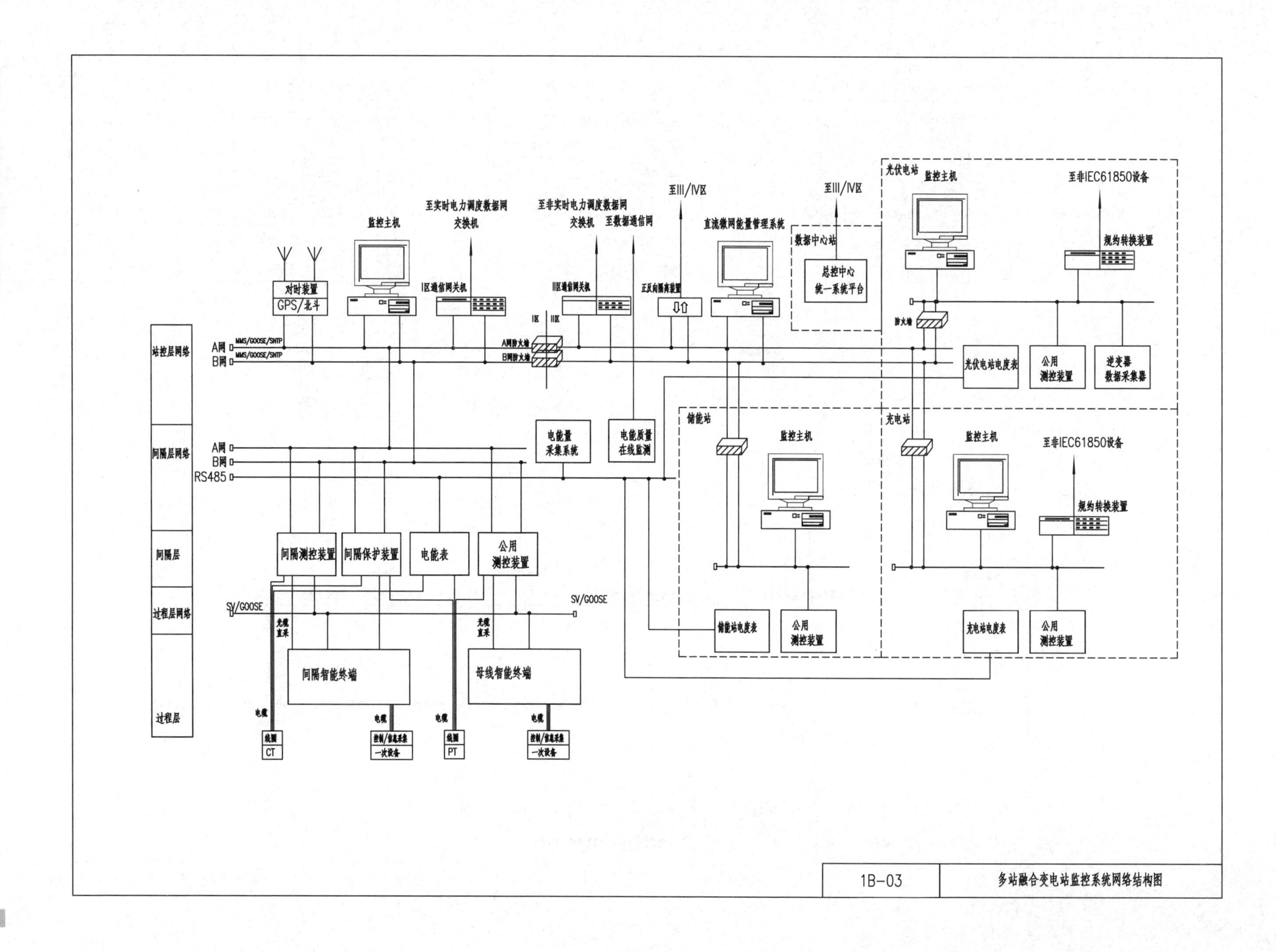

1B-03	多站融合变电站监控系统网络结构图

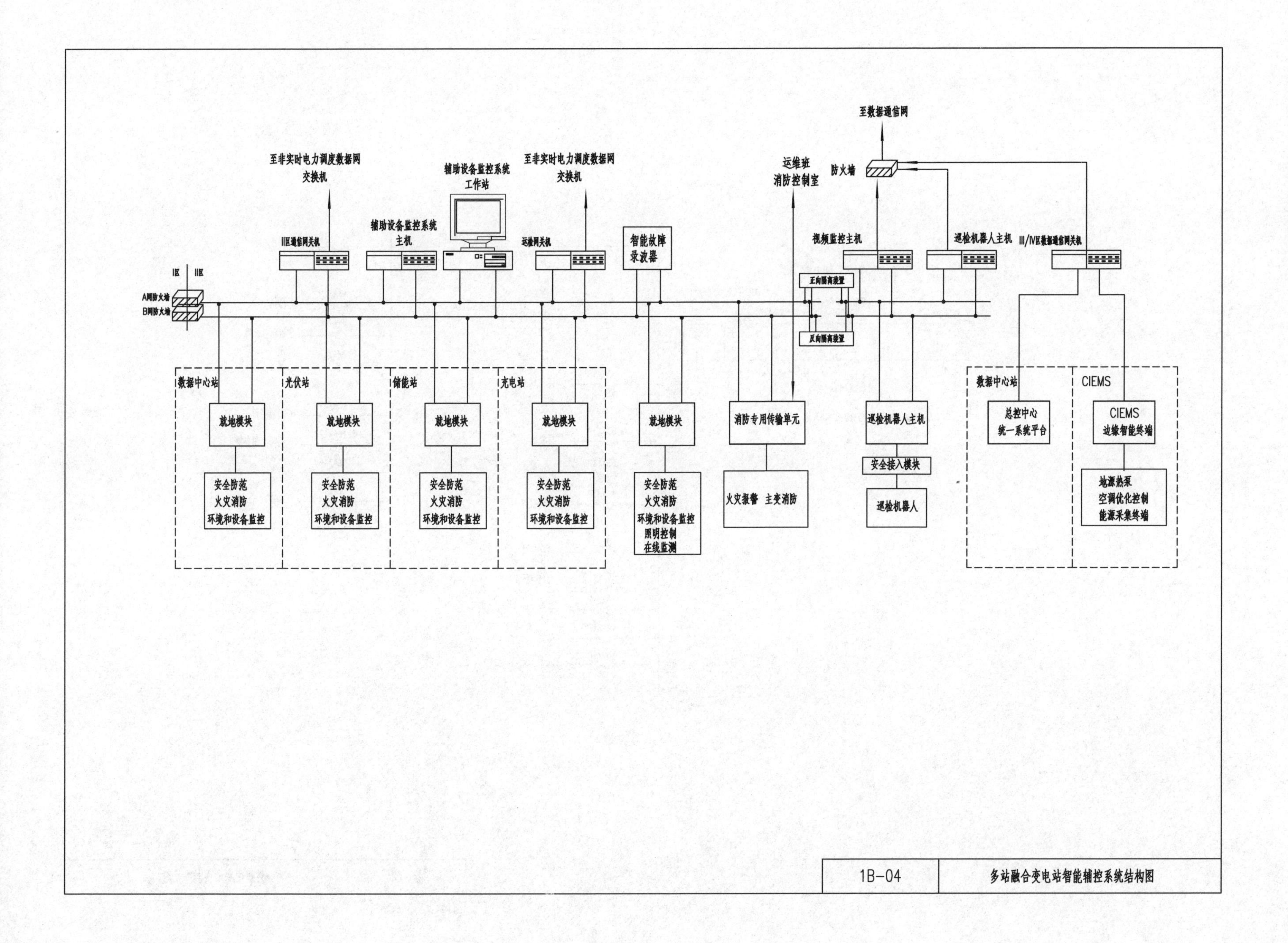

至数据通信网
至非实时电力调度数据网
交换机
辅助设备监控系统
工作站
至非实时电力调度数据网
交换机
运维班
消防控制室
防火墙
辅助设备监控系统
主机
II区通信网关机
运检网关机
智能故障
录波器
视频监控主机
巡检机器人主机
III/IV区数据通信网关机
I区
II区
A网防火墙
B网防火墙
正向隔离装置
反向隔离装置
数据中心站
光伏站
储能站
充电站
就地模块
就地模块
就地模块
就地模块
就地模块
安全防范
火灾消防
环境和设备监控
安全防范
火灾消防
环境和设备监控
安全防范
火灾消防
环境和设备监控
安全防范
火灾消防
环境和设备监控
安全防范
火灾消防
环境和设备监控
照明控制
在线监测
消防专用传输单元
火灾报警 主变消防
巡检机器人主机
安全接入模块
巡检机器人
数据中心站
CIEMS
总控中心
统一系统平台
CIEMS
边缘智能终端
地源热泵
空调优化控制
能源采集终端
1B-04
多站融合变电站智能辅控系统结构图

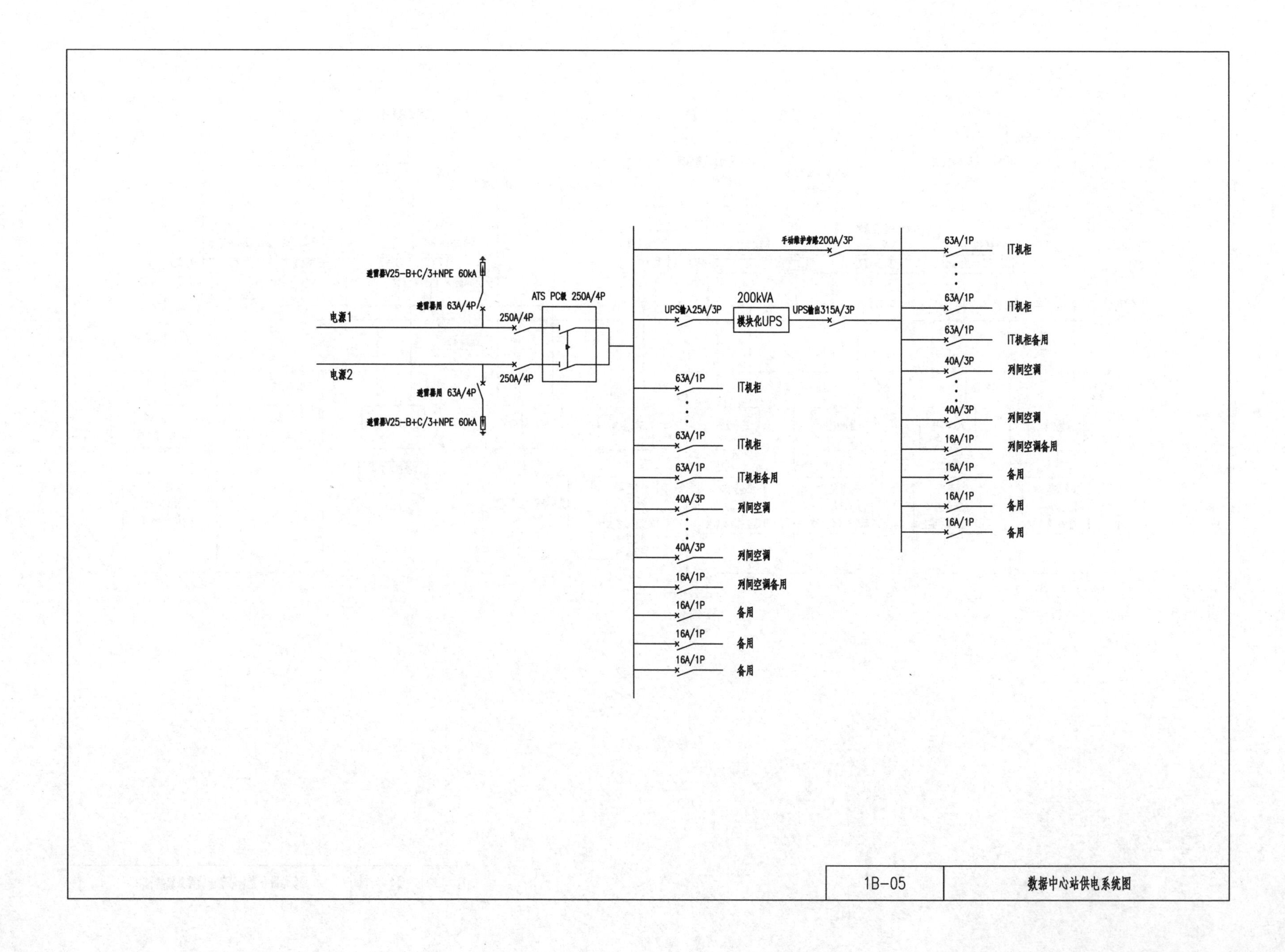
避雷器V25-B+C/3+NPE 60kA
避雷器用 63A/4P
ATS PC级 250A/4P
电源1
250A/4P
电源2
250A/4P
避雷器用 63A/4P
避雷器V25-B+C/3+NPE 60kA
手动维护旁路200A/3P
200kVA
UPS输入25A/3P
模块化UPS
UPS输出315A/3P
63A/1P
IT机柜
63A/1P
IT机柜
63A/1P
IT机柜备用
40A/3P
列间空调
40A/3P
列间空调
16A/1P
列间空调备用
16A/1P
备用
16A/1P
备用
16A/1P
备用
1B-05
数据中心站供电系统图

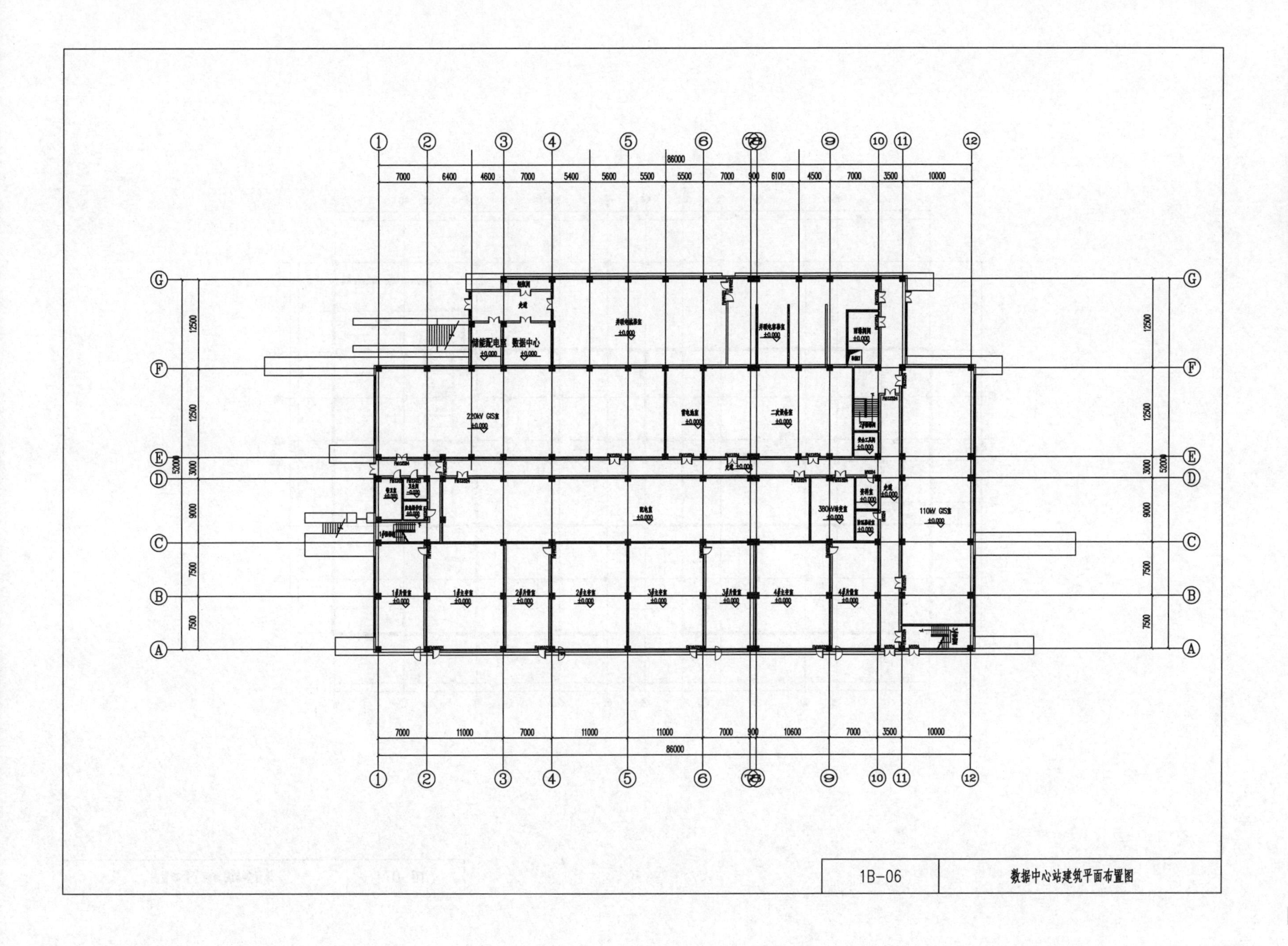

1B-06 数据中心站建筑平面布置图

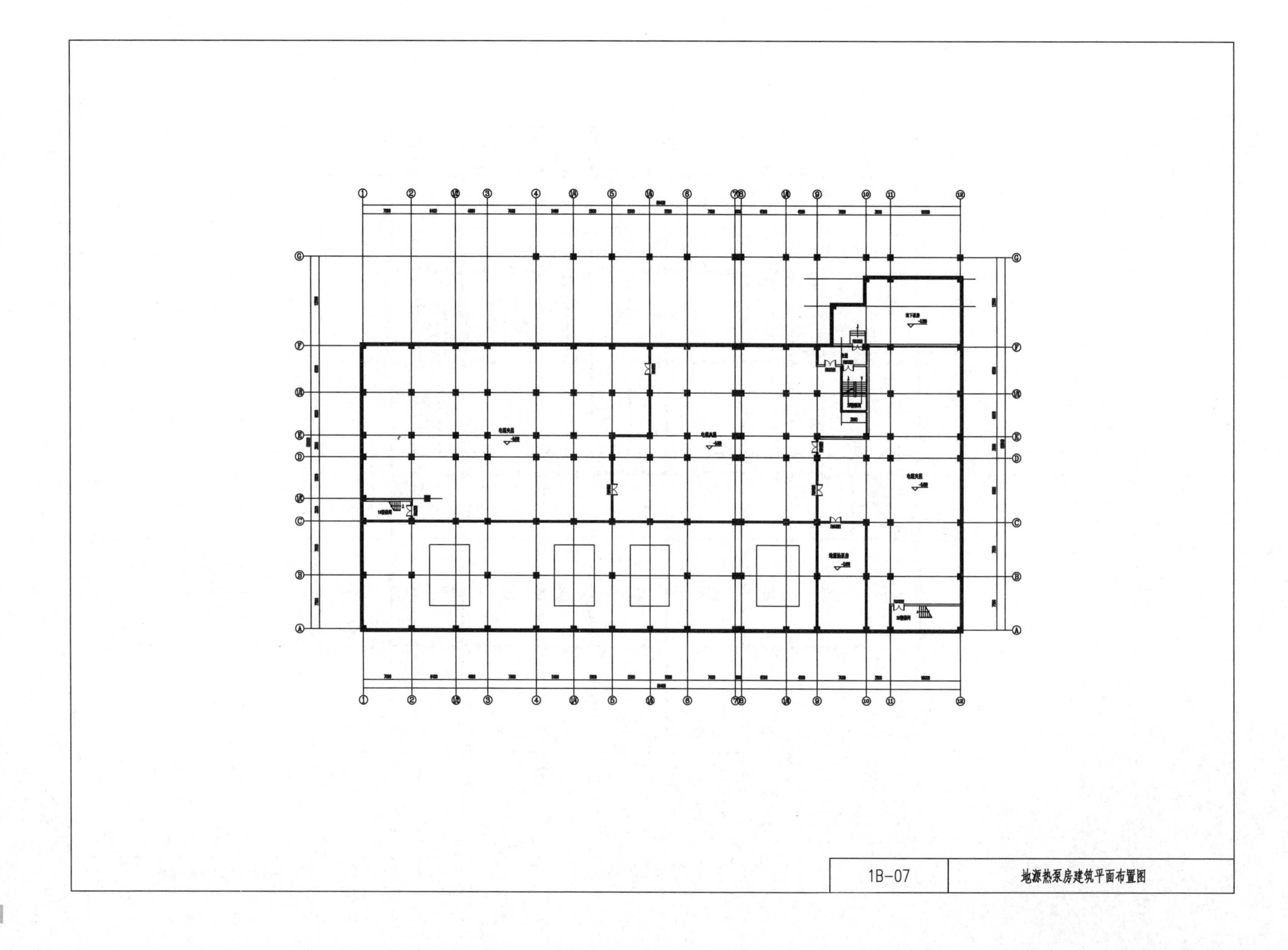
1B-07
地源热泵房建筑平面布置图

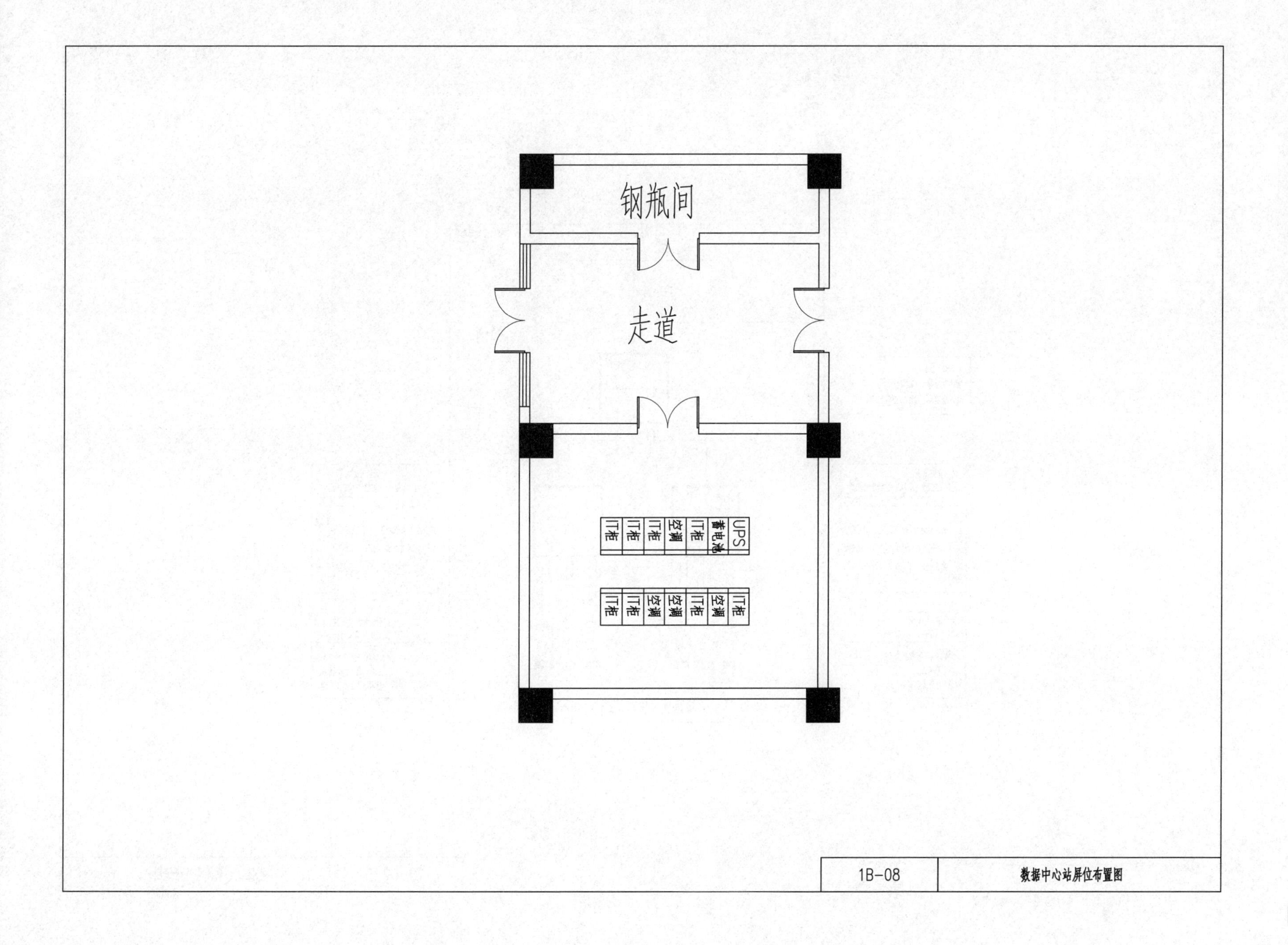
钢瓶间
走道
UPS
蓄电池
IT柜
空调
IT柜
IT柜
IT柜
IT柜
空调
IT柜
空调
空调
IT柜
IT柜
1B-08
数据中心站屏位布置图

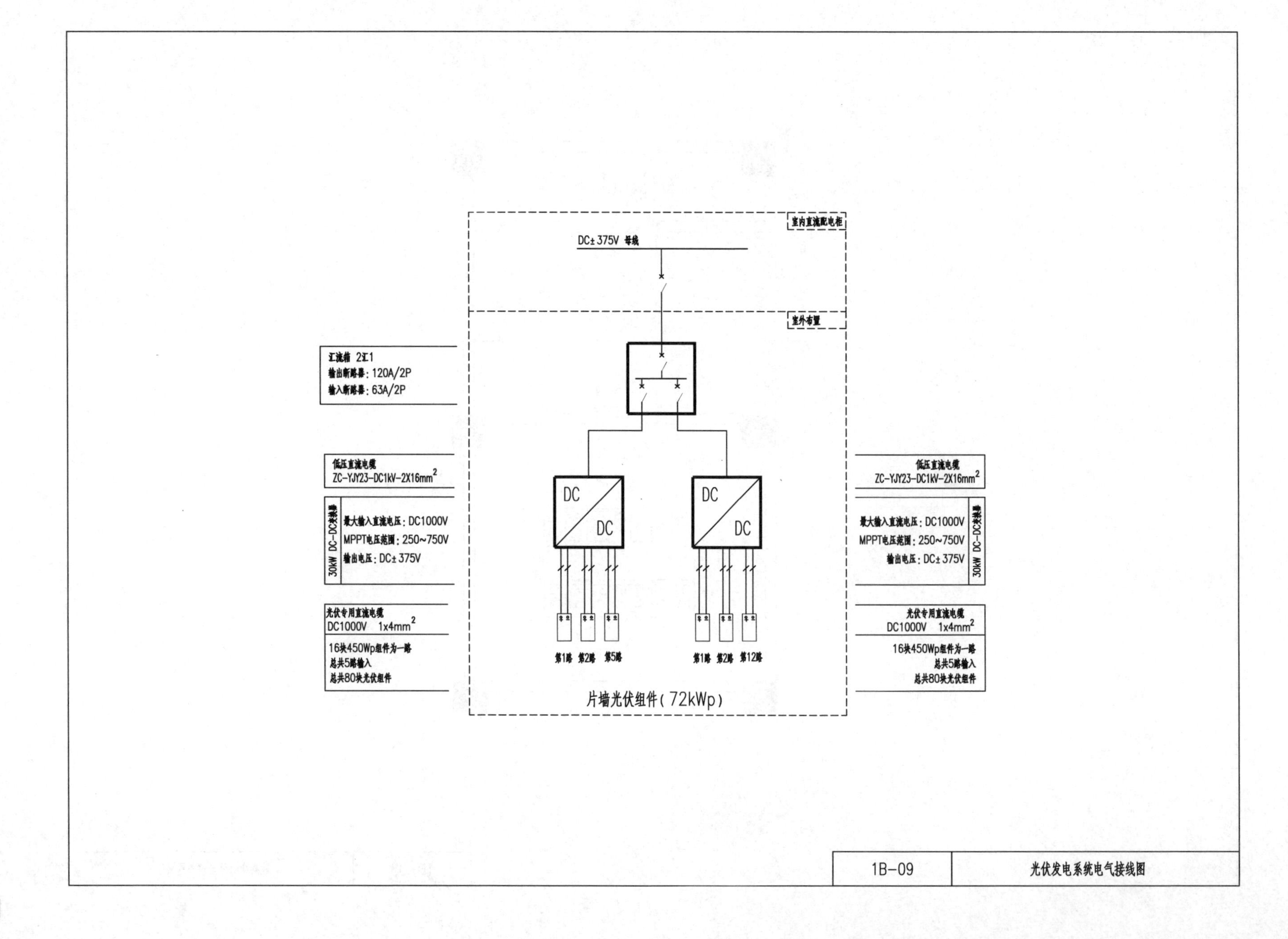
室内直流配电柜
DC± 375V 母线
室外布置
汇流箱 2汇1
输出断路器: 120A/2P
输入断路器: 63A/2P
低压直流电缆
ZC-YJY23-DC1kV-2X16mm2
30kW DC-DC变换器
最大输入直流电压: DC1000V
MPPT电压范围: 250~750V
输出电压: DC± 375V
光伏专用直流电缆
DC1000V 1x4mm2
16块450Wp组件为一路
总共5路输入
总共80块光伏组件
DC
DC
第1路 第2路 第5路
第1路 第2路 第12路
片墙光伏组件(72kWp)
1B-09
光伏发电系统电气接线图

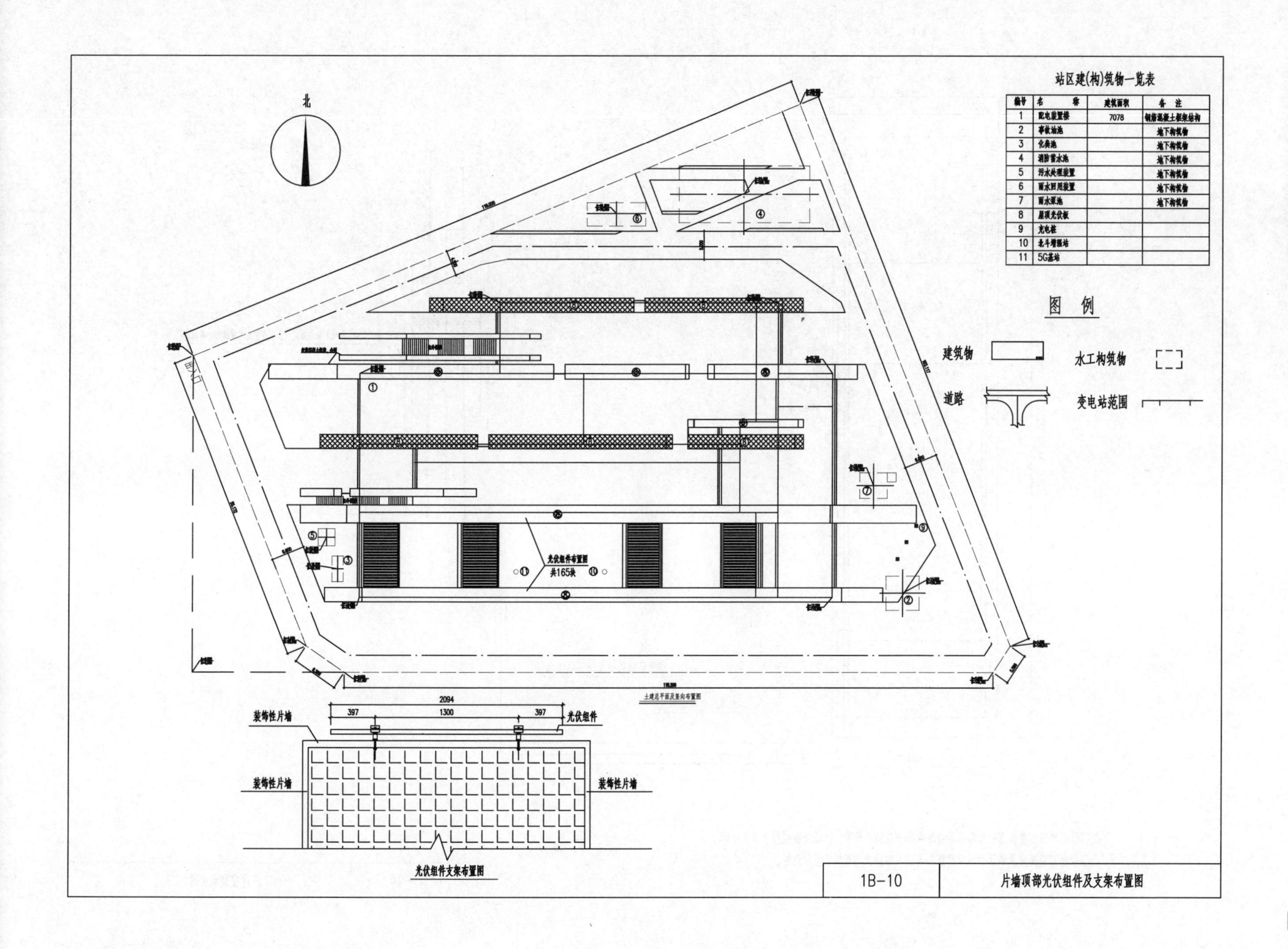

站区建(构)筑物一览表

编号	名称	建筑面积	备注
1	配电装置楼	7078	钢筋混凝土框架结构
2	事故油池		地下构筑物
3	化粪池		地下构筑物
4	消防蓄水池		地下构筑物
5	污水处理装置		地下构筑物
6	雨水回用装置		地下构筑物
7	雨水泵池		地下构筑物
8	屋顶光伏板		
9	充电桩		
10	北斗增强站		
11	5G基站		

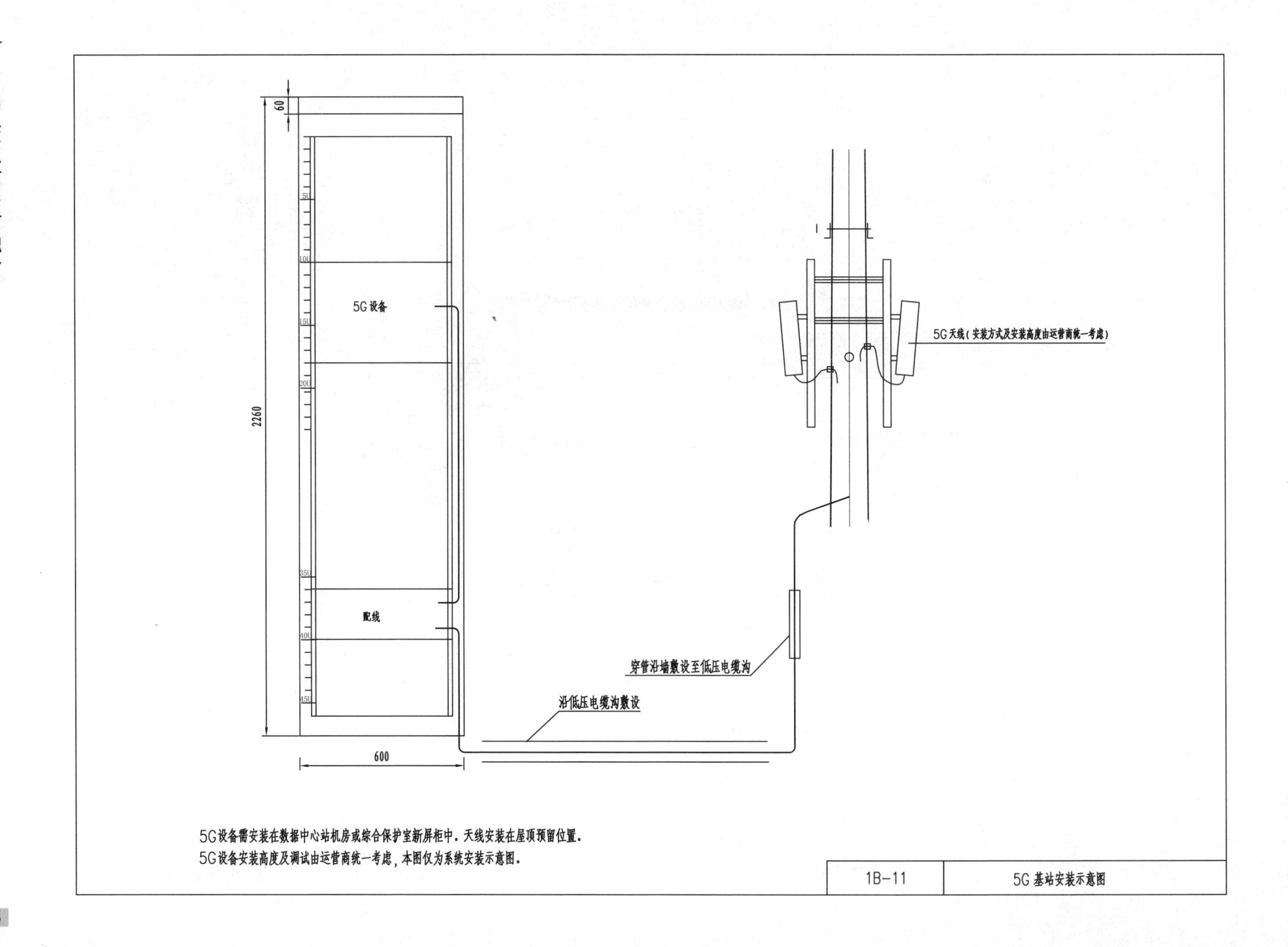
60
2260
5U
10U
15U
20U
35U
40U
45U
5G设备
配线
600
5G天线（安装方式及安装高度由运营商统一考虑）
穿管沿墙敷设至低压电缆沟
沿低压电缆沟敷设
5G设备需安装在数据中心站机房或综合保护室新屏柜中。天线安装在屋顶预留位置。
5G设备安装高度及调试由运营商统一考虑，本图仅为系统安装示意图。
1B-11
5G基站安装示意图

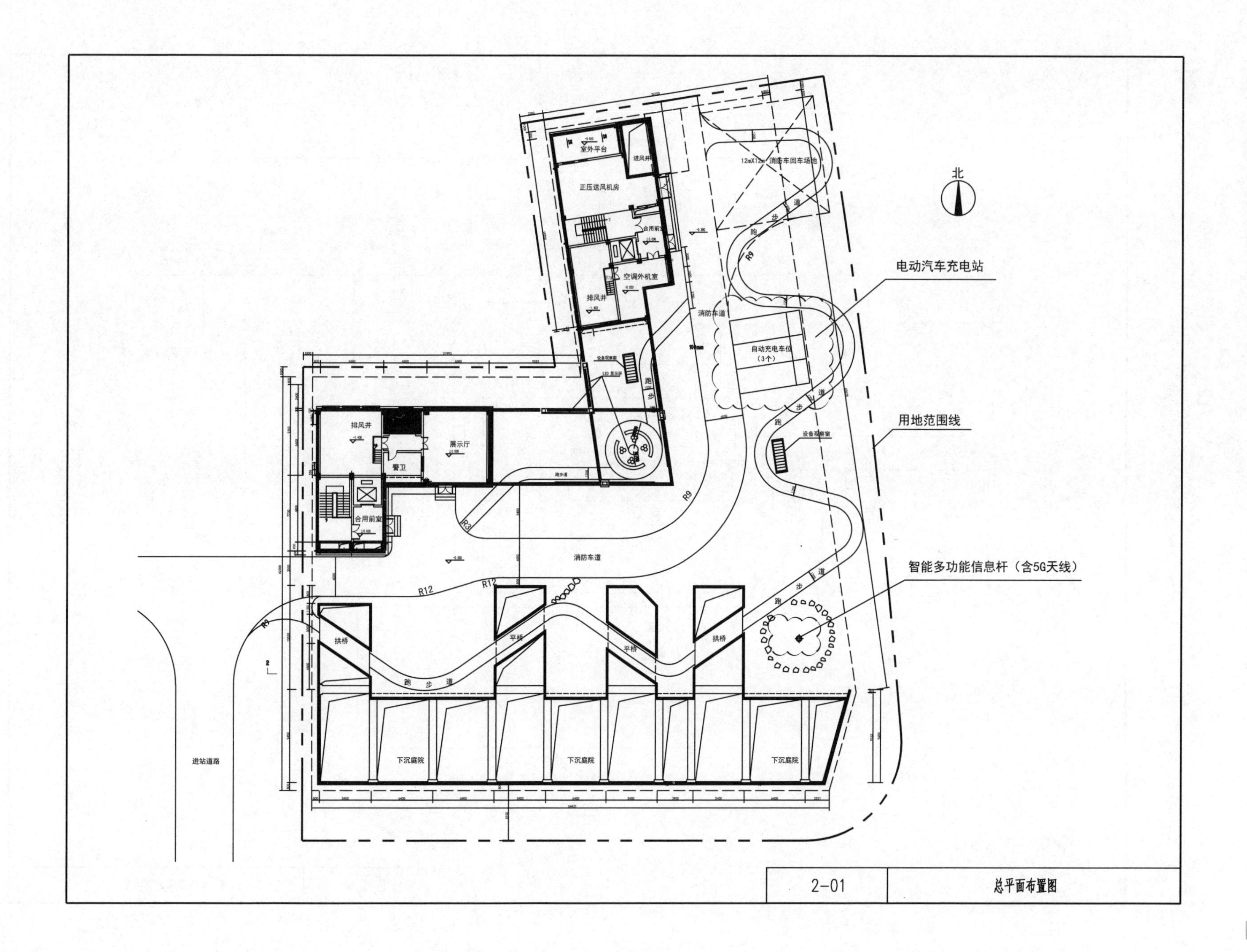
北
电动汽车充电站
用地范围线
智能多功能信息杆（含5G天线）
室外平台
进风井
正压送风机房
合用前室
空调外机室
排风井
12mX12m 消防车回车场地
消防车道
自动充电车位
（3个）
设备观察窗
跑步道
展示厅
警卫
合用前室
拱桥
平桥
下沉庭院
进站道路
R9
R3
R12
2-01
总平面布置图

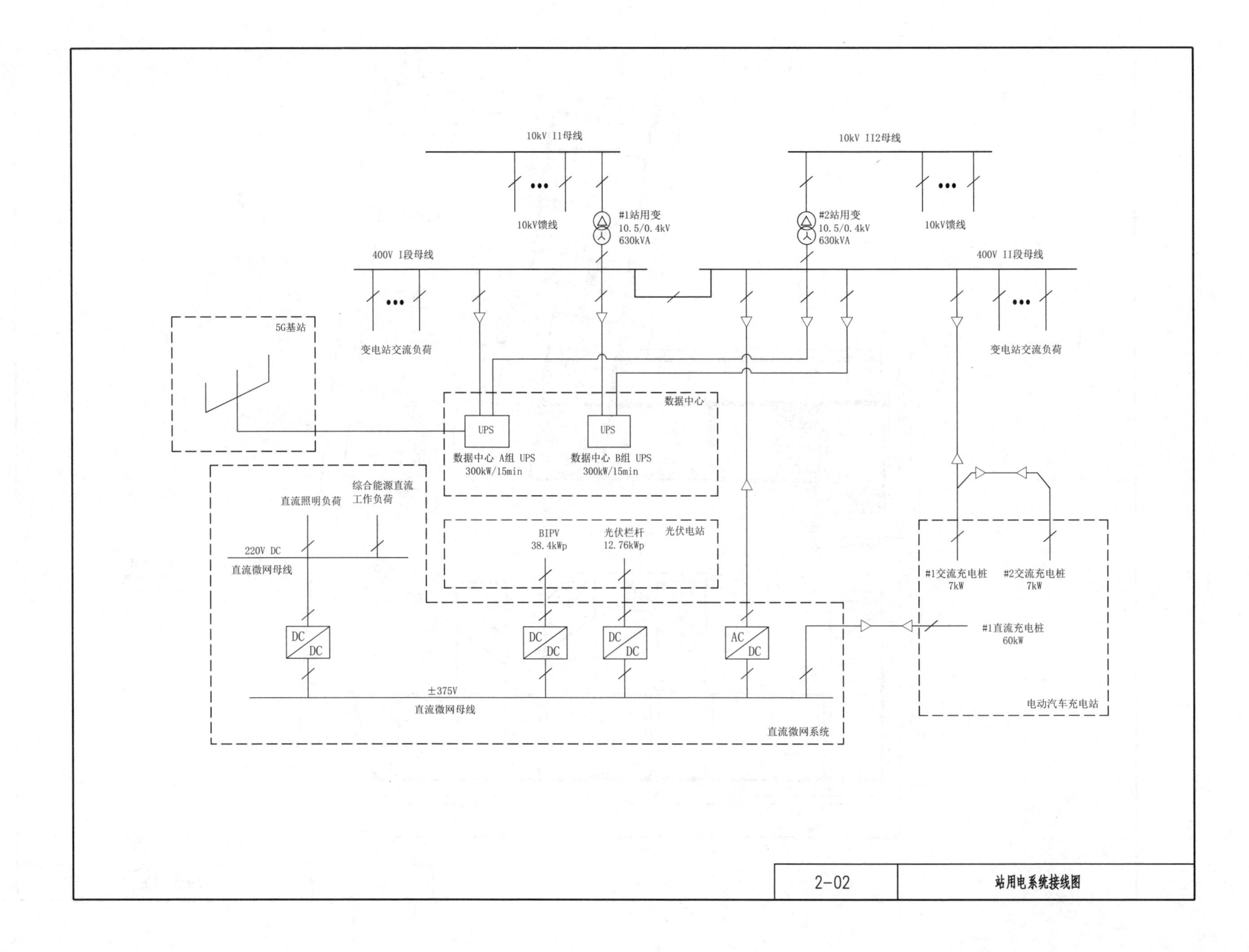
10kV I1母线
10kV II2母线
10kV馈线
10kV馈线
#1站用变
10.5/0.4kV
630kVA
#2站用变
10.5/0.4kV
630kVA
400V I段母线
400V II段母线
变电站交流负荷
变电站交流负荷
5G基站
数据中心
UPS
UPS
数据中心 A组 UPS
300kW/15min
数据中心 B组 UPS
300kW/15min
综合能源直流
工作负荷
直流照明负荷
220V DC
直流微网母线
BIPV
38.4kWp
光伏栏杆
12.76kWp
光伏电站
#1交流充电桩
7kW
#2交流充电桩
7kW
#1直流充电桩
60kW
DC
DC
AC
DC
±375V
直流微网母线
直流微网系统
电动汽车充电站
2-02
站用电系统接线图

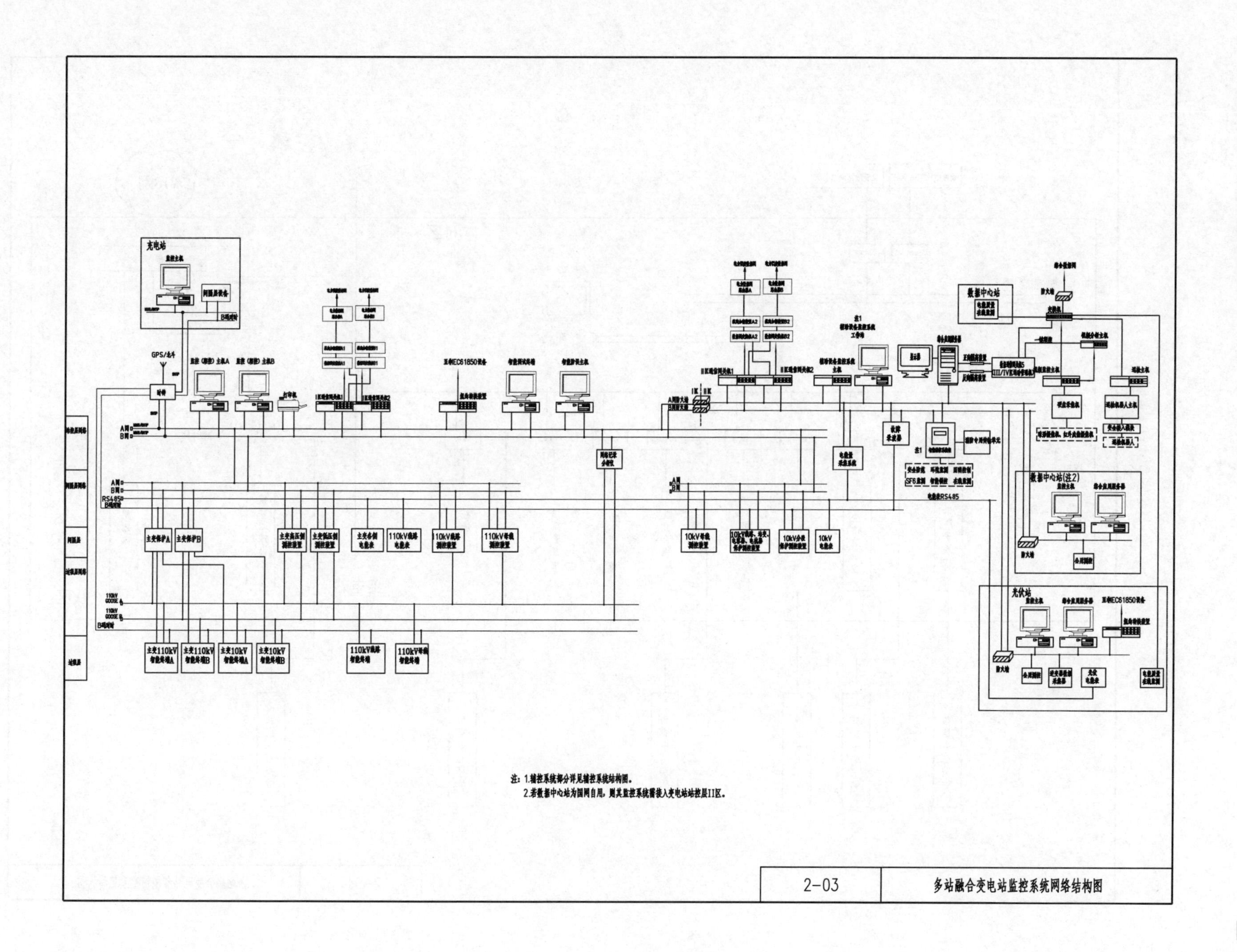
充电站
监控主机
间隔层设备
B码对时
GPS/北斗
时钟
监控（操控）主机A
监控（操控）主机B
打印机
I区通信网关机1
I区通信网关机2
IEC61850设备
智能防误主机
站控层网络
间隔层网络
间隔层
过程层网络
过程层
A网
B网
RS485
B码对时
网络记录分析仪
主变保护A
主变保护B
主变高压侧测控装置
主变低压侧测控装置
主变各侧电能表
110kV线路电能表
110kV线路测控装置
110kV母线测控装置
110kV GOOSE A
110kV GOOSE B
主变110kV智能终端A
主变110kV智能终端B
主变10kV智能终端A
主变10kV智能终端B
110kV线路智能终端
110kV母线智能终端
II区通信网关机1
II区通信网关机2
I区
II区
A网防火墙
B网防火墙
注1
工作站
主机
显示器
综合应用服务器
正向隔离装置
反向隔离装置
III/IV区
故障录波器
电能量采集系统
注1
安全防范
环境监测
照明控制
SF6监测
智能锁控
在线监测
电能表RS485
10kV母线测控装置
10kV线路、站变、电容器、电抗器保护测控装置
10kV分段保护测控装置
10kV电能表
数据中心站
电能质量在线监测
交换机
防火墙
视频分析主机
巡检主机
硬盘录像机
巡检机器人主机
安全接入模块
巡检机器人
数据中心站(注2)
监控主机
综合应用服务器
公用测控
防火墙
光伏站
监控主机
综合应用服务器
IEC61850设备
规约转换装置
防火墙
公用测控
逆变器数据采集器
光伏电能表
电能质量在线监测
注：1.辅控系统部分详见辅控系统结构图。
2.若数据中心站为国网自用，则其监控系统需接入变电站站控层II区。
2-03
多站融合变电站监控系统网络结构图

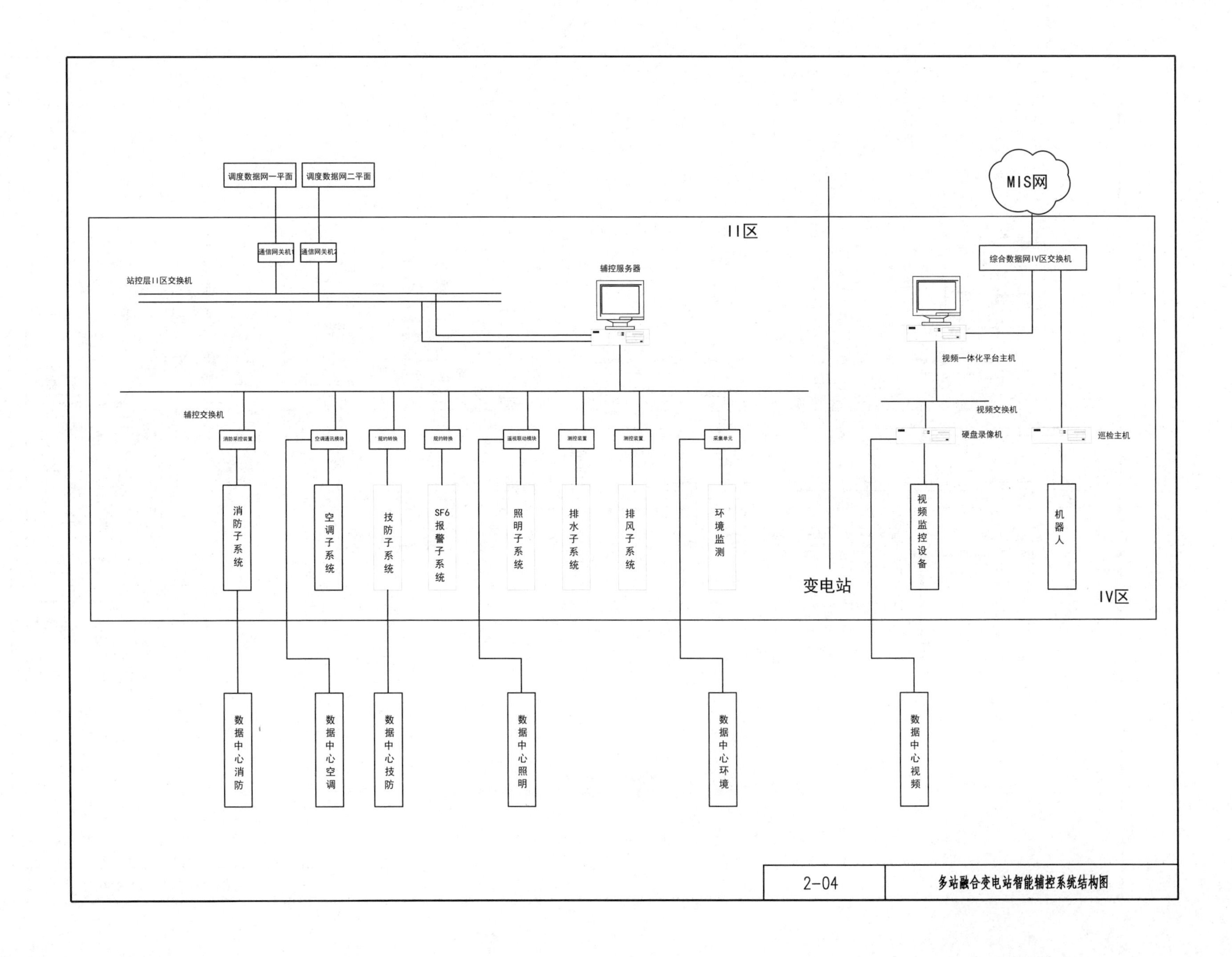
调度数据网一平面
调度数据网二平面
MIS网
II区
通信网关机1
通信网关机2
综合数据网IV区交换机
辅控服务器
站控层II区交换机
视频一体化平台主机
辅控交换机
视频交换机
消防采控装置
空调通讯模块
规约转换
规约转换
遥视联动模块
测控装置
测控装置
采集单元
硬盘录像机
巡检主机
消防子系统
空调子系统
技防子系统
SF6报警子系统
照明子系统
排水子系统
排风子系统
环境监测
变电站
视频监控设备
机器人
IV区
数据中心消防
数据中心空调
数据中心技防
数据中心照明
数据中心环境
数据中心视频
2-04
多站融合变电站智能辅控系统结构图

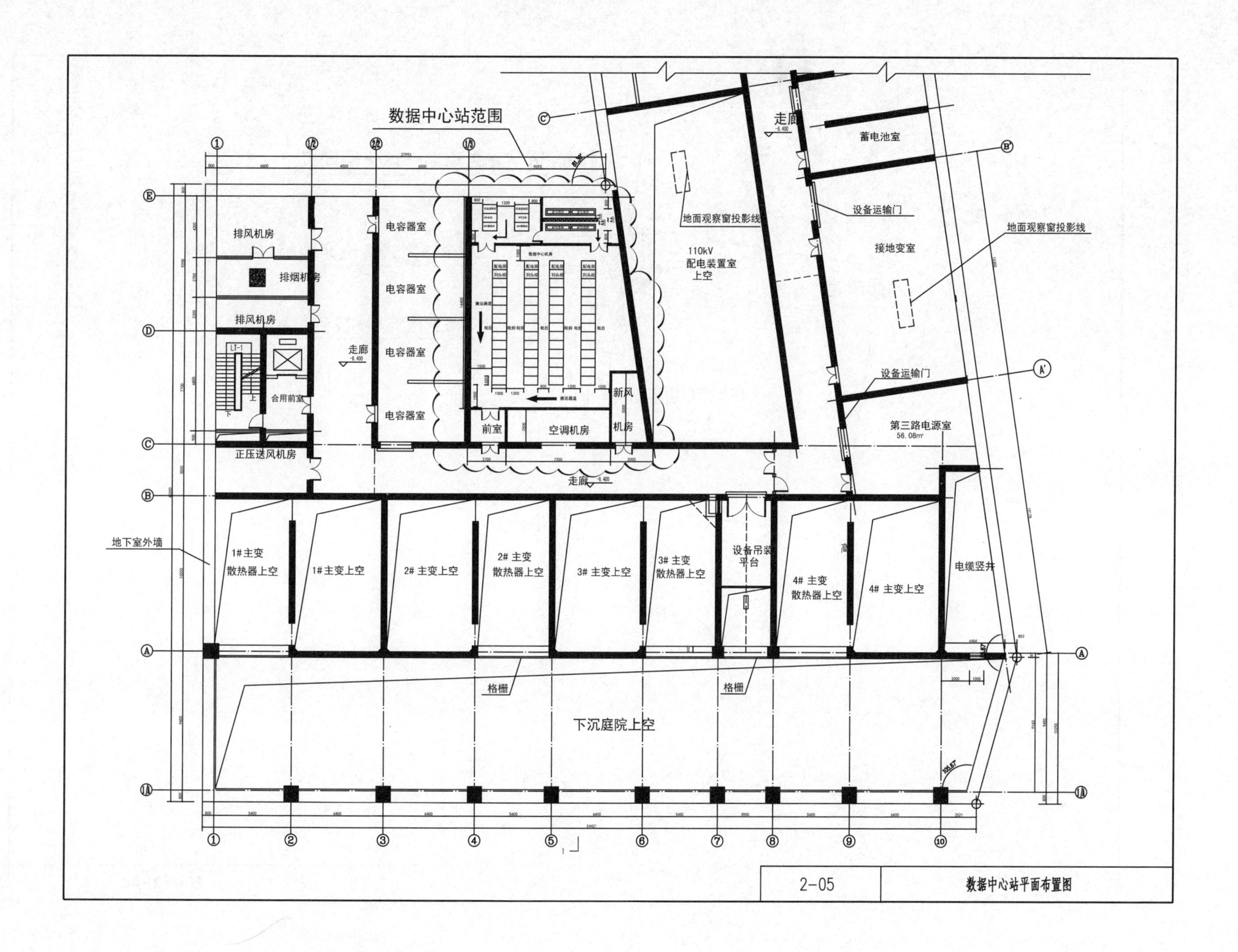

2-05 数据中心站平面布置图

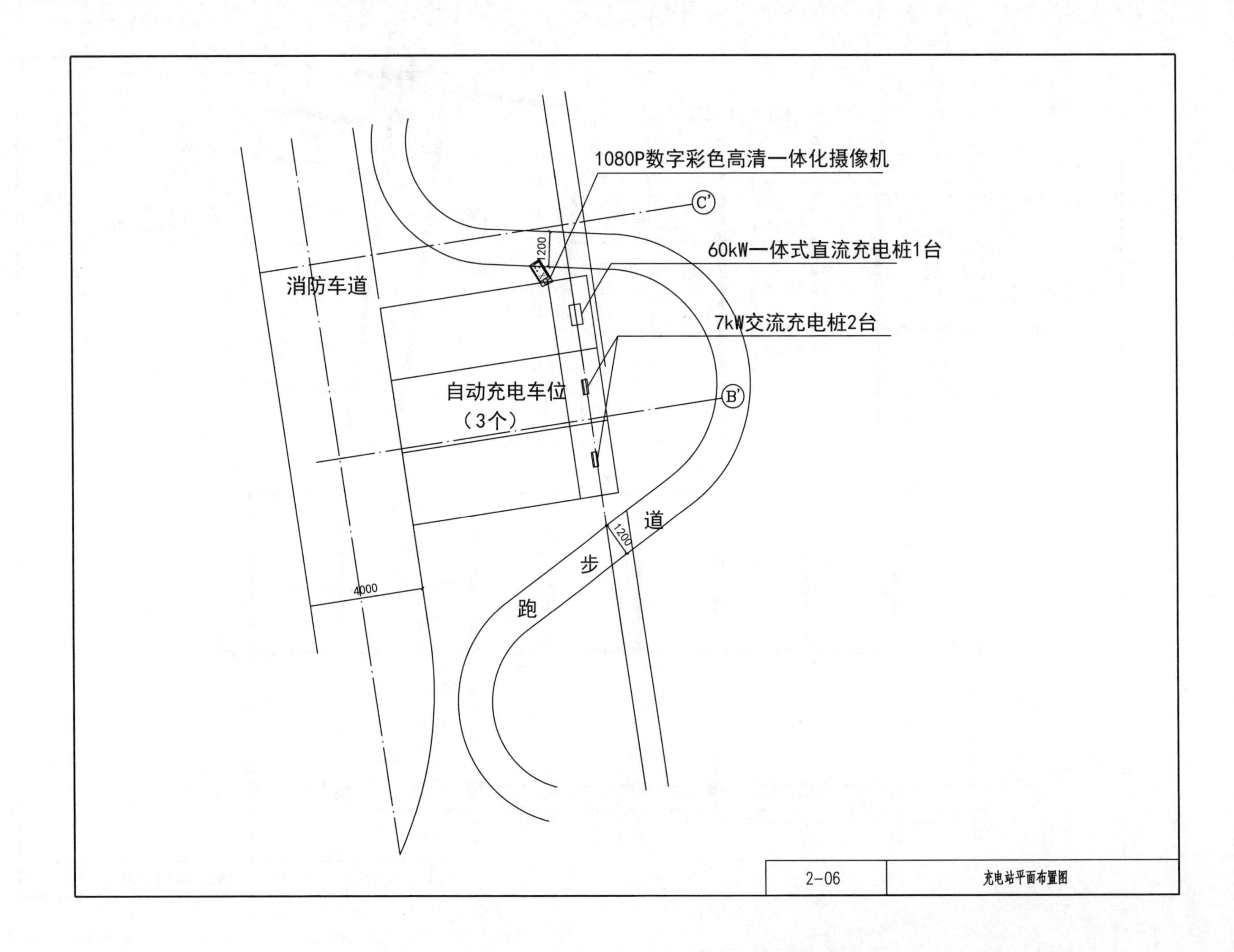
1080P数字彩色高清一体化摄像机
C'
1200
60kW一体式直流充电桩1台
消防车道
7kW交流充电桩2台
自动充电车位
（3个）
B'
道
1200
步
4000
跑
2-06
充电站平面布置图

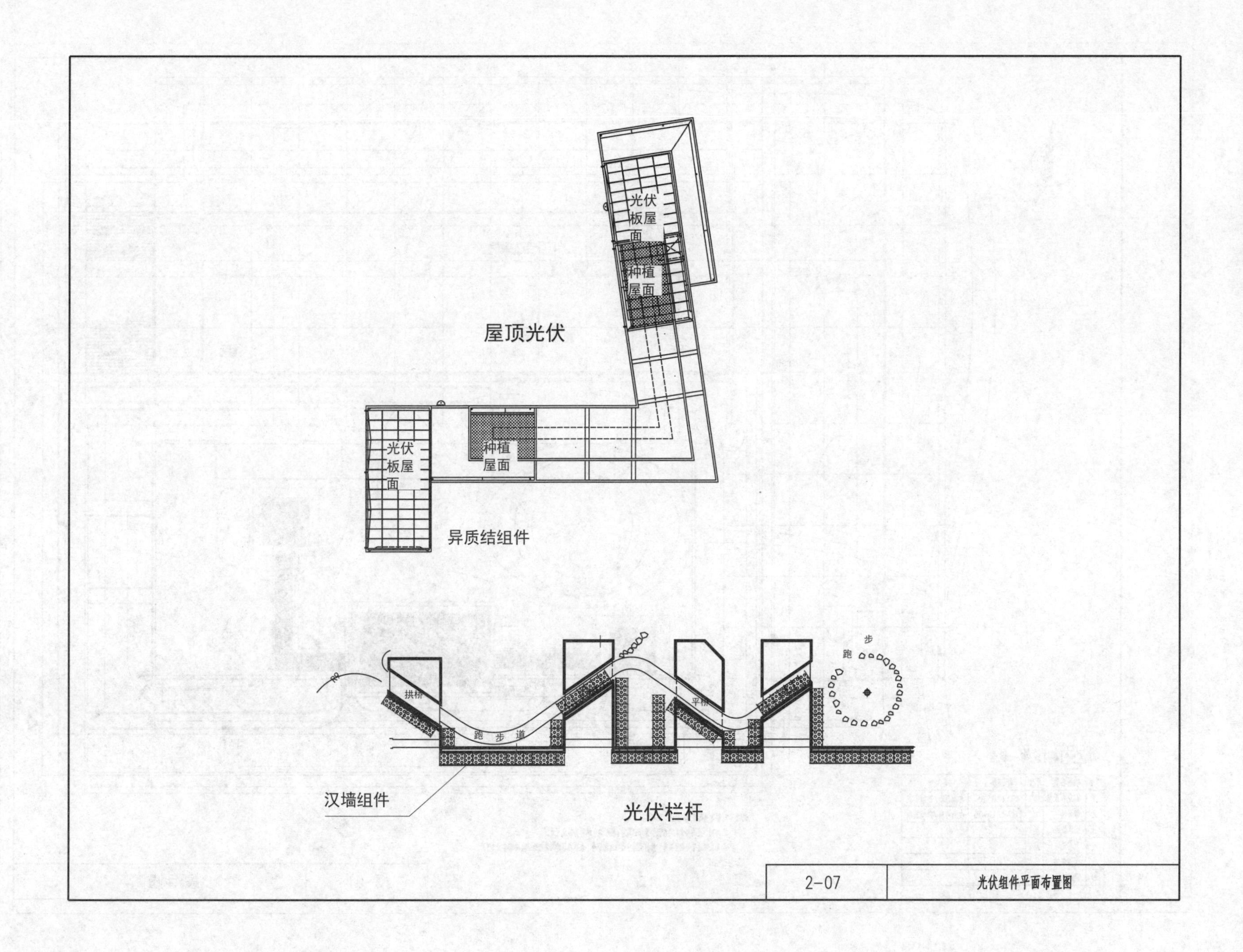

光伏
板屋
面
种植
屋面
屋顶光伏
光伏
板屋
面
种植
屋面
异质结组件
步
跑
拱桥
平桥
跑 步 道
汉墙组件
光伏栏杆
2-07
光伏组件平面布置图

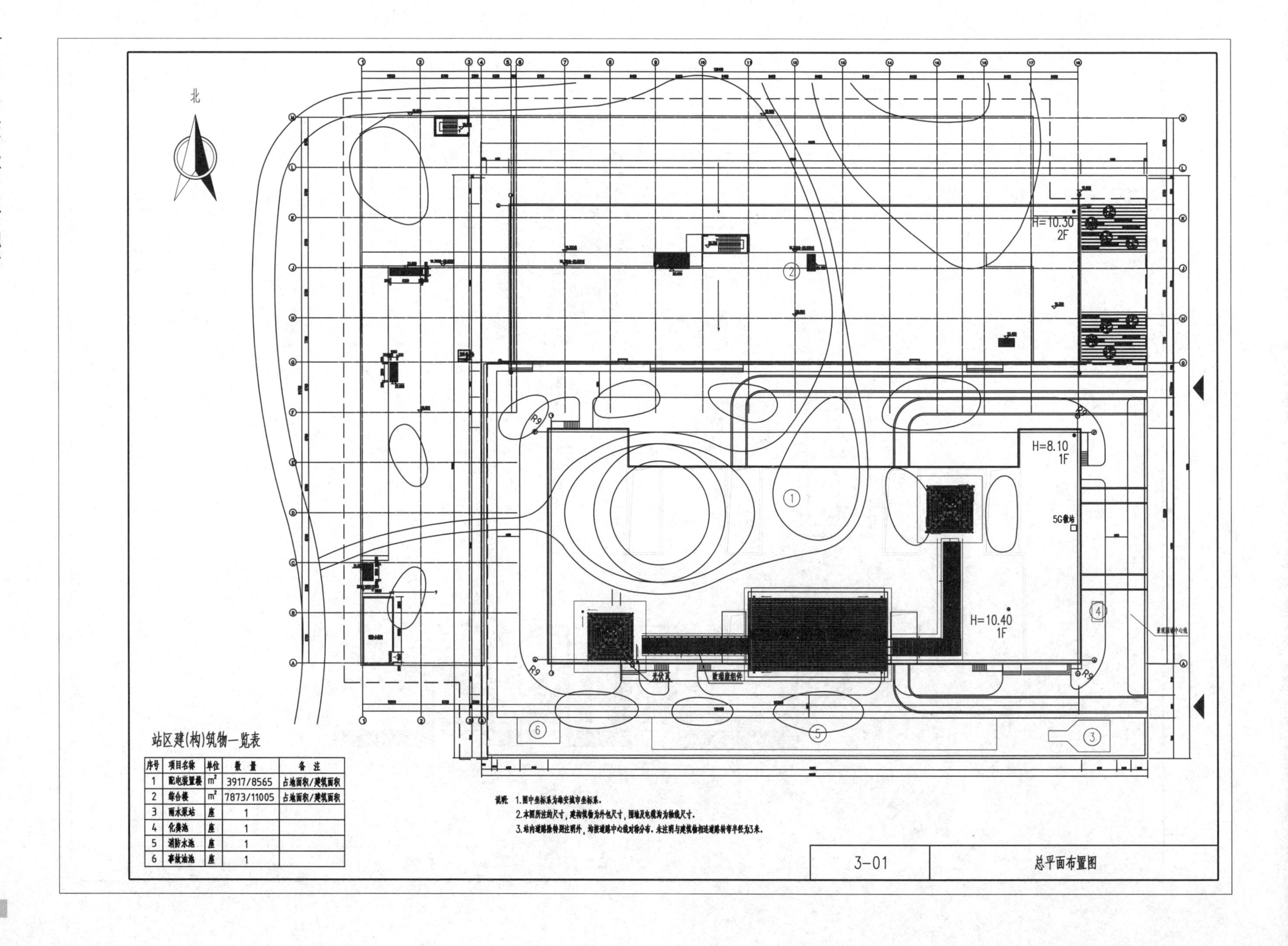

站区建(构)筑物一览表

序号	项目名称	单位	数 量	备 注
1	配电装置楼	m^2	3917/8565	占地面积/建筑面积
2	综合楼	m^2	7873/11005	占地面积/建筑面积
3	雨水泵站	座	1	
4	化粪池	座	1	
5	消防水池	座	1	
6	事故油池	座	1	

说明：1.图中坐标系为雄安城市坐标系.
2.本图所注的尺寸，建构筑物为外包尺寸，围墙及电缆沟为轴线尺寸.
3.站内道路除特别注明外，均按道路中心线对称分布．未注明与建筑物相连道路转弯半径为3米.

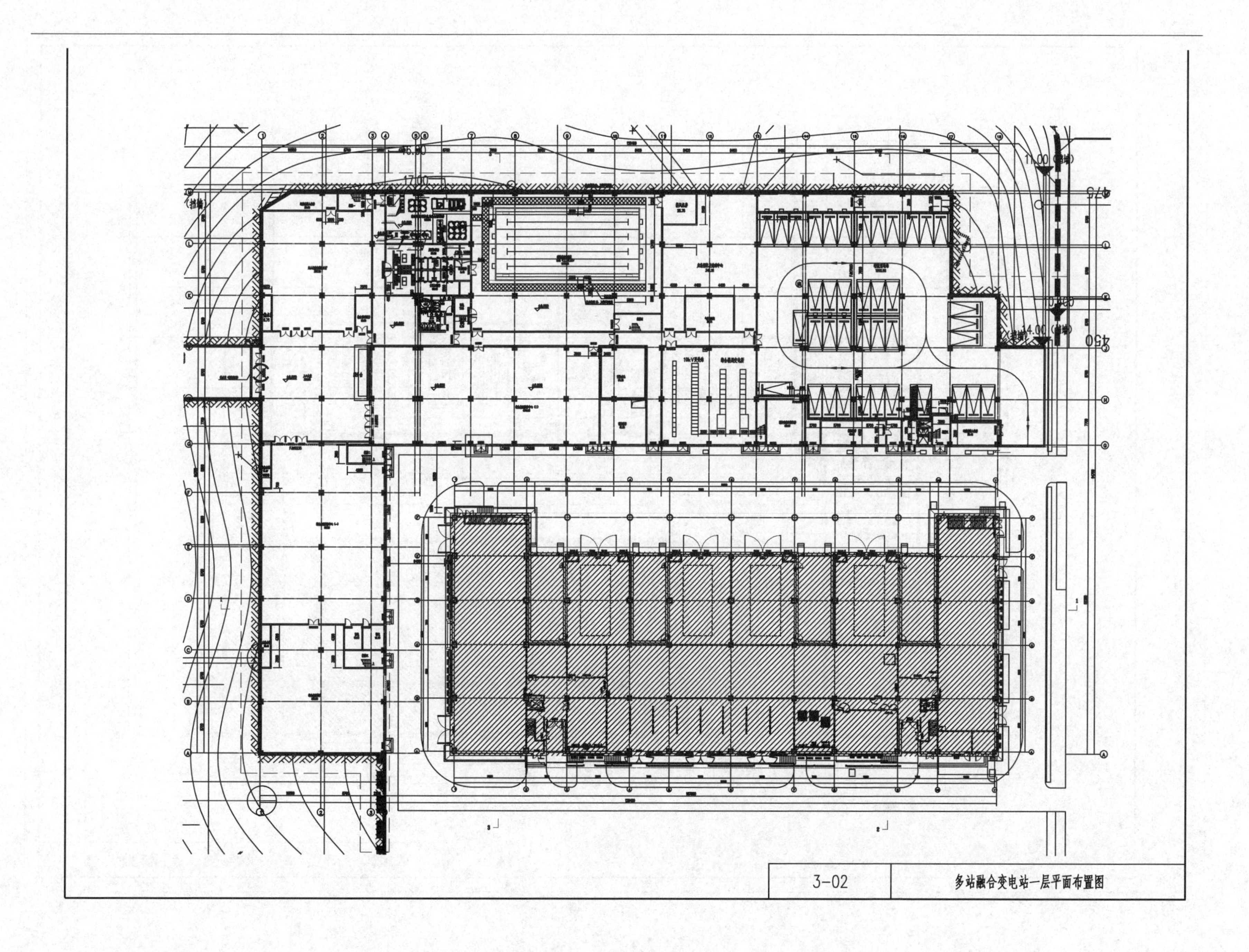

3-02	多站融合变电站一层平面布置图

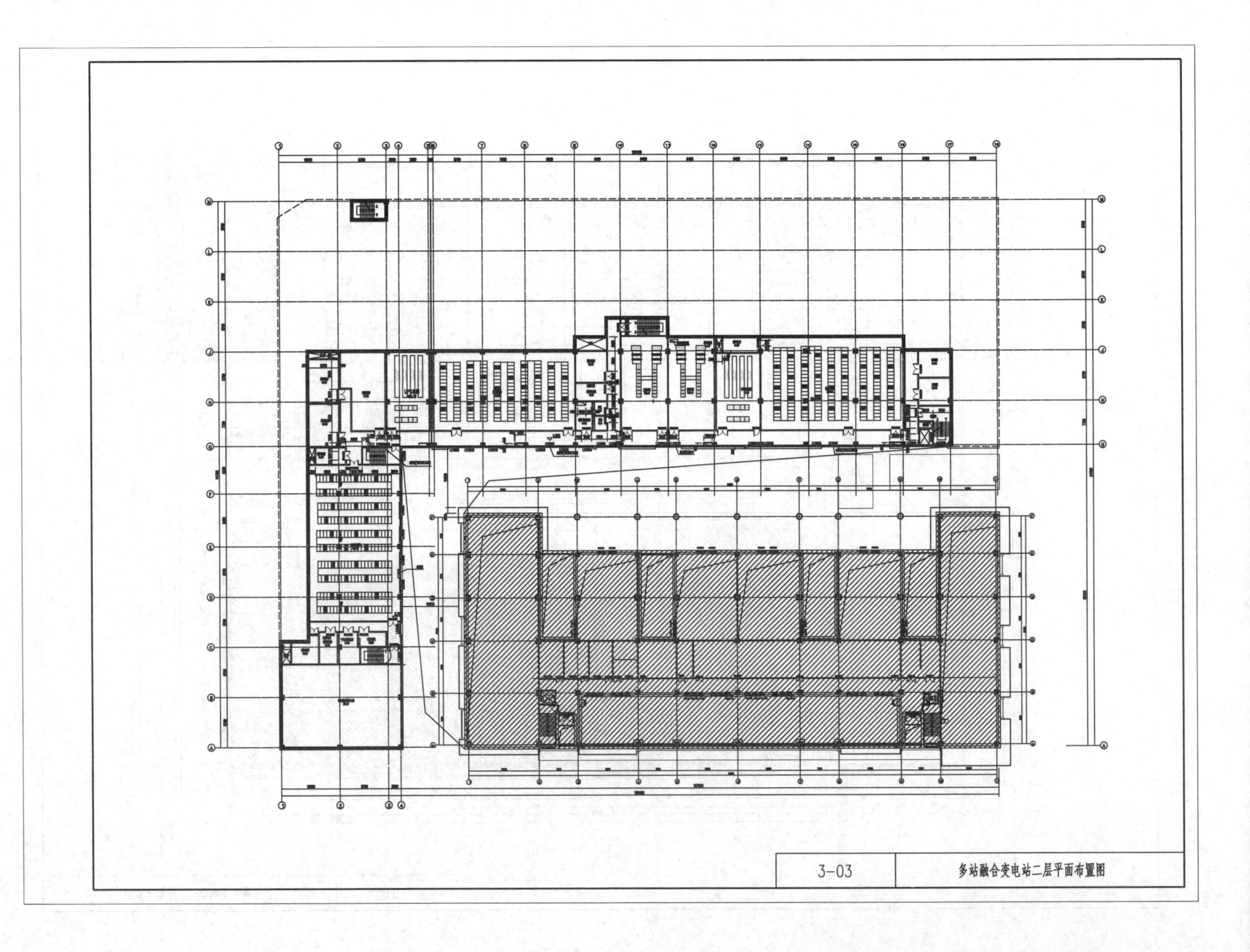
3-03
多站融合变电站二层平面布置图

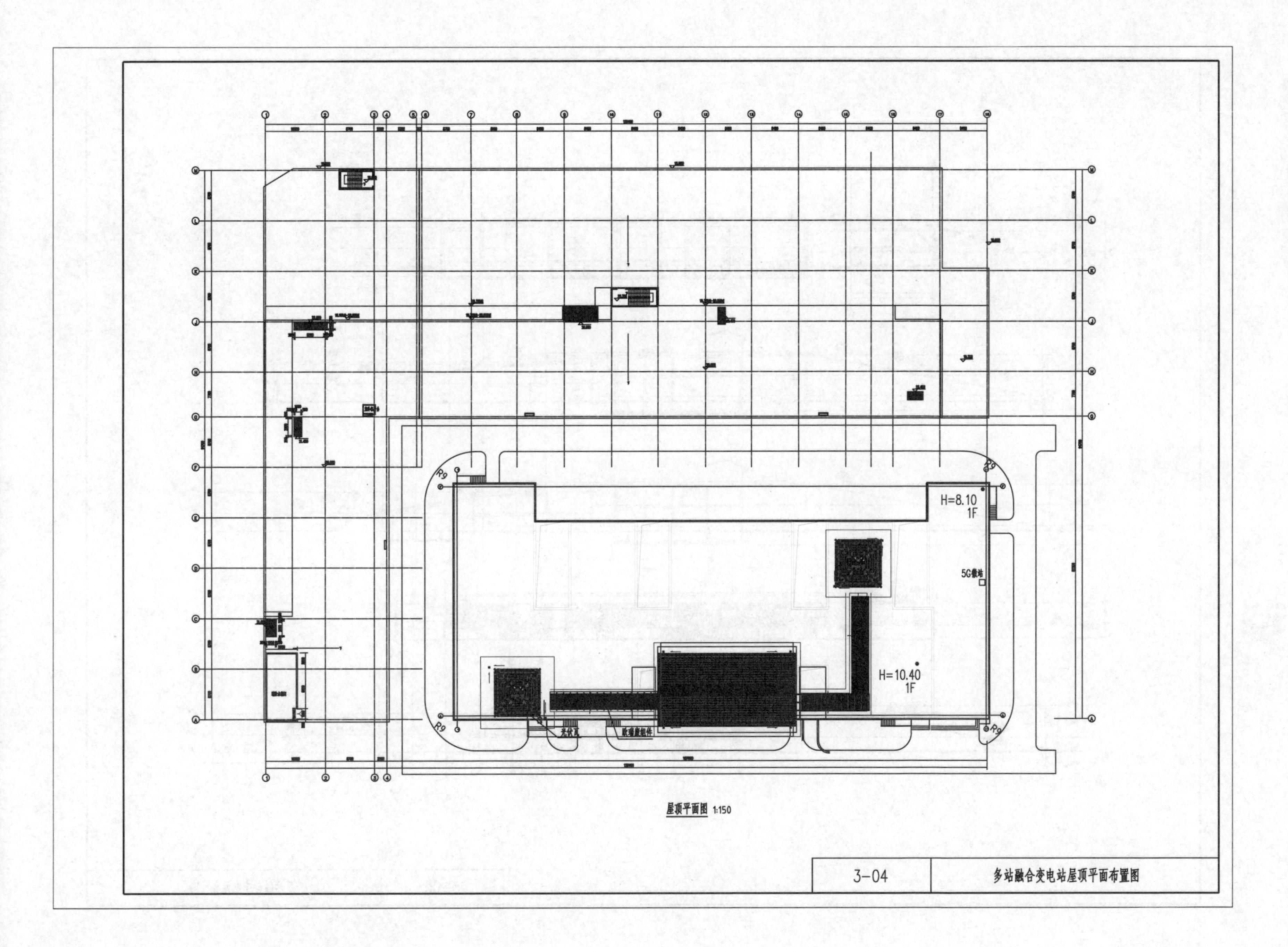
H=8.10
1F
5G微站
H=10.40
1F
R9
R9
R9
R9
光伏瓦
玻璃幕组件
屋顶平面图 1:150
3-04
多站融合变电站屋顶平面布置图

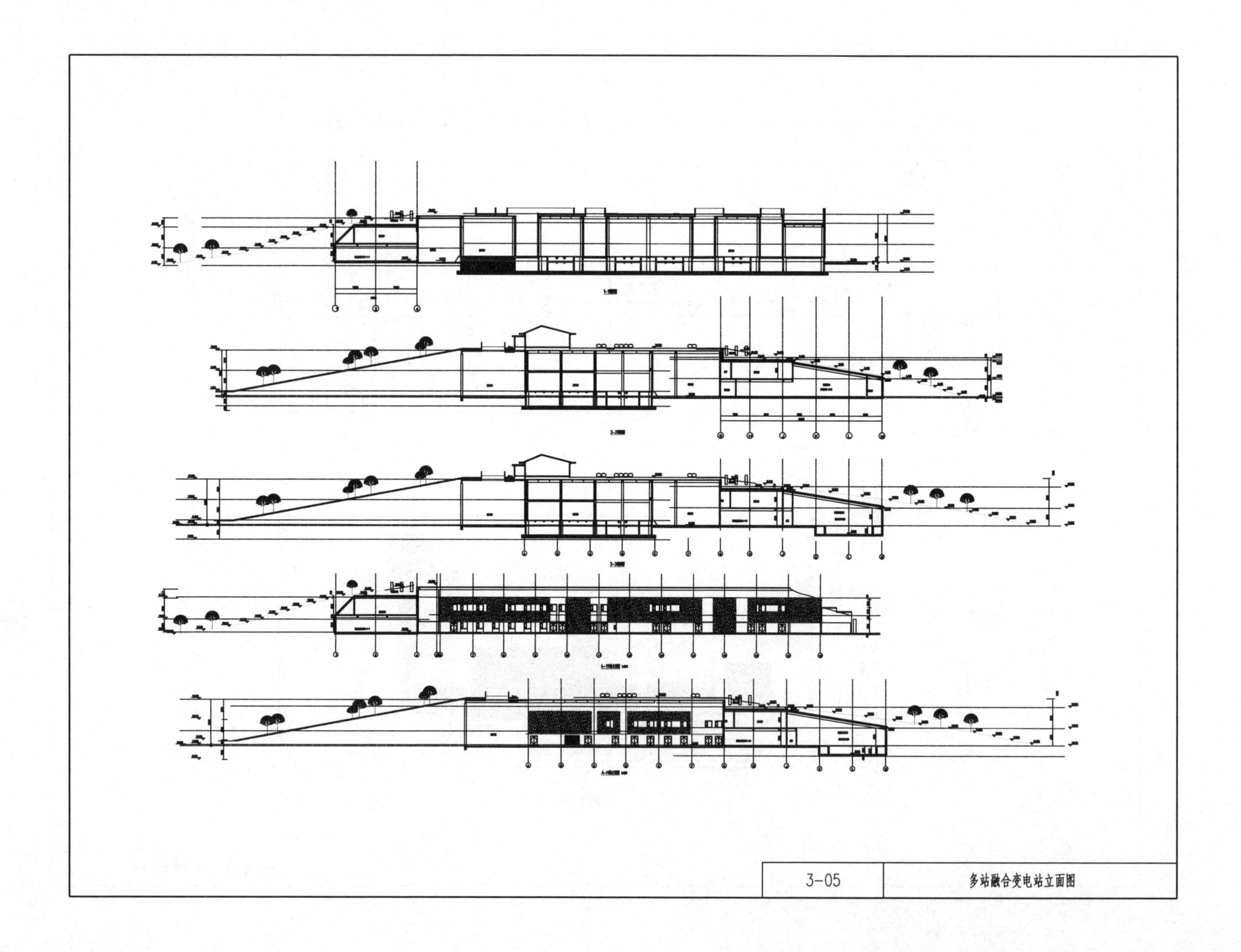
3-05
多站融合变电站立面图

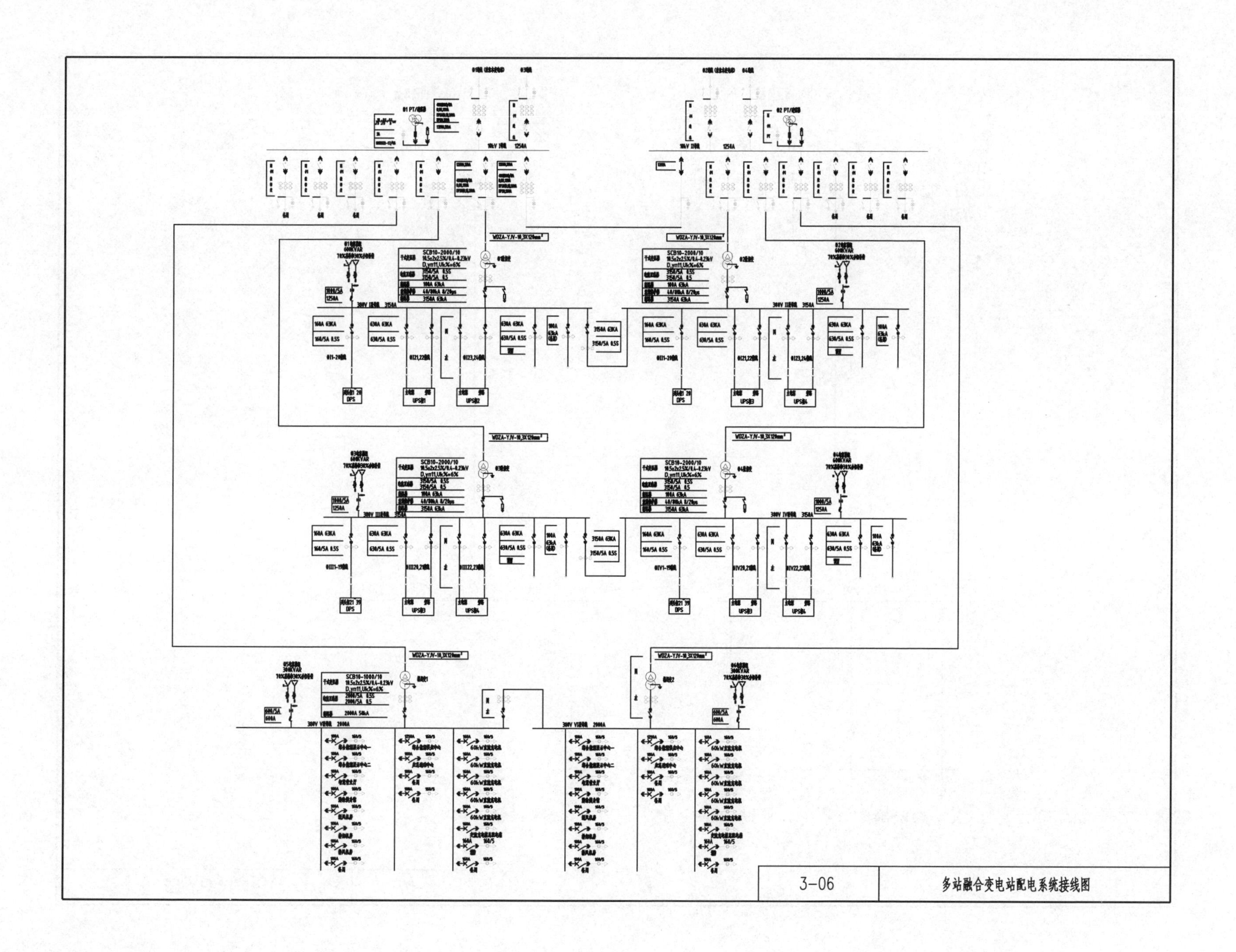

SCB10-2000/10
SCB10-1000/10
WDZA-YJV-10,3X120mm²
01电容器 600KVAR
02电容器 600KVAR
03电容器 600KVAR
04电容器 600KVAR
UPS1
UPS2
UPS3
UPS4
DPS
3-06
多站融合变电站配电系统接线图

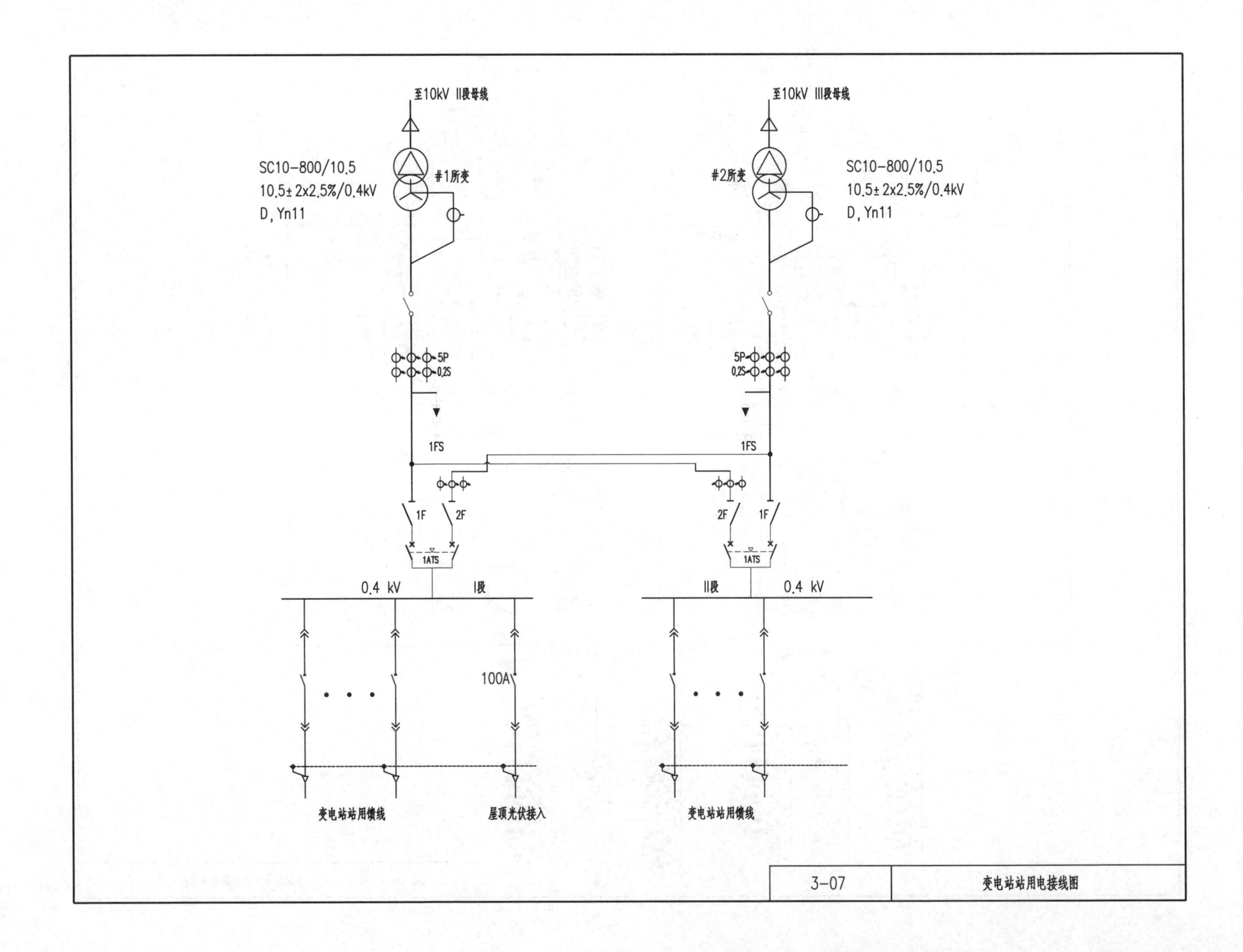
至10kV II段母线
至10kV III段母线
SC10-800/10.5
10.5±2x2.5%/0.4kV
D, Yn11
#1所变
#2所变
SC10-800/10.5
10.5±2x2.5%/0.4kV
D, Yn11
5P
0.2S
1FS
1F
2F
1ATS
0.4 kV
I段
II段
0.4 kV
100A
变电站站用馈线
屋顶光伏接入
变电站站用馈线
3-07
变电站站用电接线图

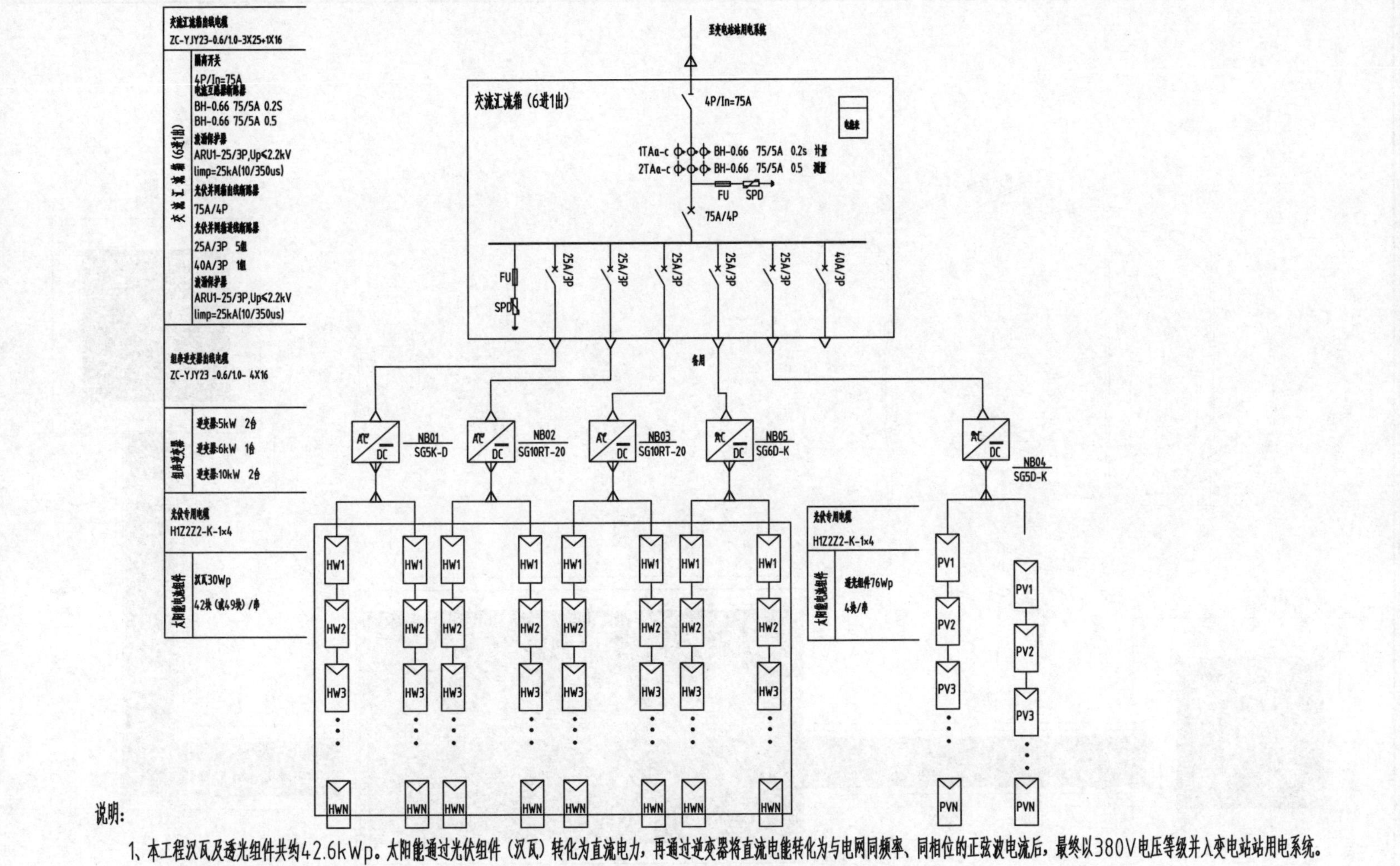

说明：

1、本工程汉瓦及透光组件共约42.6kWp。太阳能通过光伏组件（汉瓦）转化为直流电力，再通过逆变器将直流电能转化为与电网同频率、同相位的正弦波电流后，最终以380V电压等级并入变电站站用电系统。

2、组串式逆变器分为三种型号：SG5K-D、SG6K-D和SG10RT-20，拟采用壁挂式，分别安装于组件（汉瓦）区域。

3、交流汇流箱采用壁挂式，置于变电站站用电室，具体安装位置以现场为准。

4、图中虚框内光伏类型采用汉瓦，其余采用20%的透光组件。

5、智能断路器4P/In=75A，具有短路瞬时、长延时保护功能和分励脱扣、欠压脱扣，延时2s，明显断开点，自动合闸定值整定宜大于85%Un。

3-08	光伏发电系统电气接线图

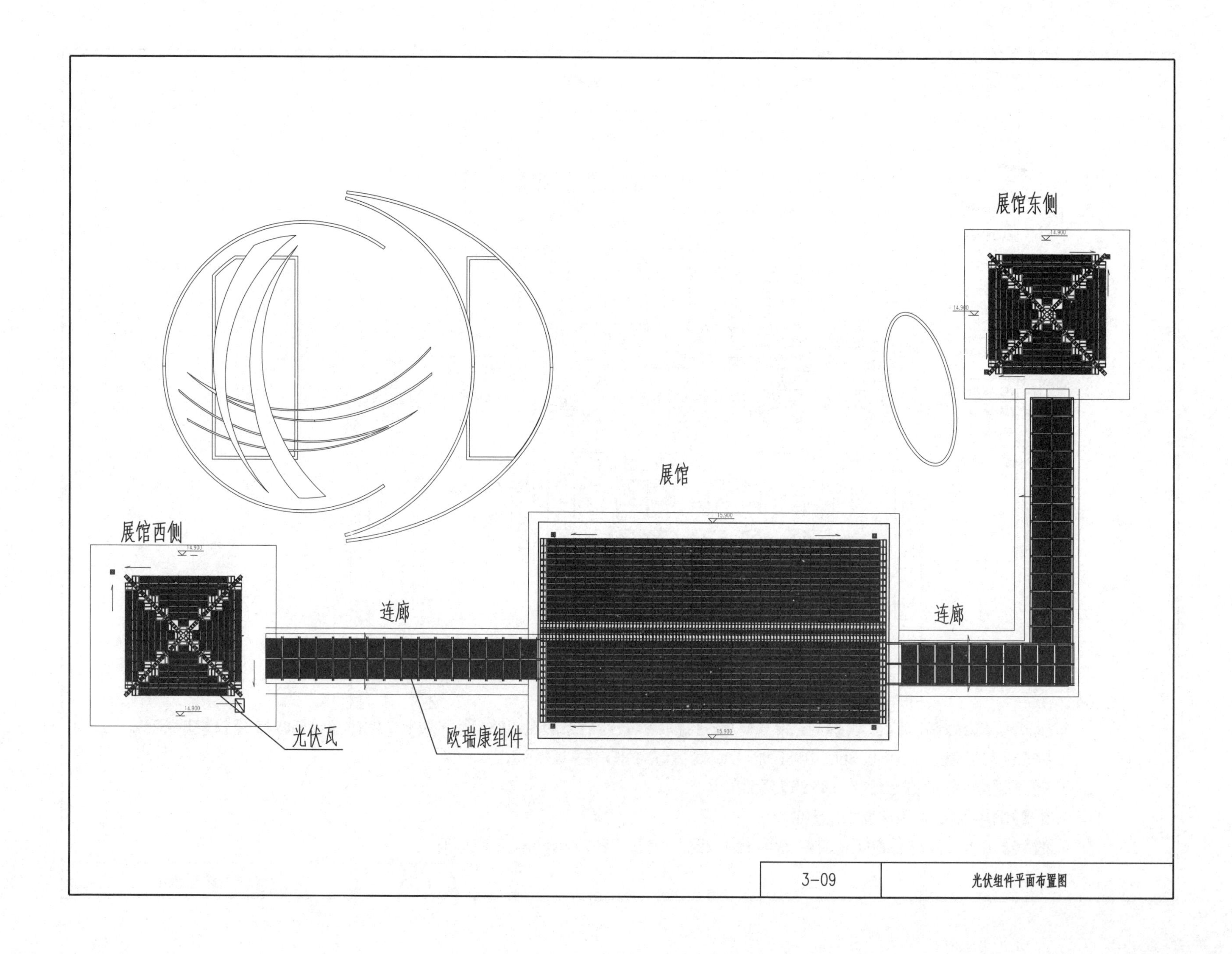
展馆东侧
展馆
展馆西侧
连廊
连廊
光伏瓦
欧瑞康组件
3-09
光伏组件平面布置图

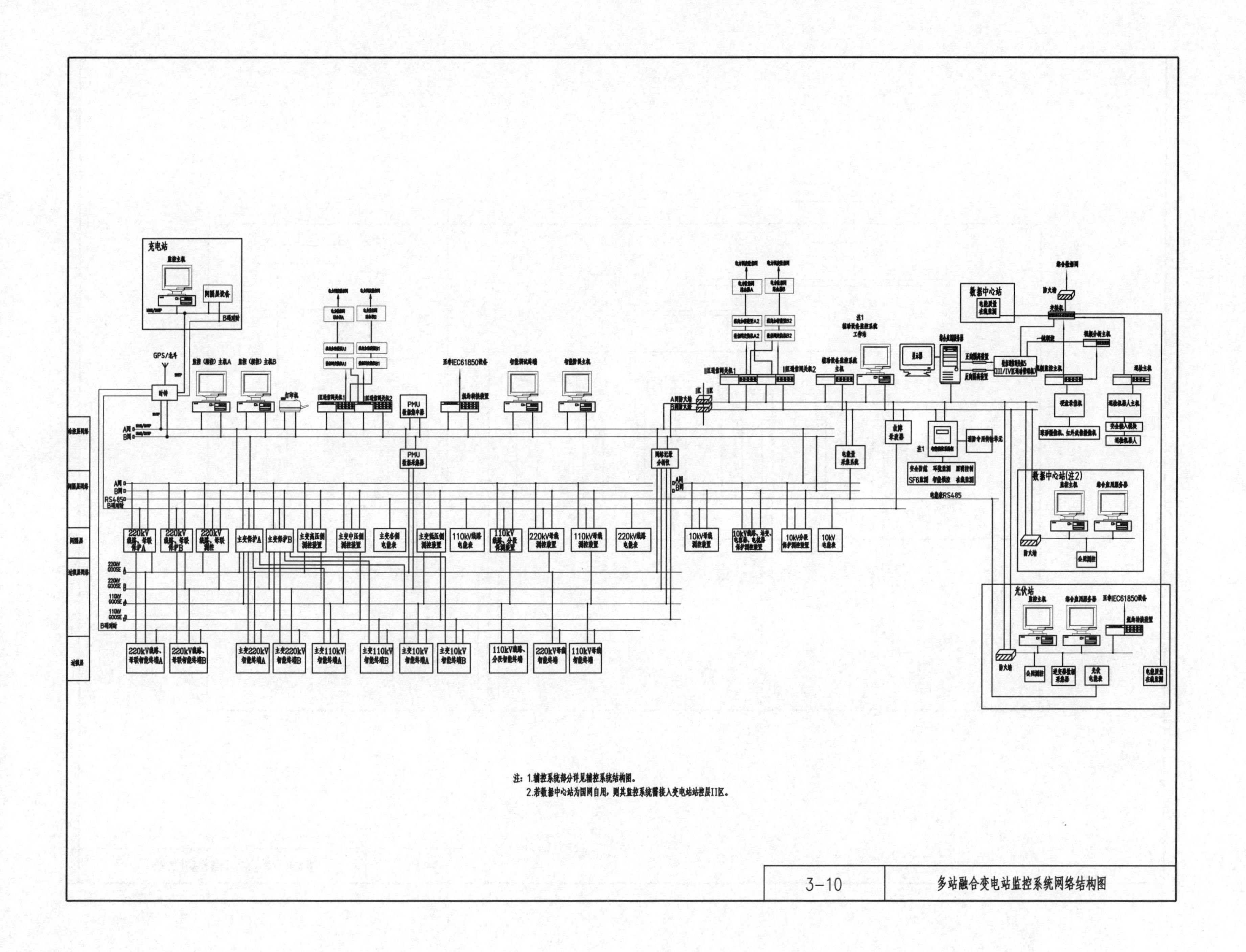
充电站
GPS/北斗
A网
B网
RS485
B码对时
数据中心站
数据中心站(注2)
光伏站
PMU
至非IEC61850设备
至非IEC61850设备
10kV
注1
电能表RS485
220kV 线路、母联保护A
220kV 线路、母联保护B
主变保护A
主变保护B
110kV线路电能表
220kV母线测控装置
110kV母线测控装置
220kV线路电能表
10kV母线测控装置
10kV分段保护测控装置
220kV线路、母联智能终端A
220kV线路、母联智能终端B
主变220kV智能终端A
主变220kV智能终端B
主变110kV智能终端A
主变110kV智能终端B
主变10kV智能终端A
主变10kV智能终端B
110kV线路、分段智能终端
220kV母线智能终端
110kV母线智能终端
注：1.辅控系统部分详见辅控系统结构图。
2.若数据中心站为国网自用，则其监控系统需接入变电站站控层II区。
3-10
多站融合变电站监控系统网络结构图

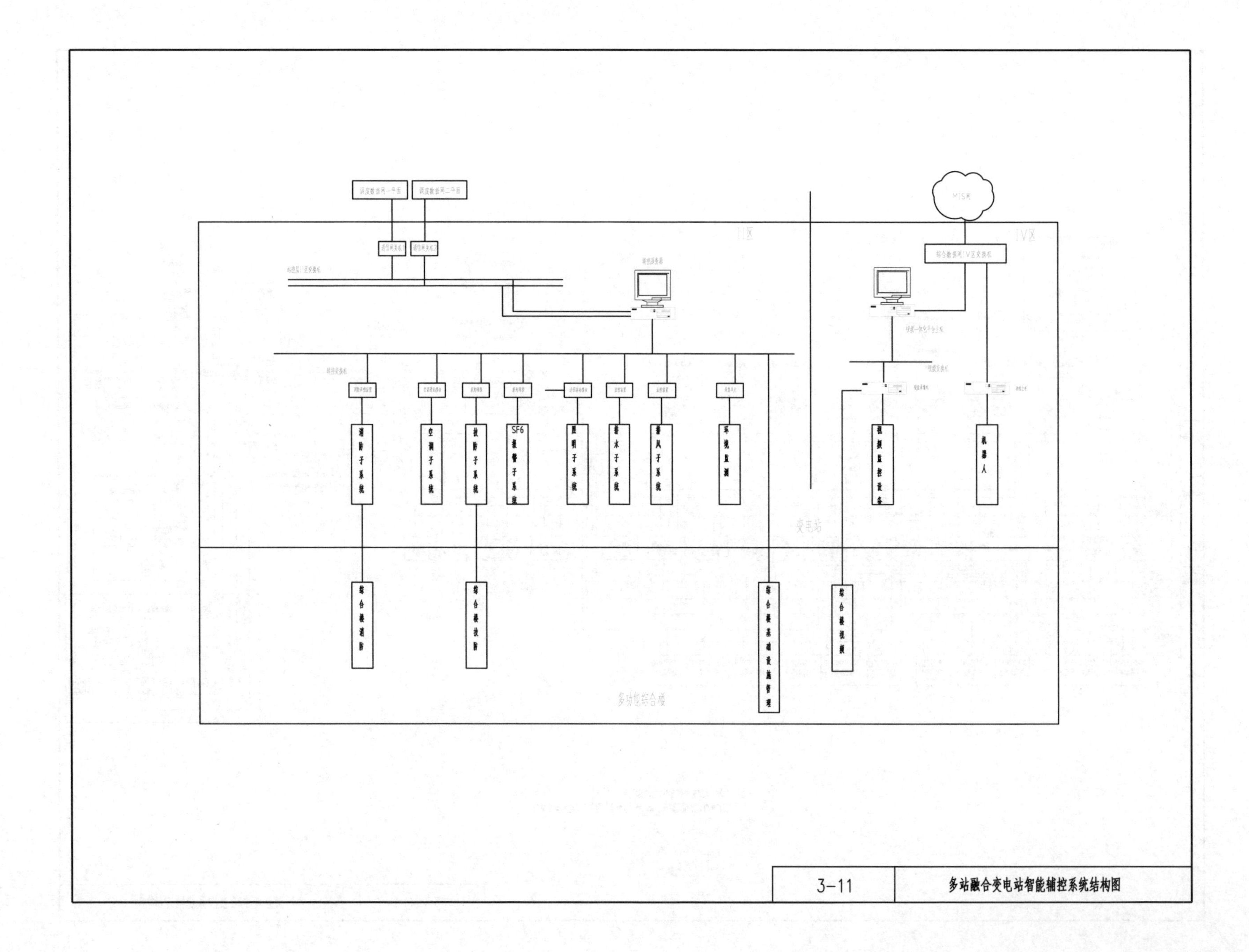

3-11 多站融合变电站智能辅控系统结构图

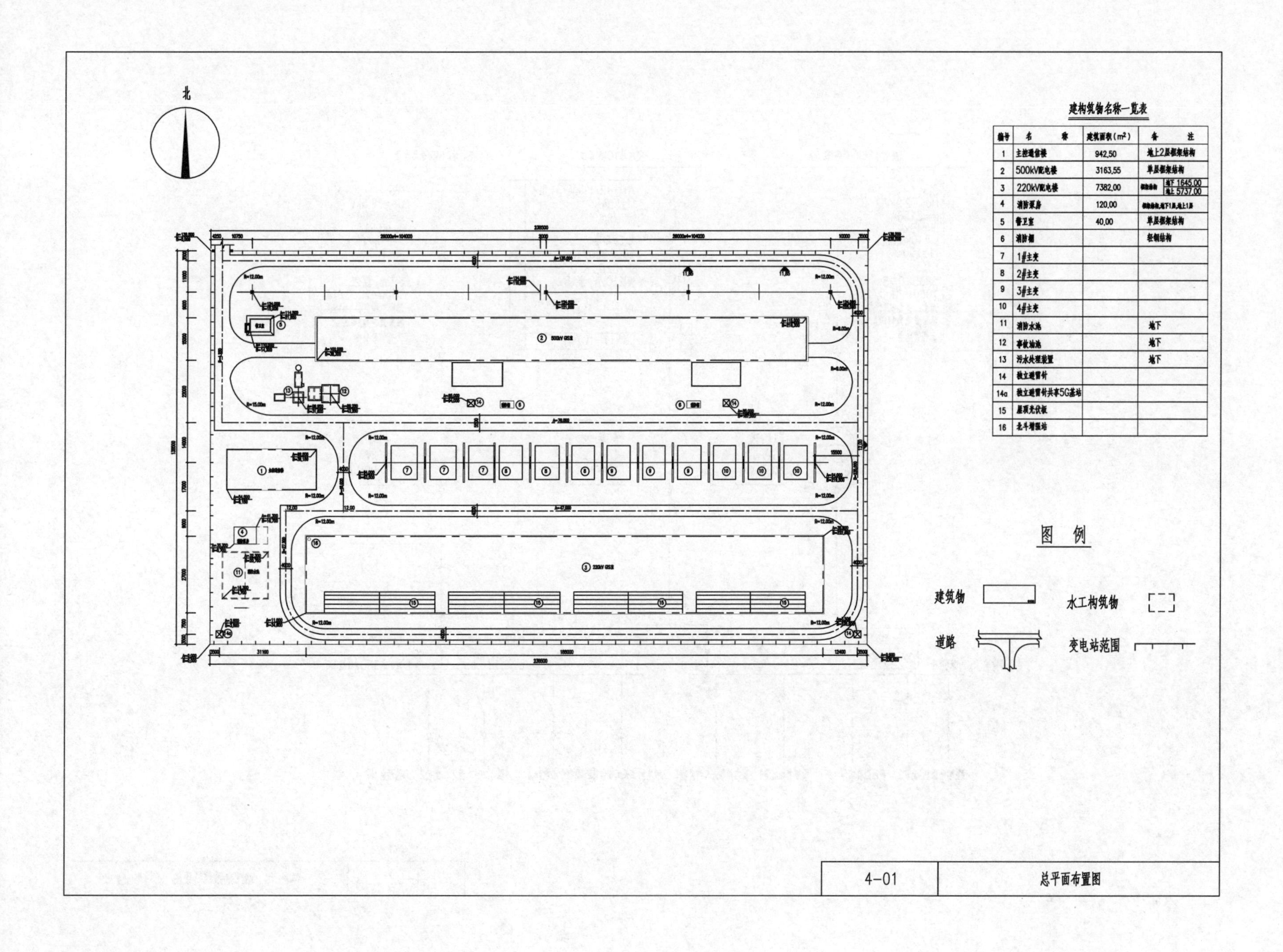

建构筑物名称一览表

编号	名称	建筑面积(m²)	备注
1	主控通信楼	942.50	地上2层框架结构
2	500kV配电楼	3163.55	单层框架结构
3	220kV配电楼	7382.00	框架结构 地下 1645.00 地上 5737.00
4	消防泵房	120.00	框架结构,地下1层,地上1层
5	警卫室	40.00	单层框架结构
6	消防棚		轻钢结构
7	1#主变		
8	2#主变		
9	3#主变		
10	4#主变		
11	消防水池		地下
12	事故油池		地下
13	污水处理装置		地下
14	独立避雷针		
14a	独立避雷针共享5G基站		
15	屋顶光伏板		
16	北斗增强站		

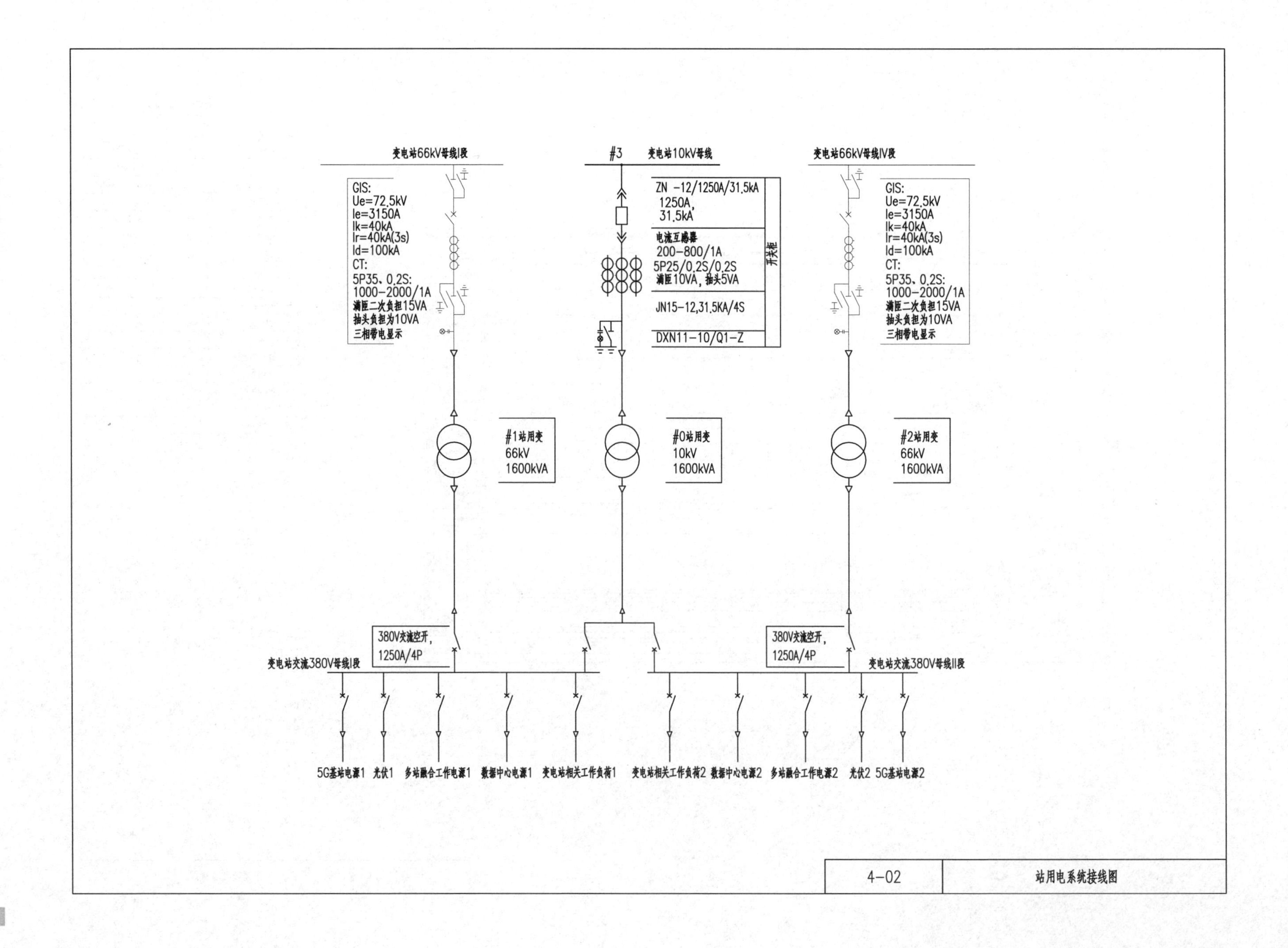
变电站66kV母线I段
#3
变电站10kV母线
变电站66kV母线IV段
GIS:
Ue=72.5kV
Ie=3150A
Ik=40kA
Ir=40kA(3s)
Id=100kA
CT:
5P35、0.2S:
1000-2000/1A
满匝二次负担15VA
抽头负担为10VA
三相带电显示
ZN -12/1250A/31.5kA
1250A,
31.5kA
电流互感器
200-800/1A
5P25/0.2S/0.2S
满匝10VA，抽头5VA
JN15-12,31.5KA/4S
DXN11-10/Q1-Z
开关柜
#1站用变
66kV
1600kVA
#0站用变
10kV
1600kVA
#2站用变
66kV
1600kVA
380V交流空开,
1250A/4P
变电站交流380V母线I段
变电站交流380V母线II段
5G基站电源1
光伏1
多站融合工作电源1
数据中心电源1
变电站相关工作负荷1
变电站相关工作负荷2
数据中心电源2
多站融合工作电源2
光伏2
5G基站电源2
4-02
站用电系统接线图

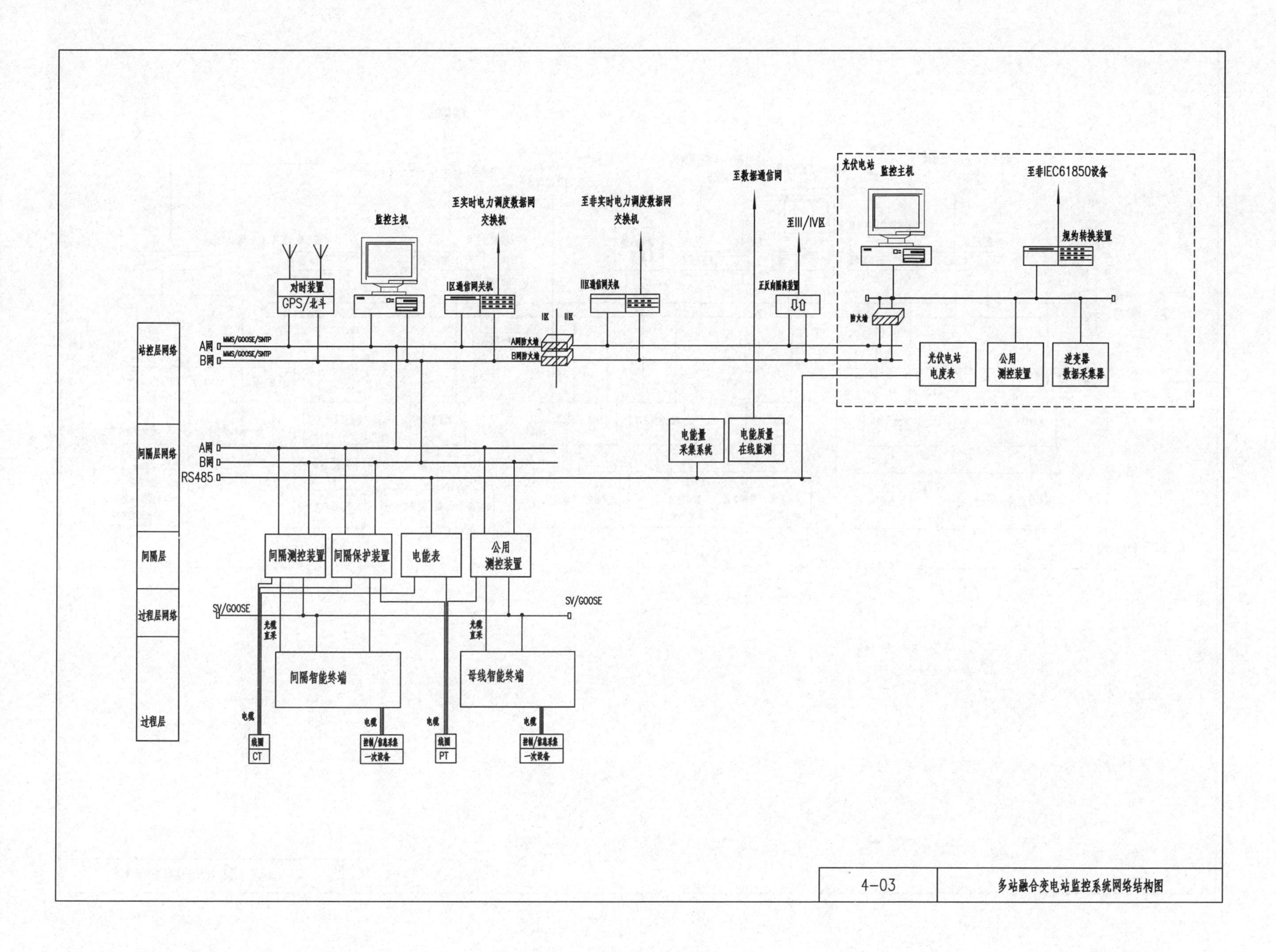
光伏电站
监控主机
至非IEC61850设备
规约转换装置
防火墙
光伏电站电度表
公用测控装置
逆变器数据采集器
至数据通信网
至III/IV区
正反向隔离装置
至实时电力调度数据网交换机
至非实时电力调度数据网交换机
监控主机
对时装置
GPS/北斗
I区通信网关机
II区通信网关机
I区
II区
A网防火墙
B网防火墙
站控层网络
A网
B网
MMS/GOOSE/SNTP
间隔层网络
RS485
电能量采集系统
电能质量在线监测
间隔层
间隔测控装置
间隔保护装置
电能表
公用测控装置
过程层网络
SV/GOOSE
光缆直采
间隔智能终端
母线智能终端
过程层
电缆
线圈
CT
PT
控制/信息采集
一次设备
4-03
多站融合变电站监控系统网络结构图

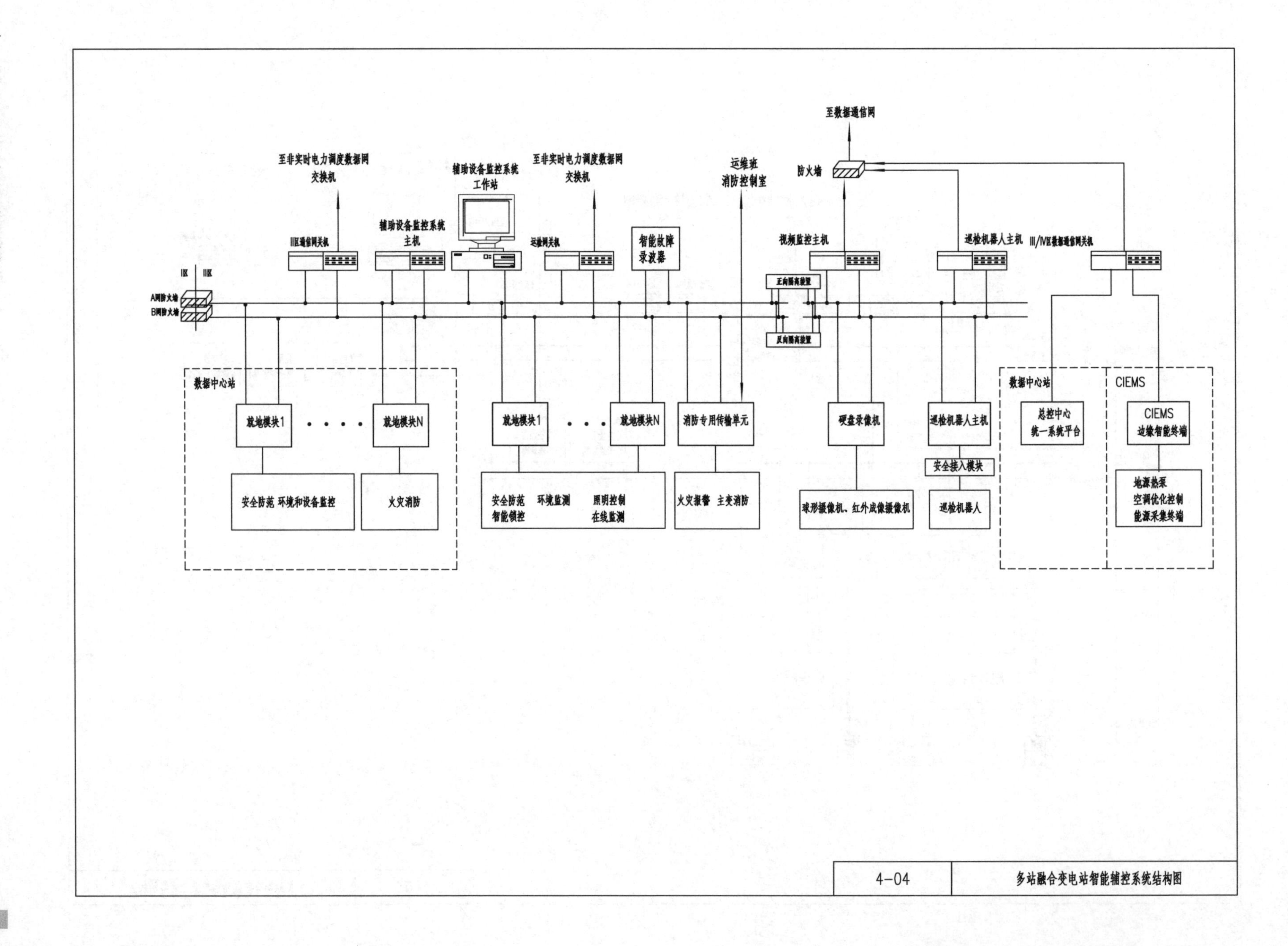
至数据通信网
防火墙
至非实时电力调度数据网
交换机
辅助设备监控系统
工作站
至非实时电力调度数据网
交换机
运维班
消防控制室
II区通信网关机
辅助设备监控系统
主机
运维网关机
智能故障
录波器
视频监控主机
巡检机器人主机
III/IV区数据通信网关机
I区
II区
A网防火墙
B网防火墙
正向隔离装置
反向隔离装置
数据中心站
就地模块1
就地模块N
安全防范 环境和设备监控
火灾消防
就地模块1
就地模块N
安全防范
智能锁控
环境监测
照明控制
在线监测
消防专用传输单元
火灾报警 主变消防
硬盘录像机
球形摄像机、红外成像摄像机
巡检机器人主机
安全接入模块
巡检机器人
数据中心站
总控中心
统一系统平台
CIEMS
CIEMS
边缘智能终端
地源热泵
空调优化控制
能源采集终端
4-04
多站融合变电站智能辅控系统结构图

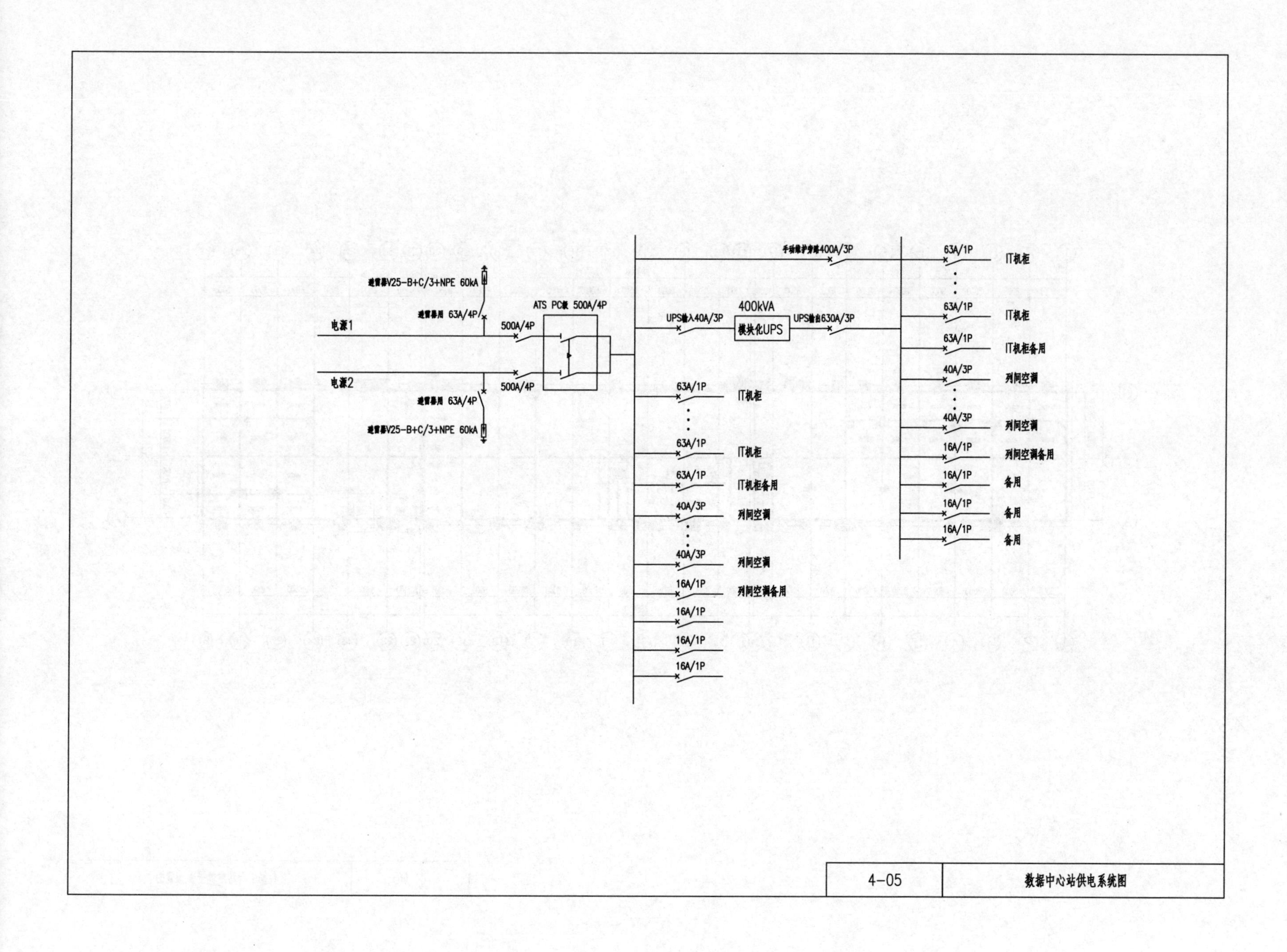
避雷器V25-B+C/3+NPE 60kA
避雷器用 63A/4P
ATS PC级 500A/4P
电源1
500A/4P
电源2
500A/4P
避雷器用 63A/4P
避雷器V25-B+C/3+NPE 60kA
手动维护旁路400A/3P
400kVA
UPS输入40A/3P
模块化UPS
UPS输出630A/3P
63A/1P
IT机柜
63A/1P
IT机柜
63A/1P
IT机柜备用
40A/3P
列间空调
40A/3P
列间空调
16A/1P
列间空调备用
16A/1P
16A/1P
16A/1P
16A/1P
63A/1P
IT机柜
63A/1P
IT机柜
63A/1P
IT机柜备用
40A/3P
列间空调
40A/3P
列间空调
16A/1P
列间空调备用
16A/1P
备用
16A/1P
备用
16A/1P
备用
4-05
数据中心站供电系统图

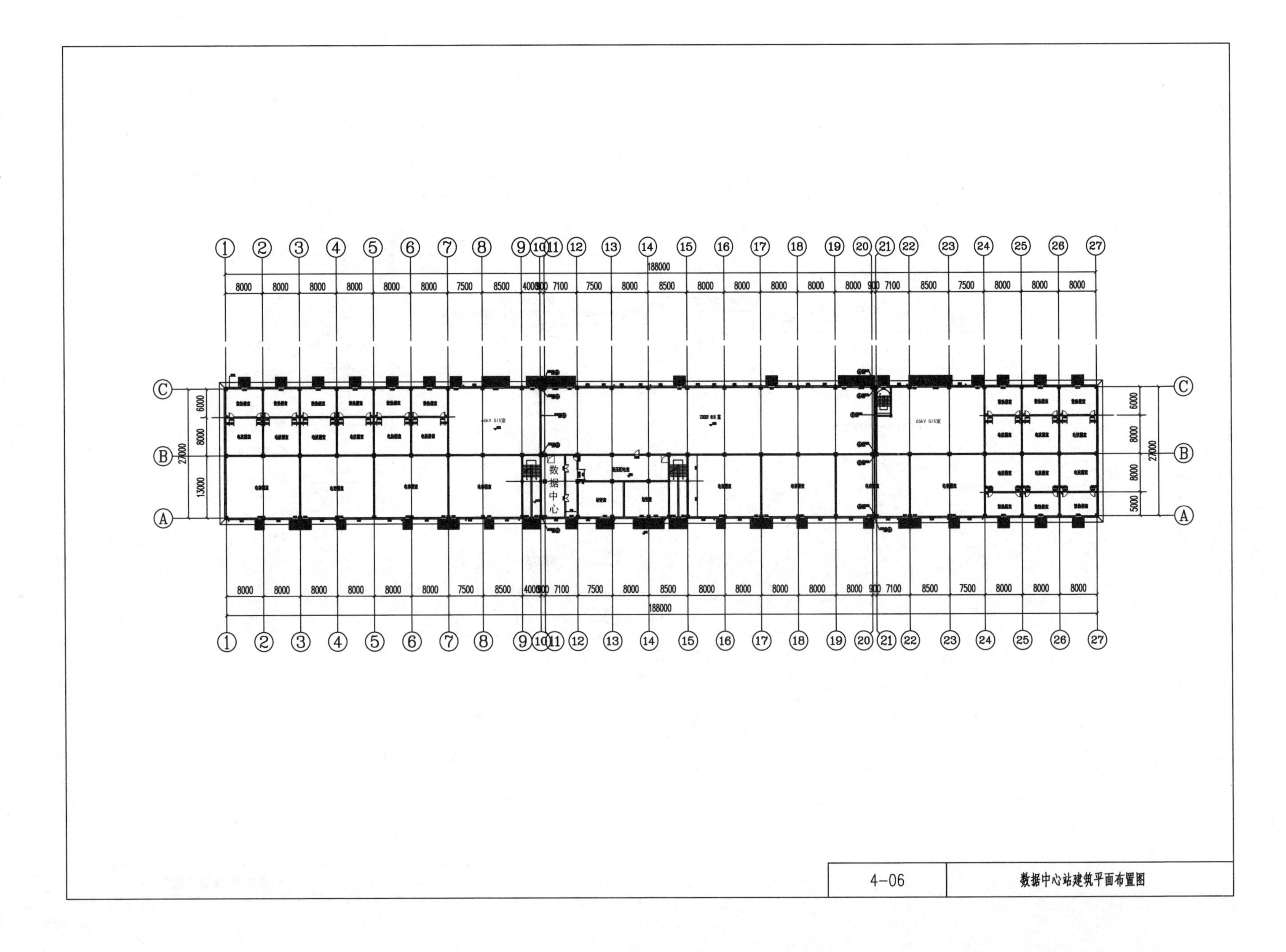
188000
8000 8000 8000 8000 8000 8000 7500 8500 4000 900 7100 7500 8000 8500 8000 8000 8000 8000 8000 900 7100 8500 7500 8000 8000 8000
6000
8000
13000
27000
5000
数据中心
66kV GIS室
4-06
数据中心站建筑平面布置图

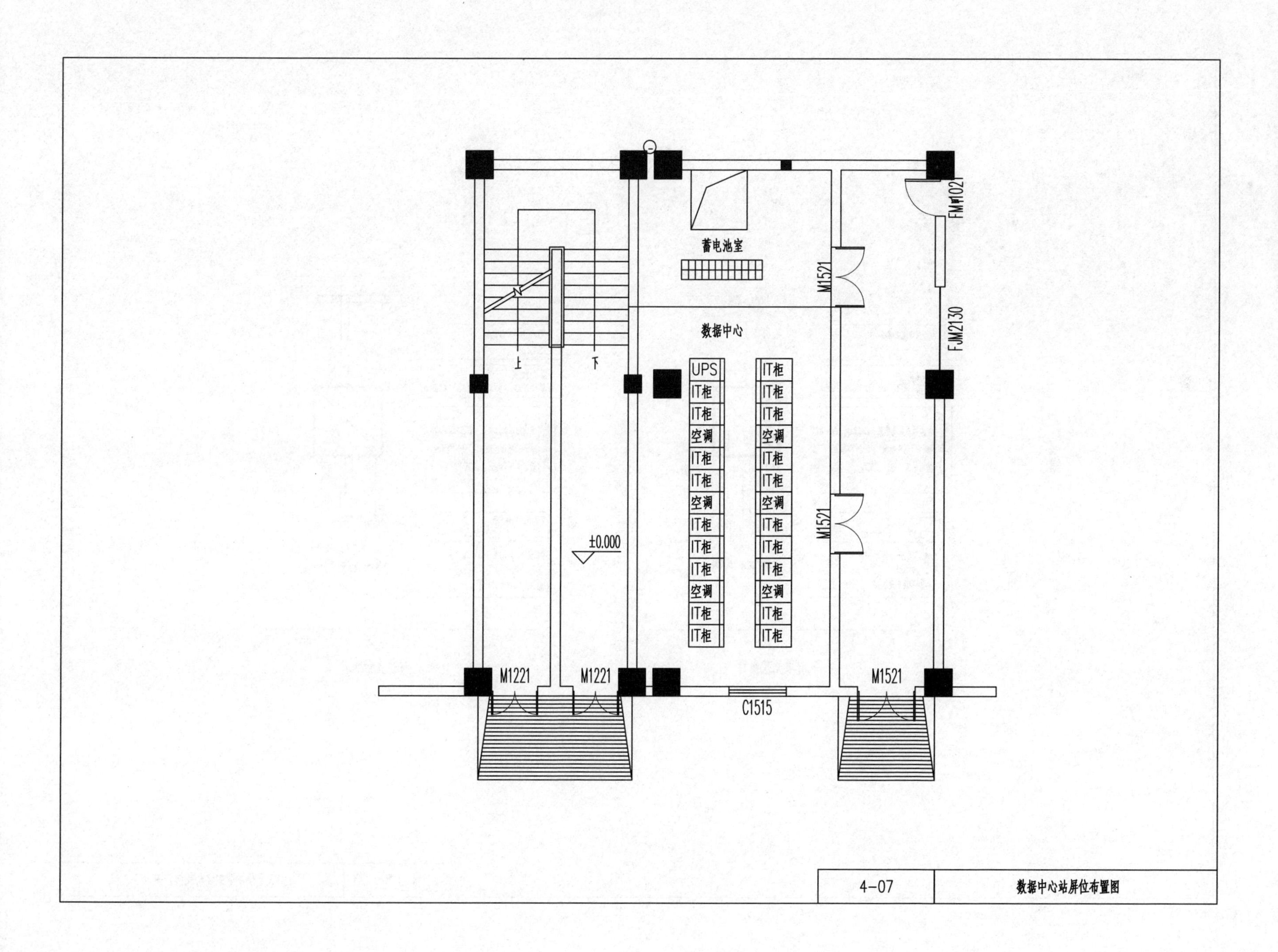
蓄电池室
数据中心
UPS
IT柜
空调
M1521
FM甲1021
FJM2130
M1221
M1221
M1521
C1515
±0.000
上
下
4-07
数据中心站屏位布置图

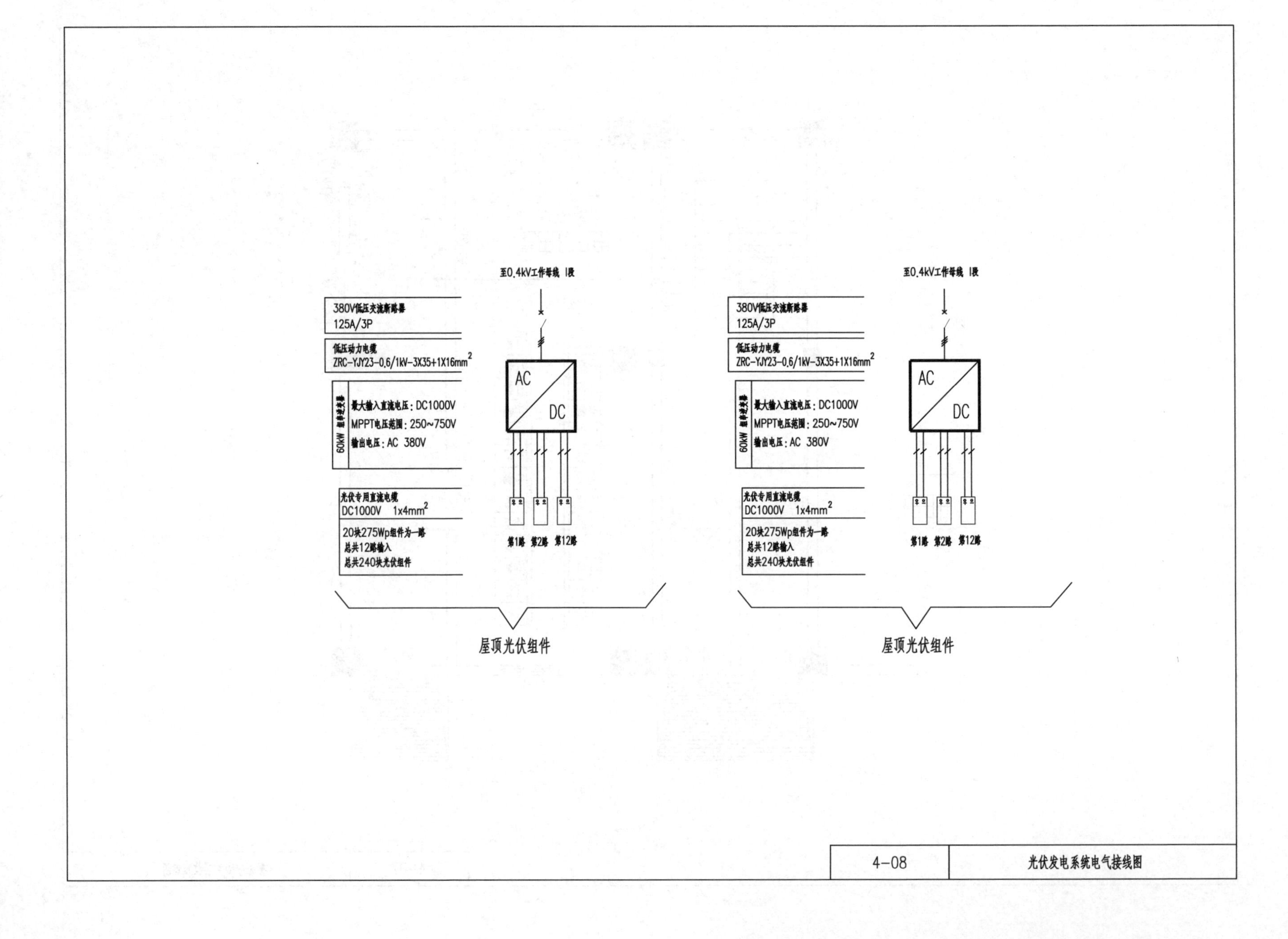
至0.4kV工作母线 I段
380V低压交流断路器
125A/3P
低压动力电缆
ZRC-YJY23-0.6/1kV-3X35+1X16mm2
60kW 组串逆变器
最大输入直流电压：DC1000V
MPPT电压范围：250~750V
输出电压：AC 380V
AC
DC
光伏专用直流电缆
DC1000V 1x4mm2
20块275Wp组件为一路
总共12路输入
总共240块光伏组件
第1路
第2路
第12路
屋顶光伏组件
至0.4kV工作母线 I段
380V低压交流断路器
125A/3P
低压动力电缆
ZRC-YJY23-0.6/1kV-3X35+1X16mm2
60kW 组串逆变器
最大输入直流电压：DC1000V
MPPT电压范围：250~750V
输出电压：AC 380V
AC
DC
光伏专用直流电缆
DC1000V 1x4mm2
20块275Wp组件为一路
总共12路输入
总共240块光伏组件
第1路
第2路
第12路
屋顶光伏组件
4-08
光伏发电系统电气接线图

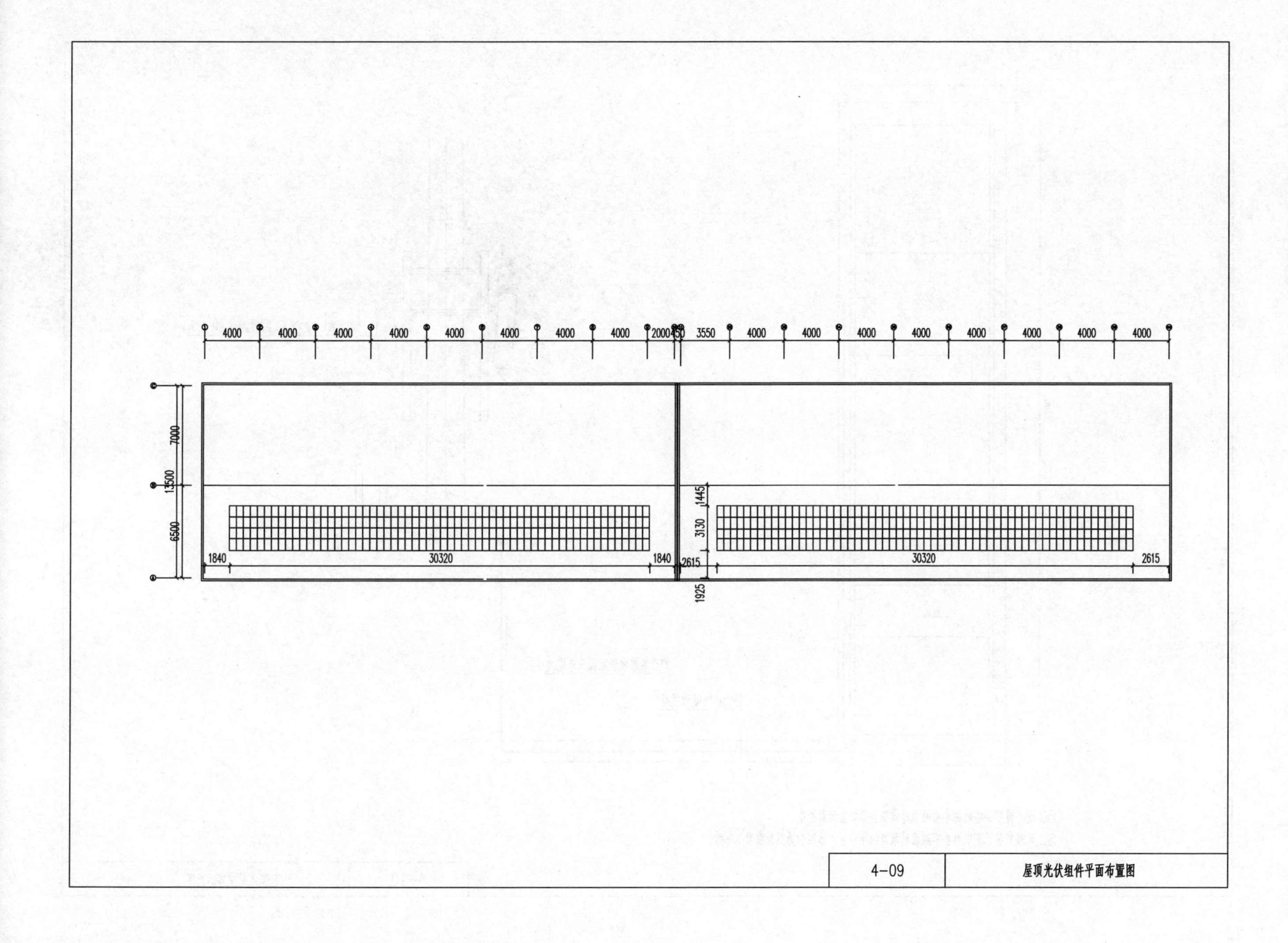
4000
4000
4000
4000
4000
4000
4000
4000
2000
450
3550
4000
4000
4000
4000
4000
4000
4000
4000
7000
13500
6500
1445
3130
1925
1840
30320
1840
2615
30320
2615
4-09
屋顶光伏组件平面布置图

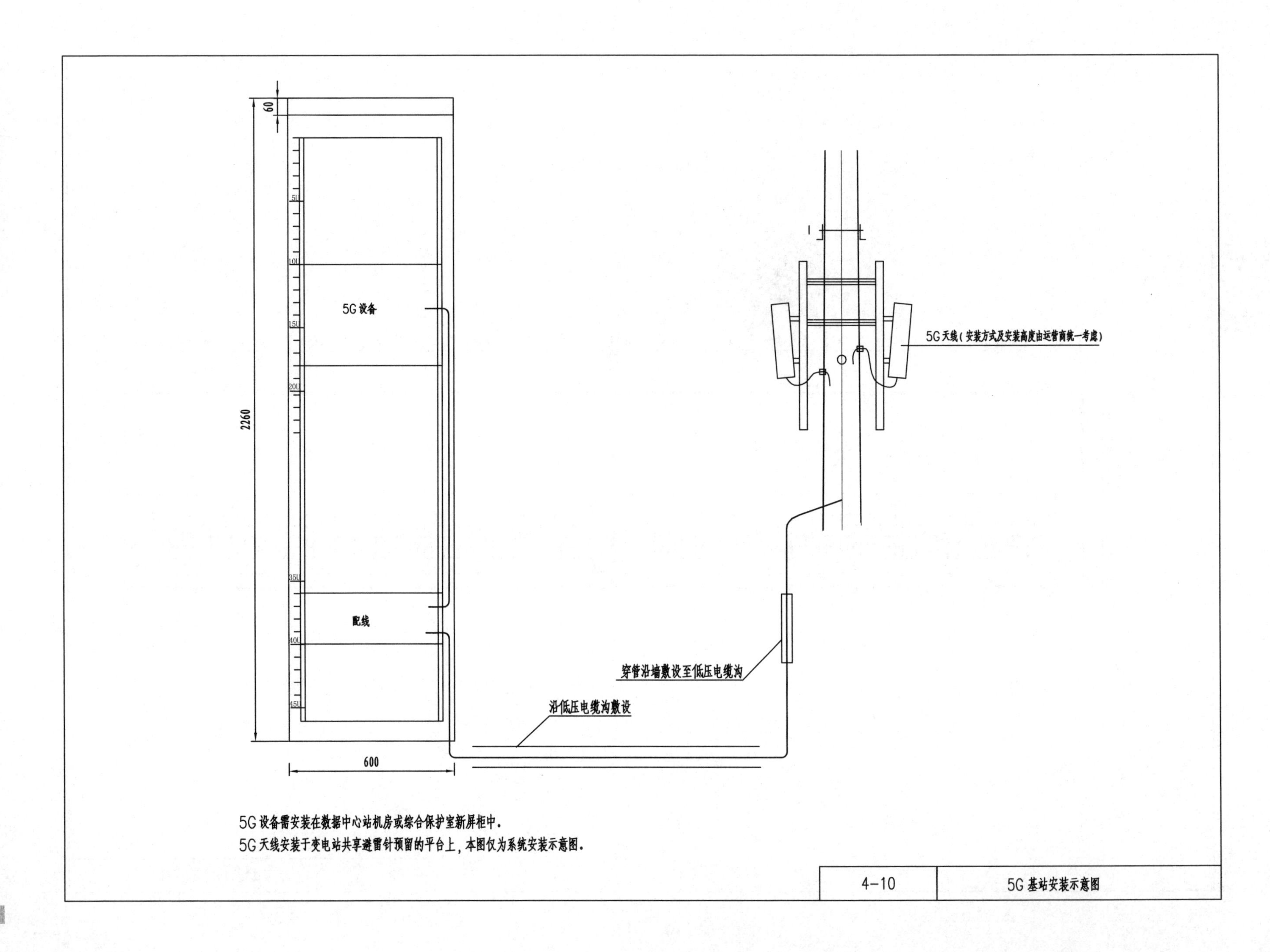

5G设备需安装在数据中心站机房或综合保护室新屏柜中。
5G天线安装于变电站共享避雷针预留的平台上，本图仅为系统安装示意图。

4-10	5G基站安装示意图